转型“大科学”

欧洲和美国的科学、政治和组织

BIG SCIENCE TRANSFORMED

SCIENCE, POLITICS AND ORGANIZATION IN EUROPE AND THE UNITED STATES

〔瑞典〕奥洛夫·哈伦斯腾（Olof Hallonsten） 著
施尔畏 译
赵振堂 刘 志 刘 波 冯 超 阎山川 校

科 学 出 版 社
北 京

图字：01-2024-3669 号

内 容 简 介

本书是一部深入探讨20世纪下半叶以来科学、政治和组织在“大科学”领域内相互作用和转变的著作。本书通过详细分析历史背景、理论框架和具体案例，揭示了从冷战时期的军事－产业－科学综合体，到后冷战时期以创新和经济增长为导向的科学政策体系的演变。书中特别关注了中子散射、同步辐射和自由电子激光等技术的发展，以及它们如何推动科学研究的边界，并在更广泛的社会和经济领域产生影响。此外，本书还讨论了“大科学”在组织结构、资金模式和治理机制方面的连续性和变化，以及它如何适应并影响当代知识社会的发展。

本书的目标读者对象主要是对科学史、科技政策和科学社会学感兴趣的研究人员、学者和研究生。同时，对于政策制定者、科研管理人员以及对科学与社会关系有深入了解需求的专业人士，本书提供了宝贵的历史视角和理论分析，帮助他们更好地理解当前科学研究的组织和政策环境。此外，对于广大公众，书中对“大科学”转型的讨论也能增进对科学如何在现代社会中发挥作用的认识。

图书在版编目（CIP）数据

转型“大科学”：欧洲和美国的科学、政治和组织 /（瑞典）奥洛夫・哈伦斯腾 (Olof Hallonsten) 著；施尔畏译. -- 北京：科学出版社，2024. 7.
ISBN 978-7-03-079121-4

Ⅰ. G301

中国国家版本馆 CIP 数据核字第 20243P5L16 号

责任编辑：钱　俊　周　涵　崔慧娴 / 责任校对：彭珍珍
责任印制：张　伟 / 封面设计：无极书装

科学出版社出版
北京东黄城根北街 16 号
邮政编码：100717
http://www.sciencep.com

北京汇瑞嘉合文化发展有限公司印刷

科学出版社发行　各地新华书店经销
*
2024 年 7 月第　一　版　开本：720 × 1000　1/16
2024 年 7 月第一次印刷　印张：21 3/4
字数：436 000

定价：198.00 元

（如有印装质量问题，我社负责调换）

目　　录

第一章

引言和框架

一、起点

本书采用各种观点、概念工具和经验案例来论证北美和（西）欧洲的"大科学"已发生惊人的变化，而且大多数人认为它已是面貌全非[1]。为了促进对"大科学"这个略显陈旧、可以说非常模糊且在分析上不切实际的术语有新的理解，形成部分新的用法，本书认为"大科学"（与之相对应的是"大机器"、"大组织"和"大政策"）的基本结构依然存在，但现在构成"大科学"的研究活动内涵与数十年前已有根本的差别。同样地，而且重要的是，"大科学"的政策和组织形式也发生了极大的变化。"大科学"的概念既有连续性又有变化，虽然这个术语是含糊的，但在所讨论主题的概念化和构建分析框架中，它可被视为一个独立变量：虽然它最初存在的许多先决条件早已不复存在，但"大科学"没有消失，而是发生了转变。

托马斯·库恩（Thomas Kuhn）[2]认为在科学领域里，创新与恪守成规之间存在着一个基本张力，对于大部分公共资助和有组织的科学的概念化来说，这是一个可行的起点；如同理查德·惠特利（Richard Whitley）[3]、约翰·齐曼（John

---

1 原书脚注 1-1：这个论点可在许多学者的论著中找到，虽然它并不总是像本书中那样清晰明了，也没有像本书中那样得到全面阐述和形成体系。这个论点是 2014 年 1 月 16 日至 17 日在瑞典隆德举行的以"新的大科学"为标题的研讨会的主题，这次研讨会是由托马斯·凯瑟菲尔德和作者本人组织的。自此以后，"新大科学"的术语和概念取得了自己的生命，成为或多或少与原始问题相联系的各种研讨会和讲习班的标题。因此，虽然"新大科学"这个特定术语十分通俗易记，并且作者是这个术语的原始提出者之一，但对于本书及其书名来说，这个术语被刻意避免使用，取而代之的是"转型的大科学"。译者注：托马斯·凯瑟菲尔德，1997 年在瑞典斯德哥尔摩皇家理工学院获技术史博士学位，2005 年任马尔代伦大学创新管理讲师，2007 年任斯德哥尔摩皇家理工学院科技史教授，现为瑞典隆德大学艺术和文化科学系主任，思想和科学史教授。

2 如库恩在 1959 年发表的论文（见参考文献 [200]）中所阐述的。译者注：托马斯·库恩（1922 ～ 1996）被誉为 20 世纪最具影响力的科学哲学家之一，他在 1962 年出版的《科学革命的结构》（*The Structure of Scientific Revolutions*）是被引用最多的学术著作之一。他对科学哲学的贡献以打破了几个关键实证主义学说为标志，而且使科学哲学更加接近科学发展的历史。引自：https://plato.stanford.edu/entries/thomas-kuhn/，访问时间：2022 年 2 月 17 日。

3 如惠特利在 1984 年出版、2000 年再版的著作（见参考文献 [375]）中所阐述的。译者注：理查德·惠特利，英国社会学家。1968 年，他在美国宾夕法尼亚大学从事研究工作之后，到英国曼彻斯特大学任教，现任这所大学的教授。他撰写了大量关于自然科学和社会科学组织的论文和著作，其中包括 1984 年初版、2000 年再版的《科学的智力组织和社会组织》（*The Intellectual and Social Organization of the Sciences*）。近年来，他重点研究东亚与西欧地区的资本主义本质和东欧地区企业、市场和创新体系的发展。引自：https://www.research.manchester.ac.uk/portal/richard.whitley.html，访问时间：2022 年 2 月 17 日。

Ziman）[4]等所表述的，这样的科学活动是一个体制、一个社会体系、一种职业或一类有组织的社会活动。科学知识主张必须是新的才有意义，但传统的知识必须是合乎情理的。如果科学知识主张不能在任何方面描述此前未知的事情，它就不能促进知识的发展，同时，如果科学知识主张不能以关键方式与现有知识相连接，不能在形式和表现上遵守某些制度化的程序和规范，它就不可能被理解，不可能有价值，不可能被认真对待，也不可能被融入科学常识之中。作为一种人类活动，这个科学基本指导原则也延伸到它的组织（在广义上，“组织”可被理解为一个动词）：个体科学家的职业活动和这些活动与组织、制度和体系的结合，与事实和主张集合的结合，与物理基础设施的结合，都致力于变革，并从根本上以连续性作为基础。这包括“大科学”，正是基本理论的认识才能够实现转型“大科学”的概念化，才能够对其转型过程进行记述和分析。

但是，在关于科学与社会、科学政策、科学治理和科学组织的更广泛经验与理论研究中，“连续性”和“变化”也是被关注的主题。在这方面研究中，目前和至少二十多年前，一个主要的话语主题是所谓的科学变革及科学与社会的界面，关于科学变革概念化和实证性观察如潮流那样势不可挡。无论科学变革是否涉及不断变化的“科学的社会契约”[5]，无论科学变革是否涉及企业管理实践对大学治理的影响[6]，无论科学变革是否涉及科学知识的社会价值不断变化的本质[7]，还是科学变革是否涉及后结构主义通过文化话语的彻底改变从现代主义对科学真理的盲目信仰中解放出来[8]，人们似乎形成了这样的共识：科学已经变化或正在变化，只是

4 如齐曼在1987年出版的著作（见参考文献[382]）中所阐述的。译者注：约翰·齐曼（1925～2005），英国物理学家、教育家、作家和科学与社会关系重要评论者。他在1945年获得新西兰维多利亚大学理学学士学位，1946年获得理学硕士学位；1949年获得牛津大学巴利奥尔学院文学学士学位，1952年获得文学硕士和哲学博士学位，1957年起在剑桥大学教学，1964年起担任布里斯托大学物理学教授，直至1982年退休。引自：https://infogalactic.com/info/John_Ziman，访问时间：2022年2月17日。

5 如埃尔辛加（A.Elzinga）在1997年发表的论文（见参考文献[77]）、瓦科娃（B.Vavakova）在1998年发表的论文（见参考文献[359]）和海塞尔斯（L.K.Hessels）等在2009年发表的论文（见参考文献[149]）中所阐述的。译者注：“科学的社会契约”是一个让人唤起记忆的意识形态概念，被用来描述政治界与科学界之间的关系，科学政策辩论的参与者往往不加批判和灵活地引用它。这个概念通常被认为是瓦内瓦尔·布什提出的，而《科学，永无止境的前沿》报告则是它的具体文本。引自：https://www.encyclopedia.com/science/encyclopedias-almanacs-transcripts-and-maps/soci，访问时间：2022年2月18日。

6 如伯曼（E.P.Berman）在2014年发表的论文（见参考文献[20]）、迪姆（R.Deem）等在2007年出版的著作（见参考文献[62]）、金斯伯格（B.Ginsberg）在2011年出版的著作（见参考文献[103]）中所阐述的。

7 如蓝德尔（H.Radder）在2010年出版的著作（见参考文献[301]），凯利（M.Carrier）和诺德曼（A.Nordmann）等在2011年出版的著作（见参考文献[39]），米洛夫斯基（P.Mirowski）和森特（E.M.Sent）在2002年出版的著作（见参考文献[255]）中所阐述的。

8 如拉图尔（B.Latour）在1993年出版的著作（见参考文献[207]），布卢尔（D.Bloor）在1976年出版的著作（见参考文献[23]），柯林斯（H.M.Collins）在1981年发表的论文（见参考文献[48]）中所阐述的。

部分超出了人们的认识。科学的一些基本特征依然存在，并且保持着连续性，这可用在当今科学的概念化潮流中无处不在的前缀方式来表示，如“后学术型科学”[9]、“后常规科学”[10]、“战略科学”[11]、“完成的科学”[12]、“模式2”科学[13]等，所有这些都表明，虽然科学的某些核心特征保持不变，但它的一些（关键）特性发生了变化。

本书的核心是非常相似的信息，它描述了20世纪下半叶科学和技术现象的一次众所周知（也许概念上难以捉摸）的深刻转变。因此，人们认识到，与“大科学”出现和第一次崛起相比，“大科学”概念已经发生了变化，这是当代科学史的一部分，本书采用从折中和务实的定义中得出的关键概念意识对此作出了解释，这些工作可被视为关于科学政策与组织的社会学研究。但是，重要的是存在着连续性，本书的最终的目的是对比“连续性”和“变化”，以对转型“大科学”进行概念化，不是把它作为全新和孤立的事情，而是作为部分新的、部分建立在现有要素基础上并处于现有体制框架内的事情。基本的相关性是通过表明存在具有一些重要新特征的“大科学”（见下一节），以及普遍存在的（旧）“大科学”研究或者“大科学”概念被过于宽泛及粗心定义的研究（见后一节）来保证的，由此可见需要更多的工作对“大科学”中哪些发生了变化、哪些没有变化进行概念化和实证研究，对“大科学”如何在不同背景下、按不同目的加以表征与定义进行概念化和实证研究。本书描述了“大科学”如何转型、转型成什么、为什么转型的各个方面。相比此前相同主题的工作，本书更加深入地从经验和理论上认识“大科学”的转型。本书通过将作者本人此前发表论文的汇编、对二手资料的扩展评论和一些附加原始实证工作结合起来，至少通过对这些资料的新综合，旨在尽可

---

9 如齐曼在 1994 年出版的著作（见参考文献 [383]）中所阐述的。译者注：戴维·凯洛格（David Kellogg）在 2006 年发表的论文中提出，科学发展的第一个阶段是“学术科学”（academic science），它建立在集团性、客观性、公正性、原始性和怀疑的规范基础之上；第二个阶段是“产业科学”（industrial science），它建立在专有性、区域性、专制性、委托和专家的规范基础之上；第三个阶段是“后学术科学”，它既不符合“学术科学”模式，也不符合“产业科学”模式，而是增加了知识生产的场所，并使知识生产更容易接受公众审查。引自：https://wiki.p2pfoundation.net/Post-Academic_Science，访问时间：2022 年 2 月 21 日。

10 如芬托维茨（S.O.Funtowicz）和拉韦兹（J.R.Ravetz）在 1993 年发表的论文（见参考文献 [92]）中所阐述的。译者注：“后常规科学”是库恩提出的“常规科学”概念的衍生，用来描述那些必须作出高成本决策、但存在大量不确定性的科学领域。引自：https://rationalwiki.org/wiki/Post-normal_science，访问时间：2022 年 2 月 21 日。

11 如欧文（J.Irvine）和马丁（B.R.Martin）在 1984 年出版的著作（见参考文献 [168]）中所阐述的。

12 如博姆（G.Böhme）等在 1973 年发表的论文（见参考文献 [26]）中所阐述的。

13 如吉本斯（M.Gibbons）等在 1994 年出版的著作（见参考文献 [101]）中所阐述的。作为概述，见海塞尔斯和范伦特（H.van Lente）在 2008 年发表的论文（参考文献 [148]）。译者注：“模式 2”科学指一种应用背景下知识以异构方式产生的方式，双边交流在其中发挥着重要作用，非科学专长和科学专长具有同等的权威性。引自：https://www.jstage.jst.go.jp/article/jpssj/43/2/43_2_2_1/_article，访问时间：2022 年 2 月 21 日。

能多地涵盖“大科学“转型现象的各个方面，向读者展示一组连贯的经验观察、理论见解和推动“大科学”社会学与历史学研究的论点。本书所使用的“大科学”定义是按目的量身定制的，相关细节可在本章后面部分找到，本章也为全书制定了一个分析框架，并提供了基本的分析工具。

库恩的“基本张力”及其在“连续性”和“变化”二分法中的组织体现，也为确定和讨论我们所了解的“大科学”起源提供了一个有用起点。不论“大科学”如何被准确定义，它总是更宽泛科学体系的一部分，或是“科学体制”的一部分，如同罗伯特·默顿（Robert Merton）[14]很有说服力地称呼它那样。从一个角度看，使用非常大的仪器或在大型团队中组织科学项目都是科学工作的一种新的技术和/或组织方法，其本身有着悠久的传统。几个世纪以来科学学科的演变不在本章节或本书进行阐述、解释或分析的目的之内，但“大科学”作为一种科学方法或组织，其本身也置于演变之中，“大科学”通过使用系统性和有着社会组织安排的探究来推动人类知识的发展，并有着长期的制度传统。换言之，“大科学”是当代自然科学的一个活动分支，“恰巧”需要使用非常大且复杂的特定类型仪器，需要有非常大且复杂的组织安排，以保持自身在知识积累上的进步。简言之，“大科学”可被理解为在三个维度上由“大”构成的科学，即由“大机器”、“大组织”和“大政治”构成的科学，这个概念化将在下文作更详细的讨论。但是，转型“大科学”也构成了（某些）科学家使用仪器方式的变化，在仪器操作和以新的规模使用仪器之间形成了社会分工，也形成了新的组织（和政治）特征。因此，“大科学”以一定速度在自然科学学科中传播，表明它不是一种边缘现象，而是当代国际科学体系的核心，并与其他几个重大转变相一致（见下文）。

二、什么变了

“大科学”原本是一个冷战现象。它在“后二战时期”极为特殊的（地缘）政治和科学-技术条件下诞生，超级大国的全球竞争和为取得技术优势的相关竞赛（也超出了核武器领域）显然主导了这个时期大部分政策领域和政治生活，包

---

14 如默顿在 1938 年发表的论文（见参考文献 [245]）、在 1942 年发表的论文（见参考文献 [246]）和在 1957 年发表的论文（见参考文献 [248]）中所阐述的。译者注：罗伯特·默顿（1910～2003），美国社会科学家。他在 1927 年至 1936 年先后在坦布尔学院和哈佛大学学习社会学；1936 年至 1939 年在哈佛大学任教；1939 年至 1941 年成为杜兰大学教授并担任社会学系主任；1941 年起任哥伦比亚大学教授，直至 1974 年退休。他在 1942 年至 1971 年还担任哥伦比亚大学应用社会学研究局副局长。为表彰他对社会学和大学发展作出的持久贡献，哥伦比亚大学在 1990 年设立了“罗伯特·默顿社会科学教授”职位。引自：https://www.newworldencyclopedia.org/entry/Robert_K._Merton，访问时间：2022 年 2 月 18 日。

括公共/政府资助的科学活动，“大科学”是这类科学活动的一部分。因此，旧“大科学”有着明确的军事联系，有着面向两极地缘政治世界程序的政治。第二章将用一定篇幅讨论这种军事联系，还区分了冷战时期和后冷战时期，旧“大科学”和转型“大科学”与这两个历史时期有关。然而，值得一提的是，后冷战时期的科学及科学政策从严格意义上说并不是在1989年至1991年冷战正式结束时开始的（从政治角度说），虽然此时全球地缘政治平衡的激烈倾斜无疑对“大科学”的形式与功能产生了影响。相反，科学及科学政策在整个“后二战时期”中逐渐转变，“大科学”的转型版本早在冷战正式结束之前就已出现，支撑“大科学”的新政治也是如此，这样，后冷战时期是一个弹性概念，它指的是一个起点模糊、没有终点（还没有终点）的时期。尽管如此，后冷战时期具有概念的相关性，因为它可被用来与冷战时期非常具体的政治、科学/技术和社会秩序加以比较，本书将通过这个比较来揭示一些重要的见解 。

作为冷战的现象，旧“大科学”主要使用大型机器，即核反应堆和加速器，开展与核能和核武器有一定联系的亚原子物理学研究[15]。此外，地基天文学用巨型望远镜[16]和各种太空计划[17]在相同支持（军事联系）下被推出，有助于相对另一个超级大国形成的科学技术优势“图景”永久化，也有助于某些小但重要国家的能力体现。然而，“大科学”的军事联系实际上很快就失去了，主要原因是核能及其技术的军用（保密）和民用（开放）研发在体制上变成分离的[18]。民用（旧）“大科学”都是为了寻找关于亚原子水平物质结构及宇宙起源的最基本问题的答案，这类研究是借助于日趋庞大的粒子物理加速器装置完成的，在该装置中，基本粒子相互撞击，碰撞的结果即所产生的基本粒子的更小组成单元（如夸克）被观察和记录下来[19,20]。转型“大科学”同样使用大型机器（主要是加速器，但在某些场合是核反应堆），但为了其他目的使用大型机器，而且在完全不同的环境中使用大型机器，为范围更广的科学学科服务，与社会有着更广泛和更紧密的联系，包括促进经济增长的创新和应对社会重大挑战的工作。在这类大型机器中，两种技术占据着主导地位，它们分别是使用中子的技术和使用X射线的技术，中子和X射线都是由粒子加速器产生的（中子也可由核反应堆产生），两者被用于原子、分子和纳米尺度的材料（包括

15 如希尔兹克（M.Hilzik）在2015年出版的著作（见参考文献[154]）和史蒂文斯（H.Stevens）在2003年发表的论文（见参考文献[339]）中所阐述的。

16 如麦克雷（W.P.McCray）在2006年出版的著作（见参考文献[240]）中所阐述的。

17 如史密斯（R.W.Smith）在1989年出版的著作（见参考文献[332]）中所阐述的。

18 如休利特（R.G.Hewlett）和霍尔（J.M.Holl）在1989年出版的著作（见参考文献[153]）中所阐述的。

19 如霍德森（L.Hoddeson）等在1997年出版的著作（见参考文献[158]）中所阐述的。

20 原书脚注1-2：在附录1中，可找到关于旧“大科学”和转型“大科学”中使用核反应堆和加速器的科学-技术基础的详细描述。

生物材料）研究。相应装置被称为“中子源”或“中子散射实验室”、“同步辐射实验室”（简称为“同步加速器”）、“自由电子激光实验室”或“自由电子激光”。自第二次世界大战（以下简称“二战”）以来，中子一直被用作材料研究的探针，中子在材料研究中的可用性和可行性逐渐增加。20世纪60年代，首台用于中子散射[21]的专用核反应堆建造成功，20世纪80年代，基于加速器的强中子束（“散裂中子源”)问世。中子是X射线的补充,X射线在一个多世纪里一直用于各种材料研究，它一般是由台式X射线源产生的，例如医院和飞机场用的扫描设备。20世纪60年代，人们认识到粒子物理实验用加速器意外产生的X射线（以及紫外光、可见光和红外光）可被提取并作实际使用，人们还发现由此产生的X射线强度比其他可用的X射线强度高出几个数量级，因此适用于各种实验，有组织的同步辐射技术研发就此起步。自此以后，同步辐射技术得到了巨大发展，并在自然科学与技术科学的学科范围中传播开来。自由电子激光技术是同步辐射技术的最新改进，在某些性能参数上带来了巨大提升，自由电子激光实验室又表现出某些特定的组织特征，这将自由电子激光装置与中子散射装置、同步辐射装置区别开来[22]。特别是在过去二三十年里，中子散射、同步辐射和自由电子激光在生命科学领域中应用的增长引人注目，其他一些科学领域也从这些装置在技术、科学和组织方面的发展中受益匪浅（见第二章和附录1）。今天，在欧洲和美国，中子散射装置、同步辐射装置和自由电子激光装置的用户已以万人计数[23]。

除了冷战时期超级大国的竞争逻辑和军备竞赛之外，旧“大科学”严重依赖于“后二战时期”的精英治理和为自身利益促进科学发展的科学政策体系,旧“大科学”作为一种优质公共资源，与“技术创新线性模型”结合在一起，成为在更广泛视角下激励公共支出的框架[24]。在这方面，转型“大科学”与旧“大科学”有

---

21 原书脚注 1-3：当中子轰击一块样品时，部分中子将从这块样品表面散射出去，如果采用特定仪器对中子散射进行测量并将相关过程记录下来，就可获得关于这块样品结构的相关信息，因此，这项技术被称为“中子散射技术”（neutron scattering technique）。一些同步辐射和自由电子激光实验以同样方式工作。见附录 1。

22 原书脚注 1-4：关于中子散射装置、同步辐射装置和自由电子激光装置的科学与技术更详细和全面的描述见附录 1。

23 原书脚注 1-5：准确的用户数目难以获取，因为各装置采用完全不同方式记录统计数据：有的装置记录个体用户的数目，有的装置记录来访用户数目，还有的装置仅记录实验申请数目和预定的实验时段。在美国，有着 6 个主要中子散射装置、同步辐射装置和自由电子激光装置的全面用户统计（见附录 2 列表），在 2014 财年（2013 年 10 月至 2014 年 9 月），这 6 个装置总共为 12895 个用户（个体科学家）提供服务（见美国能源部“2014 年用户统计”）。没有理由假设中子散射装置、同步辐射装置和自由电子激光装置的欧洲用户群体整体规模更小。

24 如埃尔辛加在 2012 年发表的论文（见参考文献 [78]），格林伯格（D.S.Greenberg）在 1967 年首版、1999 年再版的著作（见参考文献 [109]）和古斯顿（D.H.Guston）在 2000 年出版的著作（见参考文献 [114]）中所阐述的。

着根本区别：正如本书第六章特别详细阐述的那样，转型“大科学”本身并不被视为科学，也没有被“技术创新线性模型”所证明。恰恰相反，转型“大科学”是由其（假设的）应用直接驱动的科学，植根于当代（区域）创新体系的科学（或创新）政策体系之中，也植根于有着相似口号的同类学说之中。

为了获得必要的政治支持，公共资助的科学活动必须在商业影响（或期望）方面有一个战略范围，同时，“大科学”有着象征意义，在物理形态上显得十分壮观，这会吸引公众的注意，也使它容易受到期望和效用需求的影响。此外，由于其所涉及学科的广泛性和关注的重点，转型“大科学”自然有这种战略联系：中子散射技术、同步辐射技术和自由电子激光技术与药物研发、半导体技术、气候中性[25]运输等领域有着明确联系。虽然转型“大科学”本质上属于基础科学范畴，由公共财政资助，有着主要在学术期刊上传播并被纳入科学共享空间的成果，但它与被认为战略上重要的应用有着明显且紧密的联系。转型“大科学”在很大程度上是属于巴斯德象限的科学[26]：它是寻求对物质世界基本理解的一部分，也有对其结果有用性的考虑。

每年来自全球的大学、研究机构与企业的数千位科学家使用中子散射装置、同步辐射装置和自由电子激光装置，作为他们在各个科学领域里开展研究的工具（见第三章和第五章），这些装置自然有着程度不同的适用性。因此，这些转型“大科学”装置要成为政策制定者所希望的区域知识经济的枢纽和引擎，还要走很长一段路程（见第六章），但与旧“大科学”装置及其偶尔用一两个夸克来填补粒子物理学标准模型的空白相比[27]，转型“大科学”装置显然在广泛学科范围里适应于战略性及应用导向科学研究。多学科和跨学科本身就是转型“大科学”的重要特点：旧“大科学”体现为单一学科的庞大实验室，这些实验室大多面向内部，面向自己的研究群体，而转型“大科学”实验室本质上是具备很大不确定性和灵活性的服务设施，向用户提供成套的实验工具，这些用户通常只是临时访问实验室以获取（实验）数据（见第三章），他们的工作往往具有多学科或跨学科的潜力，这种潜力可以成为实现新的多学科或跨学科组合的基础（见第五章）。尤其是，“大科学”在生命科学领域的突破（见第二章）在它的转型中有重大影响，因为它拆毁了冷战时期更为典型的物理学与其他学科之间重要屏障，并把当今社会中也许声望最高、最受珍爱的生物学和医学科学带

---

25 译者注：当一个组织的活动对气候系统没有产生净影响时，就是气候中性（climate-neutra）。在“气候中性”概念的应用中，还应当考虑区域或局部的地球物理效应。引自：https://www.tanpaifang.com/tanzhonghe/2020/0907/73758_2.html，引用时间：2021 年 11 月 30 日。

26 如斯托克斯（D.Stokes）在 1997 年出版的著作（见参考文献 [341]）中所阐述的。

27 如霍德森等在 1997 年出版的著作（见参考文献 [158]）中所阐述的。

入了“大科学”领域。

核物理学家、1961年至1966年担任西欧核子研究合作组织（见图1-1）总干事的维克托·韦斯科夫（Victor Weisskopf）[28]1967年在《今日物理》发表了一篇文章，讨论了他在工作中目睹的科学和“大科学”发展的一些认识论含义，对密集型科学和广泛型科学进行了相当巧妙的区分。密集型科学瞄准自然界最基本问题，“第一性原理，基本问题，基本定律，这是唯一有兴趣的事情，其余的只是已知原理的应用和再应用,是没有太大兴趣的事情”[29]。广泛型科学旨在为人类知识作出“有用的”贡献。韦斯科夫写道，“有用性”并不一定意味着知识的实用性或技术的有用性，而应当被理解为帮助其他学科科学发展并回答它们最紧迫的问题。韦斯科夫承认，将科学知识产出分为这两种类型是相当极端的，但这应当从当时“大科学”相当极端的发展角度来认识：正是在20世纪60年代,旧“大科学”朝着“巨型科学”迈出了第一步（见第二章）。密集型科学和广泛型科学之间的区别是基于这样的认识：粒子物理学在韦斯科夫撰写这篇论文的时候是享有最慷慨财政支持和文化上显赫的科学领域之一，同时也是所有学科中最为“密集”的领域，它总是在问“最后的问题”，即“什么是物质的基本粒子？”[30]对此，“广泛型科学”的倡导者们，其中韦斯科夫引用了阿尔文·温伯格（Alvin Weinberg）[31]的经典著作《科学选择的标准》[32]，会抱怨提出这个问题并寻求相关答案将导致粒子物理学与其他科学分支进一步脱节，因为其他科学分支不需要或者几乎不需要粒子物理学研究产生的发现。很多证据表明，粒子物理学在20世纪最后30余年里经历了这样的发展，许多证据还表明，这也导致粒子物理学的重要性和地位最终（相对）下降，使得科学政策和资助重点转向其他领域和实验资源，尤其是材料科学、生命科学和基于加速器的转型“大科学”装置，以及生物医学研究中心和诸如

---

28 译者注：维克托·韦斯科夫（1908～2002），德国裔美国物理学家。他在1931年获得德国哥廷根大学物理学博士学位，后在物理学家尼尔斯·玻尔的帮助下来到美国，1937年至1943年任罗切斯特大学物理学教授，二战结束后去麻省理工学院任教，最终成为物理系主任。他在1961年至1966年任西欧核子研究合作组织总干事，1960年至1961年任美国物理学会主席，1976年至1979年任美国艺术和科学院院长。引自：https://physics.mit.edu/faculty/victor-weisskopf/，访问时间：2022年2月18日。

29 如韦斯科夫在1967年发表的论文（见参考文献[368]）中所阐述的。

30 如韦斯科夫在1967年发表的论文（相应杂志的第24页，见参考文献[368]）中所阐述的。

31 译者注：阿尔文·温伯格（1915～2006），美国物理学家。他在1939年获得芝加哥大学数学生物物理学博士学位，1942年进入芝加哥大学冶金实验室并参与了曼哈顿计划早期工作，1945年担任橡树岭国家实验室物理部主任，1948年担任该实验室研究部主任，1955年至1973年担任该实验室主任，领导该实验室成为全球物理学、化学、生物学及生态学、环境科学的顶级研究中心。他还创造了“大科学”这个词来表示作为20世纪标志之一的大规模工业化科学项目类型。引自：https://www.atomicheritage.org/profile/alvin-m-weinberg，访问时间：2022年2月18日。

32 见参考文献[364]。

人类基因组计划那样的大规模生物学项目、诸如气候建模那样的应对重大挑战项目等。因此，韦斯科夫对密集型科学和广泛型科学的概念化，作为比较旧“大科学”和转型“大科学”的框架和确立两者如何区别的基本原则，有着重大的现实意义。

图 1-1 欧洲核子研究组织（其前身是 1954 年创立的西欧核子研究合作组织）园区鸟瞰图，2020 年 4 月

韦斯科夫[33]认为“广泛的”自然科学起源于20世纪初的原子物理学，原子物理学对元素电子结构和类原子结构的描绘为今天人们所知的化学铺平了道路，也为现代或当代材料科学和许多跨越生物学与医学的研究领域铺平了道路，这个领域今天被称为生命科学。因此，作为一个基本模型，韦斯科夫对密集型科学和广泛型科学的区分可根据旧”大科学”与转型“大科学”的基本目的把两者分开：粒子物理学依然是密集型科学的皇冠，它追寻物质的内部奥秘，在2012年欧洲核子研究组织发现希格斯玻色子后，在某种程度上恢复了活力，并且是旧“大科学”的缩影（见下文）。使用中子散射、同步辐射和自由电子激光的科学领域就其核心而言是“广泛”的，尤其考虑到这些科学领域一直承受着压力，证明其有用性、产出率和相关性（重点见第二章和第六章）。这些科学领域使用极为珍贵的实验室资源，即由核反应堆或加速器产生的中子或辐射，在分子和原子水平上研究材料的性质，并采用特别适用于高质量中子束或辐射束（在强度和聚焦等方面）的技术，但这些技术又以长久以来形成的实验传统和仪器开发路径作为基础，包括光电子能谱技术、X射线成像（类似医院的X射线成像）技术和大分子（如蛋白质）

33 如韦斯科夫在 1967 年发表的论文（相应杂志的第 25 页，见参考文献 [368]）中所阐述的。

结晶结构测定技术，以及19世纪和20世纪的其他一些重要实验技术[34]（见第二章和附录1）。

在这方面和其他许多方面，旧“大科学”和转型“大科学”之间的差异是明显的，在某种程度上，将两者的横向比较作为本书的分析框架是件费力的事情。但有趣的是，如上文已述和下文将进一步讨论的那样（见第二章和第四章），“大科学”也具有明显的连续性：旧“大科学”和转型“大科学”本质上都是国家和国际性科学活动及科学政策体系的基本相同体制与组织结构的产物。此外，在相对稳定的科学领导体制下，转型“大科学”在组织内部取代了旧“大科学”，两者都使用了相同的物理基础设施。“大科学”的连续性部分是由“大组织”保证的，“大科学”组织（主要是国家实验室及类似机构）存在着大型组织特有的内在弹性（见下文）；这种连续性部分是由“大政治”保证的，只要“大科学”组织能够根据社会环境不断变化的需求和期望（如变化了的科学政策体系或社会研发活动战略优先事项）来更新它们的任务，“大政治”将确保这类组织存活与运转。很自然地，“大机器”也有内在弹性，虽然它们在另一个层面上、以不同于“大组织”的方式实现相互取代。

当然，表述“大科学”连续性的一个方式是说，虽然问题发生了变化，但答案依然存在。（新）制度领域的许多理论支持这个说法（见下文）。但这个说法在更广泛范围里有着不同的影响，尤其是说一个科学政策体系取代了另一个科学政策体系在一定程度上是错误的，因为新的科学政策体系明显比旧的科学政策体系更复杂、更异质和更易变。冷战时期的两极地缘政治秩序在外交方面无疑是复杂的，在其扩展到“相互确保摧毁”[35]中是令人恐惧的，但这种政治秩序相对简单，又可预期，并为所有政治活动设定了框架及基本职权范围，其中包括科学政策领域的资助重点和优先事项。今天的“后学术科学”、“后常规科学”或“战略科学”与某种科学政策体系相关联，这个科学政策体系利用了一系列在细节上可能不为人所知但有不同推动力或基础的政治框架条件，例如，基于创新的经济增长、由新型公共管理激励的治理模式、全球化（包括来自东亚国家的新竞争）、可持续发展挑战（尤其包括人为气候变化的威胁）、抗击大范围流行疾病、人口老龄化给社会医疗服务带来的后果等。

在这个反复无常的晚期现代社会或后现代社会里，一个关键问题是如何确保大型科学实验室有助于缓解或解决上述问题和其他问题。“审计社会”[36]概念是一

34 见玛格丽通德（G.Margaritondo）在 2002 年出版的著作（见参考文献 [234]），伯格伦（K.F.Berggren）和马蒂奇（A.Matic）在 2012 年发表的论文（见参考文献 [18]）中所阐述的。

35 “相互确保摧毁”对应的英文是 mutually assured destruction，首字母缩写为 MAD。

36 如鲍尔（M.Power）在 1997 年出版的著作中（见参考文献 [296]）所阐述的。

切都为了保证每件事情都有指标和评估，以不留下任何没有得到适当监管的事情。科学政策和（转型）“大科学”的治理受到这个概念和关于（科学）政策执行及公共行政组织的类似学说（如“管理主义”和“经济化”等,见下文）的强烈影响。在下一个层面上，问题是如何准确地保证转型“大科学”能够对此作出贡献。换句话说，哪些指标可被用作实践“审计社会”概念的关键治理工具，即哪些成本能够用根据这些指标的（量化导向）绩效评估加以衡量。当今科学政策和资助行动者如此痴迷的文献计量学评估标准[37]远远不足以评估最高水平的“大科学”实验室相对于其所产生成本的绩效或影响，即使这些标准是合理的且细致到包含评估突破学科边界与紧急研究的指标，它们依然是不好的，因为它们继续产生一个高度扭曲的形象：与常规(小型)科学研究相比,“大科学”昂贵得离谱(见第五章)。旧“大科学”实验室发现了一两个夸克（可能还有获得诺贝尔物理学奖的主任和领衔科学家），也许最重要的是，这些实验室的业绩能够方便（并非完全不充分）地用其规模和实力来衡量，并可与邻近或其他大陆，尤其是铁幕另一边的竞争对手进行横向比较。如今转型“大科学”实验室显然更符合当前社会的期望和需求，但它们为满足这些期望和需求所作出的贡献几乎无法同时衡量。在转型“大科学”中，类似新的变化是这类实验室与其科学用途的关系：虽然“大机器”、“大组织”和“大政治”仍然是转型“大科学”的关键特征，但在这些实验室里开展的实际科学工作与发生在大学、研究机构及类似组织的常规（小型）科学工作没有太大区别，这意味着在这里开展实际科学工作的团队通常也不很大，合作科学家的隶属关系没有发生变化，他们使用超大型科学仪器的事实并不总是那么容易地在其所发表的学术期刊上加以标注（见第三章和第五章）。作为本书的主题，转型“大科学”本质上是使用由“大组织”运行的“大机器”并得益于“大政治”的“小科学”。

三、“大科学”概念的广义与狭义理解

然而，“大科学”概念有着更广泛的含义，这些含义源于“大科学”概念的历史渊源及其后来的使用，为使引言章节及本书其他部分对“大科学”的定义有意义，需要对这些含义加以讨论。“大科学”术语的出现通常归因于温伯格[38]和/或

---

37 如惠特利(R.Whitley)和格莱泽(J.Gläser)在2007年出版的著作(见参考文献[377])，温加特(P.Weingart)在2005年发表的论文（见参考文献[367]）中所阐述的。

38 见温伯格在1961年发表的论文(见参考文献[363])和1967年出版的著作(见参考文献[366])中所阐述的。

德瑞克·普莱斯（Derek J.De Solla Price）[39]，但他们提出“大科学”概念的意图略有不同。温伯格使用“大科学”术语来描述他所看到的美国由政府资助的研究（主要是物理学）令人担忧的发展，即取得科学进步所需设备与团队规模的增大，科学事业在理论、方法与组织方面复杂性的增加。温伯格显然担忧当科学以这样或那样方式变得过于庞大时会发生什么，包括所有科学都按大团队和单元组织起来、都需要组织结构图、行政人员及技术高管时会发生什么。他警告道，（假如这样发展下去），不可避免的官僚化科学将取代经典的学术型科学，最终将扼杀科学本质上的（也是关键的）创造性和偶然性[40]。

普莱斯则用“大科学”术语来描述科学在几乎所有方面的普遍发展。虽然他提到了仪器、团队及组织朝着极限规模方向发展，但普莱斯不认为这些可作为对“大科学”的定义，而是正在其他许多方面发展的科学的副产品。因此，普莱斯与温伯格不同，既没有把“大科学”视为一种病态[41]，也没有把它视为历史的必然结果，而是把它视为当前发展中的一个“插曲”，认为科学在过去三个世纪里可被证明的（普莱斯证明了这一点）资金、人力资源及出版物的指数式增长将很快趋于平缓，“大科学”只是科学在这个饱和状态到达之前现时找到自我的极端状态[42]。

自从“大科学”术语在20世纪60年代问世以来，它已被融入公共语言和流行文化之中[43]，加入了前缀“大”在熟知的社会现象中类似流行化使用的潮流，如“大企业”、“大政府”、“大民主”、“大城市”、“大基金”以及近年出现的“大制药”“大数据”等[44]。创造这些术语的人和温伯格与普莱斯一样，对声称他们描述与分析的

39 见普莱斯在 1963 年首版、1986 年再版的著作（见参考文献 [298]）中所阐述的。译者注：德瑞克·普莱斯（1922 ～ 1983），英国科学史学家和物理学家。他在 1938 年获得西南埃塞克斯大学技术学院实验助理职位，1942 年在这里获得物理和数学学士学位，并参与了战时热辐射实验光学和熔融金属研究，1946 年获得伦敦大学实验物理学博士学位，1948 年在莱佛士学院（后为新加坡国立大学的一部分）担任应用数学教师，1951 年回到英国，在剑桥大学攻读科学史博士学位。在获得第二个博士学位之后，他去了美国，先后担任史密森学会顾问和普林斯顿大学高级研究所研究员，后在耶鲁大学任教，直至去世。引自：https://handwiki.org/wiki/Biography:Derek_J._de_Solla_Price，访问时间：2022 年 2 月 18 日。

40 见温伯格在 1961 年发表的论文（相应杂志的第 162 页，见参考文献 [363]）中所阐述的。

41 如卡普什（J.H.Capshew）和雷德尔（K.A.Rader）在 1992 年发表的论文（相应杂志的第 5 页，见参考文献 [38]）中所阐述的。

42 如普莱斯在 1963 年首版、1986 年再版的著作（第 28 页至第 29 页，见参考文献 [298]）中所阐述的。

43 如卡普什和雷德尔在 1992 年发表的论文（相应杂志的第 4 页，见参考文献 [38]）中所阐述的。

44 见费伊（C.N.Fay）在 1912 年出版的著作（见参考文献 [87]），德罗克（P.E.Drucker）在 1947 年出版的著作（见参考文献 [74]），普西（M.J.Pusey）在 1945 年出版的著作（见参考文献 [299]），阿普尔比（P.H.Appleby）在 1945 年出版的著作（见参考文献 [8]），罗杰斯（D.Rogers）在 1971 年出版的著作（见参考文献 [307]），尼尔森（W.Nielsen）在 1972 年出版的著作（见参考文献 [270]），劳厄（J.Law）在 2006 年出版的著作（见参考文献 [210]），安塞尔（J.Ansell）在 2013 年出版的著作（见参考文献 [7]），库基尔（K.Cukier）和梅耶－肖恩伯格（Mayer-Schonberger）在 2013 年出版的著作（见参考文献 [59]）。

社会现象具有“巨大性”有着矛盾心理：虽然这些新的大事物本质上是现代社会进步的表现，但它们也带来了官僚主义和体制惰性，阻碍和遏制人类的创造力和自由，这将是普遍令人不安的发展，但在科学领域中也许尤其使人担忧[45]。但是，“大科学”术语在大众化的世界观中与其他大事物结合起来，无疑会显著削弱其作为概念的定义，因此也使得广泛的学者群体把五花八门的科学技术工作塞入“大科学”范畴，包括20世纪80年代的空间计划、20世纪70年代的大型企业研发部门、20世纪早期苏联的任务导向和国家控制的研究及生物学、生态学和地球科学的大型项目（如1957年至1958年实施的“国际地球物理年”和1964年至1974年实施的“国际生物学研究计划”），也包括19世纪博物学家在拉丁美洲的探险活动和16世纪的天文学研究[46]。因此，科学史家凯瑟琳·韦斯特福尔（Catherine Westfall）[47]睿智地指出，“大科学”术语之所以难以捉摸，源于自其20世纪60年代诞生以来科学家们一直倾向于按照职业自利思路来塑造关于“大科学”的讨论。显然，为自己的目的来使用“大科学”术语显然是“可以争取”的事情。

彼得·加利森（Peter Galison）[48]和布鲁斯·赫维（Bruce Hevly）[49]在名为《大科学》的著作中[50]收集了一群声称研究“大科学”的作者。虽然这部著作及其一些经验性完全不同的章节揭示了许多重要的和非常有用的经验性见解，但它在把“大科学”视为近代与当代科学和社会的一种现象、以允许在理论与实证工作交叉点上继续发展的方式对其作出概念性定义上，几乎没有取得，或者根本没有取得进展。相反，从概念或定义角度看，这部著作在很大程度上增加了“大科学”定义方面的混乱，作者在该书的后记中也承认了这一点，他们写道，“即使在100多页文本

45 如温伯格在1961年发表的论文中（相应杂志的第162页，见参考文献[363]）所阐述的。

46 见史密斯1989年出版的著作（见参考文献[332]），凯（W.D.Kay）在1994年发表的论文（见参考文献[183]），霍恩谢尔（D.A.Hounshell）在1992年出版的著作（见参考文献[164]），格雷厄姆（L.R.Graham）在1992年发表的论文（见参考文献[106]），科耶夫尼科夫（A.Kojevnikov）在2002年发表的论文（见参考文献[192]），阿罗诺瓦（E.Aronova）等在2010年发表的论文（见参考文献[9]），奈特（D.M.Knight）在1977年出版的著作（见参考文献[188]）和克里斯蒂安松（J.R.Christianson）在2000年出版的著作（见参考文献[41]）。

47 如韦斯特福尔在2003年发表的论文（相应杂志的第32页，见参考文献[369]）中所阐述的。译者注：凯瑟琳·韦斯特福尔，美国科学史学家，因记述美国能源部国家实验室发展史而闻名。她在1988年获得密歇根大学博士学位。除了记述国家实验室发展史之外，她自2008年起在密歇根大学莱曼·布里格斯学院任教。引自：https://en.wikidark.org/wiki/Catherine_Westfall，访问时间：2022年2月18日。

48 译者注：彼得·加利森，美国哈佛大学科学史和物理学史教授，在其学术出版物中，他着重探讨了物理学三个主要亚文化、即“实验”、“仪器”与“理论”之间复杂的相互作用，研究了物理学植入于广泛世界之中的基本规律。引自：https://www.physics.harvard.edu/people/facpages/galison，访问时间：2021年12月3日。

49 译者注：布鲁斯·赫维，美国华盛顿大学历史系副教授，1987年获得约翰·霍普金斯大学博士学位。引自：https://history.washington.edu/people/bruce-hevly，访问时间：2022年2月18日。

50 如加利森和赫维在1992年出版的著作（见参考文献[95]）中所阐述的。

阐述之后,'大科学'仍然是一个难以琢磨的术语"[51]。在加利森和赫维出版这部著作的同时,卡普什和雷德尔发表了一份在学术工作中使用"大科学"(装置)的详细清单,认为"大科学"是科学的一种病态,或者是科学的一种自然状态,它是由历史必然性产生的(参见温伯格和普莱斯的论述,同前);"大科学"是在特别大("工业化")的组织安排中使用特别大仪器的科学活动,或者是在与当代社会对进步标志的需求相联系的体制模型中的科学活动;或者说,"大科学"是与政治特别纠葛的科学。卡普什和雷德尔[52]提供了定义"大科学"概念所有维度的十分有用的历史背景,但没有对理论模型或定义的发展作出贡献,这样的理论模型或定义能够在科学技术史之外指导当代"大科学"的研究,这个研究本身是活跃的,无论作为分析工具还是就其本身而言,相应的理论兴趣在传统上都受到了限制。加利森是一位科学史学家,可能比其他人更深刻理解20世纪后期物理学的发展,他抱怨道,"作为一个分析术语,大物理学对科学史学家的帮助大概与大建筑对建筑史学家的帮助一样"[53]。但加利森与其周围许多人一样仍使用"大科学"这个术语。

换言之,有必要在"大科学"术语使用中实现功能的划分,一方面要区分"大科学"概念的广泛与口语化(本质是淡化的)使用,另一方面要区分"大科学"概念更为狭隘的使用,后者对分析来说是实用的,更重要的是有助于增进对当代科学和主流科学现象的理解。有必要寻求对某些关键特征已经变化、其他特征同时保持不变的"大科学"的更深入理解。这样的探寻需要明确性及对比,从而变得有意义并具有解释的价值。因此,下文对"大科学"概念所有可能的使用都保留了一种基本的宽容态度,但在本书中"大科学"概念的使用范围同时被缩小,以达到一个简化论的概念定义,这样的概念具有工具性与实用性,即是有用的。

四、"大组织"、"大机器"和"大政治"

作为第一步,为了在实证重点方面实现严谨性和清晰性,"科学"在这里被定义为按公共部门的一部分组织的研发工作,也就是惠特利定义的公共科学体系中的研发工作。这意味着,科学(活动)主要由公共资金资助,由有组织的专业人士完成,主要为了发表学术出版物,而且科学(活动)被嵌入了制度安排,设定了包括资助方式、优先事项、绩效评估、奖酬分配等的基本框架。在"大科学"的特定背景下,对"科学"作出这样的划分将具有科学成分,但由实际应用驱动

51 如赫维在 1992 年发表的论文(相应杂志的第 355 页,见参考文献 [150])中所阐述的。

52 如卡普什和雷德尔在 1992 年发表的论文(见参考文献 [38])中所阐述的。

53 如加利森在 1997 年出版的著作(第 553 页,见参考文献 [94])中所阐述的。

的"大型事业"排除在本书的分析讨论之外，例如核能领域用于研究的基础设施（包括近年核聚变能的研发工厂）[54]。进一步地,"大科学"在此被定义为三个维度上都是"大"的科学，这三个维度分别是"大组织"、"大机器"和"大政治"。这三个方面都可有效使用连续性-变化二分法,作为理解变化和追溯转型"大科学"究竟是什么的分析工具。重要的是,这个"大科学"定义建立在这样的原则之上：为了让某些事情有资格成为（转型）"大科学"并在本书中加以讨论，尽管如上所述它们也被组织起来为公共科学服务，但需要同时满足这三个方面的要求。

首先讨论"大组织"的概念。"大组织"可以指按非常大的团队规模和长时间实验过程要求组织起来的实验科学，这可作为解释"大科学"出现和发展在冷战最初二三十年的铁幕两边及日本的合适框架。关键的例子无疑是粒子物理学，但地基天文学和核物理学通常也符合上述对"大组织"的描述。怎样的团队规模可被算作是"大"的，怎样的实验构成可被算作是"长"的，相关阈值随时间而变化，因为两者本质上都是相对的概念：团队规模的"大"和实验过程的"长"主要是与当代主流团队规模和实验过程比较的结果。粒子物理学似乎在其存在的大部分时间里都满足了这些标准：20世纪50年代末从事粒子物理学研究的团队规模相对都是非常大的[55], 20世纪70年代末从事已成为"巨型科学"的粒子物理学研究的团队规模也是如此，团队规模的"大"至今依然是这个学科的特征[56]。但是，重要的是，"大组织"也可以指借助中子束或同步辐射开展研究活动所必需的支撑组织。虽然这类研究活动本质上是"大机器上的小科学"，但为"小科学"实验提供所需的珍贵实验资源的组织必须是"大"的[57]。这也是此处被概念化的旧"大科学"和转型"大科学"在组织上的主要差别（亦见下文）。在旧"大科学"中，实验的组织是"大"的。在转型"大科学"中，开展本质上为小规模实验所需要的组织必须是"大"的组织，转型"大科学"是在"大"的支撑组织帮助下完成的"小科学"。当然，值得注意的是，在一般意义上，无论旧"大科学"的组织还是转型"大科学"的组织都不是特别"大",相反与主要工业企业相比是很小的，事实上与大部分大学和其他公共研究组织相比也是如此[58]。但是，由于这里的"大

---

54 如科尔劳什（M.Kohlrausch）和特里施勒（H.Trischler）在2014年发表的论文（相应杂志的第208页至第241页，见参考文献[191]），麦克雷（W.P.McCray）在2010年发表的论文（见参考文献[241]）中所阐述的。

55 如海尔布伦（J.L.Heilbron）等在1981年出版的著作（见参考文献[137]），凯瑟（D.Kaiser）在2004年发表的论文（见参考文献[179]）中所阐述的。

56 如霍德森等在2008年出版的著作（见参考文献[159]）中所描述的。

57 如本书作者在2009年提交的博士学位论文（见参考文献[119]）中所阐述的。

58 原书脚注1-6：位于法国格勒诺布尔的"欧洲同步辐射装置"是目前最先进的"大科学"装置之一，在人力资源方面，它拥有567.5名全时员工（见：《ESRF亮点，2013》（*ESRF Highlights，2013*）），这个数目低于欧洲大部分大学的全时员工数目，当然只是全球最大企业员工规模的很小一部分。

组织”不仅指像大学或企业的大型正式组织，也包括为开展科学研究而设立的组织，而为此目的建立的组织确实要比大部分类似的组织更“大”，因此，“大组织”术语仍然是有意义的：从历史和现实看，一个科学实验仪器的操作在绝大多数情况下是一个人或几个人的工作。显然，无论旧“大科学”还是转型“大科学”的情况并非如此，因此，就本书而言，“大组织”在“大科学”概念定义中占了至关重要的三分之一。

其次讨论“大机器”概念。在这里提出对“大科学”的理解中，其物理上的“大”是关键，因为这是“大机器”部分或部门在物理上并行设置的“大组织”存在的必要条件。碰巧的是，“大机器”的主要例子不可避免是粒子加速器，并由小型核反应堆加以补充，虽然这似乎是巧合，但也是由技术决定的：粒子加速器的更新使用对“大科学”转型来说是关键的，这也意味着虽然“大科学”在一些最重要方面发生了根本变化，但它在物理上具有连续性。怎样的装置可算作“大机器”当然也是相对的，显然，直接比较加速器的尺寸几乎使得机器的“大”作为一个指标变得没有意义：二战后第一个十年建造的最大加速器之一是位于美国长岛的布鲁克海文国家实验室（见图1-2）的“Cosmotron”装置，它在1952年开始运行，周长为72m。20年后，位于伊利诺伊州的美国费米国家加速器实验室（见图1-3）的“费米实验室主环”装置向实验应用开放，它的周长为6.3km。位于欧洲核子研究组织的“大型强子对撞机”装置（见图1-4）的周长不低于27km，希格斯玻色子是2012年在这个装置上被发现的。这三台机器都是为粒子物理实验专门建造的。但是，今天建造的最先进的同步辐射装置周长仅有数百米；作为同步辐射装置技术升级的自由电子激光装置及最新的散裂中子源装置都使用了最大长度为数公里的直线加速器。因此，在过去数十年里，以米为单位测量的真正可算作“大”的机器发生了很大变化，就像“大组织”那样，必须根据时期加以判断。在自然科学研究所使用的各种仪器中，公平地说，1952年建造的“Cosmotron”装置和21世纪第二个十年建造的同步辐射装置（尺寸相近）比同时期的大多数仪器要大得多。但是，在本书的背景下，将“大机器”作为“大科学”定义的另一个关键的三分之一，也以一种非常有用的方式限制了“大科学”的经验范围，即“大机器”仅涉及那些与单一基础设施位置在物理上绑定的“大科学”工作，这样就把网格计算、基因测序、气候建模等排除在这个经验范围之外。虽然在这些科学活动中所用仪器总量可能相当大，但这些仪器是分布的，而不是绑定在一个物理位置，这意味着此处研究的分布式仪器与“大科学”装置之间有着重要的组织差异。

图 1-2 美国布鲁克海文国家实验室园区鸟瞰图，2017 年 6 月

图 1-3 美国费米国家加速器实验室鸟瞰图，2018 年 7 月

图 1-4 欧洲核子研究组织“大型强子对撞机”装置粒子对撞系统照片，该装置在 2013 年进行升级改造，2015 年重新进行科学实验

第三个概念是“大政治”。这意味着“大科学”在政治领域有很高显示度，并通过决策者之间和政府文件中的新闻故事吸引一些关注。虽然在国家研发预算中“大科学”的资金份额与“小科学”相比是很小的，“小科学”指大学和研究机构实施的小规模科学（研究）项目，但“大科学”则有着很高显示度，因此自然是有着较高政治利害关系的科学。韦斯特福尔[59]声称，科学家及说客们在试图赢得对其项目的政治支持中战略性地使用了“大科学”术语和概念，这在前面已被提及，在这里也很重要，因为这表明事实上存在着与“大科学”概念和物理表现形式两者有关的政治影响力。“大科学”吸引政治兴趣，并似乎带有在科学政策中能给予它特殊待遇的象征意义。这一点在二战结束后最为明显，这个时候，人们对核力量的信仰和恐惧足以让“大科学”登上自己的超级大国竞争舞台，1957年苏联人造地球卫星危机之后更是如此，这次危机使得美国联邦政府显著增加了研发支出，并把欧洲带入粒子物理学及其他科学学科研发支出快速扩张之中（见第二章）。20世纪60年代和70年代，“大科学”也非常政治化，这个时候，社会运动对政治和军事体系进行了猛烈抨击，政府资助的研发和“大科学”显然是这个体制的一部分。冷战临近结束的时候，美国里根政府[60]对战略防御计划、“超导超级对撞机”装置项目（见图1-5）及其他一些项目进行了大量投入，此时，“大科学”再次站在了政治的中心位置[61]。在后冷战时期，当对“大科学”投入似乎是建立在它有助于获得或提高科学技术竞争力的预期基础之上的时候（见第六章），“大科学”的政治影响力仍然很高。米洛夫斯基和森特[62]认为：当前科学政策状态与冷战时期相比是一个“全球化的私有化体制”，在这个体制下，市场逻辑已渗透到大部分（如果不是全部）科学政策层面（参见蓝德尔[63]和伯曼[64]的论述，亦见下文和第二章、第五章与第六章），这在“大科学”领域里似乎也是如此，虽然应当对“全球化的私有化体制”表述中的“私有化”表述质疑，因为本书所分析的这类“大科学”几乎完全由公共资金资助。因此，“大科学”本质上仍然是政治性的，但政治已发生了变化。

59 如韦斯特福尔在2003年发表的论文（相应杂志的第32页至第33页，见参考文献[369]）中所阐述的。

60 译者注：罗纳德·里根（Ronald Reagan）（1911～2004），1981年1月至1989年1月任美国第40任总统。

61 如布鲁斯·史密斯在1990年出版的著作（见参考文献[333]），加迪斯（J.L.Gaddis）在1982年首版和2005年再版的著作（见参考文献[93]）中所阐述的。

62 如米洛夫斯基和森特在2008年发表的论文（见参考文献[256]）中所阐述的。

63 如蓝德尔在2010年出版的著作（见参考文献[301]）中所阐述的。

64 如伯曼在2012年出版的著作（见参考文献[19]）和2014年发表的论文（见参考文献[20]）中所阐述的。

图1-5 被遗弃的“超导超级对撞机”装置隧道照片。在欧洲核子研究组织启动“大型强子对撞机”装置项目之前，美国就开始了建造世界上最大粒子加速器的计划。该装置建造地点位于得克萨斯州瓦萨哈奇附近，隧道设计周长为87.1km，每束质子能量为20TeV，目前正在运行的“大型强子对撞机”装置的隧道周长为27km，每束质子能量为7TeV。1993年，美国国会终止了该装置项目

因此，在这里转型“大科学”被概念化为三个维度，即“大组织”、“大机器”和“大政治”的转型。表1-1通过对旧“大科学”和转型“大科学”按这三个维度进行交叉制表，给出了“大科学”概念化的初步结果。需要特别注意的是，表1-1仅给出了旧“大科学”和转型“大科学”在三个维度上的一些主要特征，但有例外。

表1-1 “大科学”的三个维度概念化，旧“大科学”和转型“大科学”交叉列表

	“大组织”	“大机器”	“大政治”
旧“大科学”	大型研究团队 长期实验	用于粒子碰撞的加速器 用于核物理学研究的核反应堆	军事/安全应用 （或远程连接）
转型“大科学”	大型支撑组织	用于中子散射、同步辐射、自由电子激光的加速器和核反应堆	基于创新的（区域）经济增长、可持续发展和（应对）重大挑战

五、理论

为了在“大科学”被定义为在上述三个维度上都变得很“大”的基础上（见表1-1）来分析转型“大科学”的各种特性，需要采用一些来自社会学理论的分析

工具。本书分析了转型“大科学”的不同特征，并使用了几个不同的角度，因此各章所使用的分析工具有所不同。在一些特别需要具体理论的章节中，相关理论将被引入并用来进行详细的分析。在其他不需要这种意义上的理论的章节中，分析依赖于本章提供的总体大纲。

科学政策和组织的社会学研究不是一个同质领域，因此，它没有无可置疑的理论传统。社会学、经济学、管理学、人类学/人种学、政治学、信息科学中的各种各样科学研究都对“科学的社会学”称谓提出了一些要求，并且都保持了各自的理论准则，但在这些理论准则中没有哪个为本书的分析目标提供了足够有用的工具箱。相反，本书分析的基本概念框架主要是根据组织理论编写的，但也更广泛地参考了社会学理论及政治学理论，并在为组织研究提供帮助的理论传统中广泛寻找有用的工具，“组织研究”既可被理解为名词，也可被理解为动词。这些理论的有用性主要在于它们的丰富性和多样性（相关概述见詹姆斯·马奇（James March）[65]和理查德·斯科特（W.Richard Scott）[66]的论述），也在于它们是社会学中永恒的（往往是非常有害的）概念性宏观-微观划分的建设性桥梁。在组织研究中，宏观-微观划分是否是一个真实问题值得怀疑，赫伯特·西蒙（Herbert Simon）[67]和马奇[68]早期非常有影响的工作是，解释目的/意向性/合理性和社会约束/体制约束/结构约束的原因，更重要的是承认任何组织中正式与非正式结构的共生关系，率先弥补了宏观-微观划分产生的鸿沟。虽然20世纪下半叶组织研究的大部分学派似乎都专注组织及它们的环境，因而专注体制层面的问题（相关概述见斯科特的

---

65 如马奇在 2008 年出版的著作（第 2 页至第 22 页，见参考文献 [232]）中所阐述的。译者注：詹姆斯·马奇（1928～2018），美国斯坦福大学商学院、教育学院和人文与科学学院教授，被认为是政治学、经济学、管理学、心理学、社会学和教育学领域的变革者。他因在组织、组织决策和组织行为方面的研究而闻名，七年内出版了三部被誉为组织社会学“三部曲”的著作，开启了这个全新和广泛的研究领域。引自：https://www.gsb.stanford.edu/newsroom/school-news/james-g-march-professor-business-education-humanities-dies-90，访问时间：2022 年 2 月 18 日。

66 如斯科特在 2004 年发表的论文（见参考文献 [312]）中所阐述的。译者注：理查德·斯科特，美国社会学家，专注于专业组织的研究，现为斯坦福大学社会学系名誉教授。他在 1961 年获得芝加哥大学博士学位，此后在斯坦福大学度过了整个职业生涯，1972 年至 1975 年担任社会学系主任，1988 年至 1996 年担任“斯坦福组织学研究中心”主任。引自：https://sociology.stanford.edu/people/w-richard-scott，访问时间：2022 年 2 月 18 日。

67 如西蒙在 1957 年出版的著作（见参考文献 [330]）中所阐述的。译者注：赫伯特·西蒙（1916～2001），美国科学家，在人工智能、心理学、管理学和经济学领域有着 52 年辉煌的职业生涯。他分别在 1936 年和 1942 年获得芝加哥大学的政治学学士和博士学位，此后曾在加利福尼亚大学伯克利分校和伊利诺理工学院任教，自 1949 年起在卡内基－梅隆大学任教和从事研究工作。他于 1975 年获得“图灵“奖，1986 年获得诺贝尔经济学奖。引自：https://www.cmu.edu/simon/what-is-simon/herbert-a-simon.html，访问时间：2022 年 2 月 19 日。

68 如马奇和西蒙在 1958 年出版的著作（见参考文献 [233]）中所阐述的。

论述[69]），但这些学派（在经典著作和近期出版的著作中）为弥补这个鸿沟作出了很多贡献，它们不仅允许对个体作补充性关注，而且用它作为将组织作为行动者的观点的比照，并区别组织行为和个体行为[70]。“社会理性选择学派”的社会理论家提供了个体能动性与集体利益/行动之间的概念联系[71]，尽管这种概念联系最终取决于方法论个人主义，但它在本书中的使用并不妨碍制度理论及其他工具的平行使用，而这些工具是基于它们对手头分析任务是否有用作出选择的。

一些人可能误解了理论的多样性，因理论上宏观与微观观点有着略非正统的结合而声称许多观点是相互排斥的，许多学者因社会理论的传统而回避这种结合。这个观点不仅适得其反，而且建立在对理论的不合时宜理解之上（卡尔·波普尔（Karl Popper）[72]理论），认为理论是可对一系列预测进行实证检验和验证/反驳的工具。这样的方法通常导致理论家们试图建立“大统一理论”来解释所有的事情（或被判断有趣的事情，剩余的事情或许可被忽略），并带来导致其追随者对所研究主题产生强烈偏见的风险。尽管这些学派或范式的忠实拥护者通过对其观点的专注和无歪曲推进而作出值得赞扬的贡献，但他们延续了一个令人遗憾的观点，即对某个理论学派或范式的忠诚比理论作为解释（社会）现象与过程工具的建设性和务实使用更为重要，换言之，他们延续了一个甚至导致不关注所研究（社会）现象与过程的某些方面或元素的偏见。正如理查德·曼奇（Richard Münch）[73]所设计的那样，另一种方法是对特定理论（和方法学）方法与特定研究目的及主题的适用性作出尽可能好的判断，并在试图解释尽可能多的社会现实变化中使用不同

---

69 如斯科特在 2004 年发表的论文（相应杂志的第 4 页至第 9 页，见参考文献 [312]）中所阐述的。

70 如巴纳德（C.I.Barnard）在 1938 年出版的著作（见参考文献 [15]），赫斯曼（A.Hirschman）在 1970 年出版的著作（见参考文献 [155]），普费弗（J.Pfeffer）和萨兰西克（G.Salancik）在 1978 年首版、2003 年再版的著作（见参考文献 [291]），科尔曼（J.Coleman）在 1982 年出版的著作（见参考文献 [44]），马奇在 1998 年出版的著作（见参考文献 [231]）和韦克（K.E.Weick）在 1995 年出版的著作（见参考文献 [362]）中所阐述的。

71 如科尔曼在 1990 年出版的著作（见参考文献 [46]），赫克特（M.Hechter）在 1987 年出版的著作（见参考文献 [135]）和奥普（K.D.Opp）在 1999 年发表的论文（见参考文献 [275]）中所阐述的。

72 译者注：卡尔·波普尔（1902 ～ 1994），英国哲学家。在 1934 年出版的《科学发现的逻辑》（*The Logic of Scientific Discovery*）一书中，他提出知识不能被绝对地证实，科学是通过对现有理论的实验反驳及它随后被新理论取代来取得进步的，这种新理论同样是暂时的，但涵盖了更多的已知数据。“Popperian”指波普尔理论的特征或者与这种特征相联系的观点，即一个假说能够由可观察的例外来作证伪、但从未被证明是绝对正确的。引自：https://www.merriam-webster.com/dictionary/Popperian，访问时间：2022 年 2 月 18 日。

73 如曼奇在 2002 年出版的著作（第 9 页至第 11 页，见参考文献 [263]）中所阐述的。译者注：理查德·曼奇（1945 ～），德国社会学家，2013 年时担任班贝格大学名誉教授。20 世纪 80 年代末，他每年会花费数月时间在加利福尼亚大学洛杉矶分校作访问学者，他在这里教授的课程构成了社会学理论的三卷本英语教科书的基础。引自：https://dbpedia.org/page/Richard_Münch_（sociologist），访问时间：2022 年 2 月 19 日。

的理论工具。

因此，在本书中理论主要被作为工具箱使用。为了找到有助于认识转型“大科学”各个方面的理论和概念视角，需要以思想开放和实用主义的精神从这个工具箱中挑选工具。重要的是，这意味着在本书中存在着没有使用理论进行分析的部分，因为有时被分析的内容本身似乎足够丰富多样，或者给出的启示足够简单明了，以至于在没有理论帮助的情况下就可加以分析。

这种理论观点可被转化为方法，由此在两个（即理论与方法）领域中产生的折中主义是以这样的逻辑结果，即愿望不能被简化（除非必需），而使复杂性和多样性转化为美德。如同任何一个对历史事件和过程足够关注的人都会发现的那样，很少有或根本不存在对历史的“一刀切”式概念化或者解释。尽管有人试图将当前的科学政策体制简单地描绘成“后学术”的、“最后确定”的、“后现代”的或“后常规”的科学政策体制，但科学没有单一的组织模式，没有单一的体制，没有单一的与社会连接方式。进一步说，科学没有单一的政策体系，没有单一的实验室组织类型，没有单一的大型实验室组织变化路径，或者就这点而言，不会只有一种粒子加速器的设计。因此，以下章节将回顾被认为与本书分析相关的部分社会学理论，这些理论有时直接作为分析中使用的工具，在其他情况中，这些理论则作为一般的启发性观点。理论框架大纲的多样性反映了本书实证分析（和理论讨论）的多样性，理论框架大纲的多样性从根本上是以上述“大科学”的三重概念化和定义作为基础的，也是以被用来区别转型“大科学”与旧“大科学”的整体连续性和变化主题作为基础的。

六、仪器和行动者

从根本上定义超大型仪器的科学使用是它局域于特定的地方，为实验工作提供在其他地方无法获得的机会：如果没有“大机器”，就可能把构成物质的基本粒子放在一起粉碎，或者如果没有“大机器”，就可能获得高亮度X射线或中子的强烈爆发，那么“大机器”就不会被使用。大型或超大型仪器局域于特定地方不是“大科学”领域独有的情况，在自然科学领域里，出于组织原因和资源的有效使用，大多数研究工作都需要特定的物质安排和自己的场地[74]。纵观历史，实验科学似乎正朝着越来越向特定地方聚集、使用越来越复杂的技术设施的方向发展。

---

74 如亨克（C.R.Henke）和吉伦（T.Gieryn）在2007年发表的论文（相应论文集的第355页，见参考文献[144]），利文斯通（D.N.Livingstone）在2003年出版的著作（见参考文献[217]）中所阐述的。

齐曼[75]对这种趋势作了概念化，确定了一种广泛和长期的科学社会学变化，它的形式是专业化、学科重构、更接近商业利益或满足直接社会目标的新领域（交叉学科领域）的出现（在韦斯科夫的专门用语中这些领域属于"广泛型科学"范畴）。这种变化的一个重要部分是技术的"复杂性"，即仪器复杂性不断增加，进而推动了科学活动的集体化和团队与项目导向的研究工作的兴起[76]。作者认为，至少在过去的一个世纪里，科学合作逐渐增加[77]。关于这种发展的大部分证据是定量的，确定了在科学出版物合著者方面出现了广泛与普遍的增加。西尔文·卡兹（J.Sylvan Katz）[78]和马丁[79]采用了与齐曼的被视为科学默认发展的集体化结构主义思想不同的观点，认为在理性选择理论[80]基础上，合作是代表个体进行深思熟虑选择的结果，以聚在一起并产生公共物品[81]。上述两种观点各有优点，都有解释现象的价值，但是科学合作无论是什么又意味着什么，一直是复杂的研究主题。

科学社会学研究的一个传统，即实验室研究的一个涉及科学合作的传统主题，有着截然不同的出发点，即它有着认识论的目标，而不是社会学的目标。这个传统的支持者为揭示科学内在功能并"解构"事实主张来研究形成中"科学"的愿望，对理解当代科学作出了一些重要贡献：在科学中几乎没有或者根本没有方法论的统一[82]；实验室处理的是现象的被净化和理想化版本，而不是"自然"的现象[83]；科学与其说是为了发现"真理"，不如说是为了让事物"运转起来"[84]。

最后一点很重要，因为它强调了科学工作的物质方面，这在"大科学"领域里无疑更为明显或具体。以上提到的论点是，如果科学家的研究工作不需要使用

75 如齐曼在 1994 年出版的著作（见参考文献 [383]）中所阐述的。

76 如齐曼在 1994 年出版的著作（第 122 页至 123 页，见参考文献 [383]）中所阐述的。

77 如亚当斯（J.D.Adams）等在 2005 年发表的论文（见参考文献 [2]），梅林（G.Melin）和佩尔森（O.Persson）在 1996 年发表的论文（见参考文献 [243]），文森特－兰克林（S.Vincent Lancrin）在 2006 年发表的论文（见参考文献 [360]）中所阐述的。

78 译者注：西尔文·卡兹（1944～），1969 年获得英国萨斯喀彻温大学生物物理学学士学位，1971 年获得分子生物学硕士学位，1975 年获得计算机科学学士学位，1993 年获得瑟赛克斯大学科学技术和创新政策博士学位，现为瑟赛克斯大学科学技术政策和研究高级研究员和加拿大 Ergonic Resources 有限公司总裁。引自：https://works.bepress.com/sylvan_katz/cv/download，访问时间：2022 年 2 月 21 日。

79 如卡兹和马丁在 1997 年发表的论文（见参考文献 [182]）中所阐述的。

80 译者注："理性选择理论"通常指关于"个体使用理性预测方法，作出理性选择，实现与个体目标相一致的结果，而这些结果也与该个体自身利益最大化相关"的理论。

81 如赫克特在 1987 年出版的著作（见参考文献 [135]）中所阐述的。

82 如克诺尔－塞蒂娜（K.D.Knorr Cetina）在 1981 出版的著作（见参考文献 [189]）中所阐述的。

83 如克诺尔－塞蒂娜在 1999 出版的著作（第 26 页至第 27 页，见参考文献 [190]），哈金（I.Hacking）在 1983 年出版的著作（第 226 页，见参考文献 [116]）中所阐述的。

84 如克诺尔－塞蒂娜在 1981 出版的著作（见参考文献 [189]），马尔凯（M.Mulkay）在 1981 年发表的论文（相应杂志的第 164 页，见参考文献 [261]）中所阐述的。

超大型机器，科学家就不会使用这类仪器，这个论点可被反过来并作进一步表述：大部分科学活动如果没有超大型机器是不可能开展的，因此，超大型机器像人的思想和行为那样推动与诱导科学工作[85]。尤其在旧“大科学”中，以及在许多小型科学活动或转型“大科学”环境里，实验和仪器开发是平行规划和执行的，达到了难以将仪器与实验分离开来的程度，事实上实现了从研究问题的构想出发来设计与制造技术装置[86]。把科学研究的物质实在与复杂的仪器技术连接在一起的是仪器设计者/制造者、仪器的使用者或促进仪器使用者的先进技能[87]，因此，科学家与仪器设计者/制造者的专业角色之间的界限已部分变得模糊，新的专业角色已经出现。

特里·希恩（Terry Shinn）和伯恩沃德·约尔吉斯（Bernward Joerges）[88]提出了“研究技术人员”的概念，这是科学研究与仪器开发之间边缘区域的一个专业身份，其从业者是特定技术的推动者，他们在组织与大学、公司、实验室、研究机构、政府、军事机构等利益圈之间的“组织间隙竞技场”中非常自由地运动[89]。这些行动者通常是仪器的发明者和倡导者，这些仪器具有为许多不同使用领域服务的潜力，所以被称为“通用仪器”或“通用技术”。这些仪器可以是为一个用途设计和开发的，但随后被用于其他用途，或者，这些仪器可以是为满足数个非预先定义需求而特意制造的。这个概念并不局限于科学研究领域，而是适用于更大范围内的技术领域，尤其如内森·罗森博格（Nathan Rosenberg）[90]通过指出集成电路芯片也许是最显著例子所阐述的，一项今天得到广泛应用的技术不一定是在其发明的时候就被人们所预见。罗森博格提到的其他例子[91]包括电子显微镜、核磁共振技术和粒子加速器。电子显微镜已被广泛用于物理学、化学和生物学的

---

85 如范赫尔登（A.Van Helden）和汉金斯（T.L.Hankins）在 1994 年发表的论文（相应杂志的第 4 页，见参考文献 [356]）中所阐述的。

86 如史密斯和塔德兰维奇（J.N.Tatarewicz）在 1994 年发表的论文（相应杂志的第 101 页，见参考文献 [334]）中所阐述的。

87 如利文斯通在 2003 年出版的著作（第 142 页，见参考文献 [217]）中所阐述的。

88 如希恩和约尔吉斯在 2002 年发表的论文（见参考文献 [323]），约尔吉斯和希恩在 2001 年出版的著作（见参考文献 [175]）中所阐述的。译者注：特里·希恩，现为法国国家科学研究中心研究员；伯恩沃德·约尔吉斯，现为德国柏林理工大学教授和柏林科学中心研究员。引自：https://www.researchgate.net/publication/291070049_A_Fresh_Look_at_Instrumentation_an_Introduction，访问日期：2022 年 2 月 21 日。

89 如希恩和约尔吉斯在 2002 年发表的论文（相应杂志的第 207 页，见参考文献 [323]）中所阐述的。

90 如罗森博格在 1992 年发表的论文（相应杂志的第 382 页，见参考文献 [308]）中所阐述的。译者注：内森·罗森博格（1927 ～ 2015），1952 年获得美国罗格斯大学学士学位，1955 年获得威斯康星大学经济学博士学位，随后在宾夕法尼亚大学、普渡大学和威斯康星大学任教，1974 年加入斯坦福大学教师队伍，1983 年至 1986 年担任该校经济系主任，自 1987 年起在斯坦福经济政策研究所担任研究项目负责人，直至 2002 年退休，后为该校公共政策名誉教授。引自：https://news.stanford.edu/2015/09/01/nathan-rosenberg-obit-090115/，访问时间：2022 年 2 月 21 日。

91 如罗森博格在 1992 年发表的论文（相应杂志的第 384 页，见参考文献 [308]）中所阐述的。

研究。核磁共振技术是为测量原子核的磁矩发明的，它迅速成为分析化学不可或缺的工具，后又被生物学家采用，并在医学领域中用于成像，作为医学诊断的一部分。粒子加速器最初是为了研究原子结构发明的，并作为“曼哈顿计划”（见图1-6）的一部分用于核材料的生产[92]，也用于医学研究和治疗所需的放射性同位素。第二章将对粒子加速器作更详细的讨论，概括地说，粒子加速器后来成为“通用仪器”，被用来支撑自然科学的各种实验。转型“大科学”可以说是关于技术变得通用、开始跨越学科和机构界限的最重要并最具说服力的例子之一。

图 1-6 1945 年位于美国华盛顿州汉福特镇的“F 核反应堆钚生产设施”鸟瞰图，右边两个水塔之间的“方形”建筑是生产钚的核反应堆，图片中央的长建筑物是水处理工厂，这个设施的建造是二战期间美国政府实施的“曼哈顿计划”的一部分

从概念上说，这些例子有两个重要的含义。首先，有人认为科学活动在方法、组织模式及所有其他传统和文化特征方面的不统一性被仪器的统一性所抵消。仪器的统一性不应被理解为技术配置缺乏多样性，恰恰相反，由于技术与社会世界一样千差万别，仪器的统一性可通过其在科学中的作用加以理解：仪器在物理上是有形的，可被清晰地界定，仪器具有为各种科学目的服务的通用能力[93]。重要的是，这意味着旧“大科学”和转型“大科学”的“大机器”构建起在一个变化着的世界里提供连续性的持久实体[94]。第二个含义是，被希恩和约尔吉斯概念化为“研

92 如海尔布伦等在 1981 年出版的著作（见参考文献 [137]）和希尔兹克在 2015 年出版的著作（见参考文献 [154]）中所阐述的。

93 如哈金在 1996 年发表的论文（相应论文集的第 69 页，见参考文献 [117]），范赫尔登和汉金斯在 1994 年发表的论文（相应杂志的第 6 页，见参考文献 [356]）中所阐述的。

94 如施勒姆（W.Shrum）等在 2007 年出版的著作（第 2 页至第 3 页，见参考文献 [324]）中所阐述的。

究技术人员”的行动者群体应当有所扩展[95]：虽然技术本身看起来具有塑造实验室环境、科学结构和组织结构的能力，但在其背后或所涉及的总是存在人的能动性。关于创新和体制变化的文献确定了“体制倡导者”的作用是重要的：“体制倡导者”指发动或推进变革的行动者，他们通过对技术创新和社会创新投入时间与资源对现有机构转型作出了重要贡献[96]，这些投入是组织内或跨组织的仪器或行动计划，同时，“体制倡导者”享有赋予他们合法性的社会地位，这种合法性又延伸到他们推进的事业。

这些行动者在科学发展史和“大科学”发展史中扮演了重要角色：科学进步和科学活动总是源自个体。科学作为一种认知活动，肯定植根于各种（社会）制度、文化习惯和话语之中；但科学源自人的思想和创造力，是人的一种基本活动，只能源自人的大脑。世上没有能够思维的组织、制度或体系这样的东西。这个假设对某些人来说是有争议的，但由科学史学家提供的对“大科学”微观层面、更普遍地对科学、科学政策和科学组织微观层面的仔细观察都确认这个假设是正确的[97]。在“大科学”实验室详细发展史得到叙述和分析的所有案例里，显然在发生变革的地方，变化是由无数微观层面的审议、决定和行动推动的，它们结合在一起导致了来自底层的转型，这肯定会引起政策层面的目标与主题调整的共鸣，也会引起制度化期望与惯例的共鸣，但如果不考虑行动者就无法解释这样的变化；同时，变化是由特别有权势的行动者推动的，这些行动者无疑在制度/组织环境和政治中拥有权力基础，但又被塑造成独立和强大的个体。虽然偶尔在“吹捧性传记”的边缘找到平衡，这些历史记载显示一个刻画个体作用、能够作出理性选择和果断行动的理论模型，有助于补充聚焦于政治与体制的理论。换言之，这些理论模型（不知不觉地）主张方法学的个人主义，这是理性选择理论的公理基础[98]。

95 如希恩和约尔吉斯在 2002 年发表的论文（见参考文献 [323]）中所阐述的。

96 如迪马吉奥（P.J.DiMaggio）在 1988 年发表的论文（见参考文献 [64]），巴蒂拉纳（J.Battilana）等在 2009 年发表的论文（见参考文献 [16]）中所阐述的。

97 见克雷斯（R.P.Crease）在 1999 年出版的著作（见参考文献 [51]），格林伯格在 1967 年首版、1999 年再版的著作（见参考文献 [109]），海尔布伦等在 1981 年出版的著作（见参考文献 [137]），赫尔曼（A.Hermann）等在 1987 出版的著作（见参考文献 [146]）和在 1990 年出版的著作（见参考文献 [147]），休利特和霍尔在 1989 年出版的著作（见参考文献 [153]），霍德森等在 2008 年出版的著作（见参考文献 [159]），霍尔在 1997 年出版的著作（见参考文献 [161]），凯瑟菲尔德在 2013 年发表的论文（见参考文献 [180]），克里格（J.Krige）在 1996 年出版的著作（见参考文献 [193]），林德奎斯特（S.Lindqvist）在 1993 年出版的著作（见参考文献 [216]），洛温（R.Lowen）在 1997 年出版的著作（见参考文献 [219]），莫迪（C.Mody）在 2011 年出版的著作（见参考文献 [257]），赖尔登（M.Riordan）等在 2015 年出版的著作（见参考文献 [305]），韦斯特福尔分别在 2008 年（见参考文献 [370]）、2010 年（见参考文献 [372]）、2012 年发表的论文（见参考文献 [373]）。

98 如科尔曼在 1986 年发表的论文（见参考文献 [45]），林登伯格（S.Lindenberg）在 1990 年发表的论文（见参考文献 [215]）中所阐述的。

在社会学中，理性是一个有争议的概念，主要是因为这个概念与新古典主义经济学相关，这是不幸的，但不可能对此置之不理。关于行动的理性选择观点应当以非人性化的、完美的理性“经济人”作为前提的荒谬主张已被直接驳斥[99]，已被组织研究中“有界理性”和“有限理性”概念的巧妙发展而率先抛弃[100]，也被“程序的”或“社会学的”理性选择理论的推广[101]、理性选择理论在政治学和决策理论中的应用而率先抛弃，政治学和决策理论没有直接联系，但受到博弈理论、谈判和政治行为的理想化分析的启发[102]。所有这些都表明，虽然人们的行为显然受到习俗、习惯和信息匮乏的限制，也必然受到无数可被归纳为“体制”的事情的限制（见下文），但这并不排除人们不能按照其认为促进和保护自己利益的最佳行为方案来行事，换句话说，这不排除人们不能理性行事。最重要的是，如果不允许将个体行为视为理性的、至少是有目的的，就很难解释社会变化过程并对其进行负责任的分析。

这个理性行动者框架有助于对关于个体和个体构成的群体是变化动因的认识，因为这个框架能够在科学家、实验室主任、政府官僚及政治家们假定的、表述的或证明的利益和抱负基础上，作出自由和创造性的假设与推理，政治家处于这个故事的中央。分析师以理性行动者模型作为分析工具，对一个案例研究（或一组案例研究）越深入，更多的细节就能够被揭示，更多的关于这些案例的知识就能够被建立起来。但是，既然美德就是细节，既然区别就是案例研究，这也将不可避免地导致丢失背景和概括性理解。从广义上说，这意味着理性行动者模型必须与解释宏观和细观层面现象、也能够在其他层面上确认长时间框架和过程的理论论述进行比较，最好与之结合起来使用。

七、体制和政治

转型“大科学”概念化的一个重要组成（如上所述）是承认“大科学”在制度安排中存在着连续性。这一点很显著地表现在“大科学”组织的强大韧性，这导致了上文关于“问题看起来似乎变了而解决方案依然存在”的论述，但这一点也表现在关于任何处于（晚期）现代性历史时期的事物必然植根于一个由松散耦

99 如奥普分别在1999年和2013年发表的论文（见参考文献[275]和[276]）中所阐述的。

100 如西蒙在1957年出版的著作（见参考文献[330]），马齐和西蒙在1958年出版的著作（见参考文献[233]），普费弗在1982年出版的著作（见参考文献[290]）中所阐述的。

101 如埃塞尔（H.Esser）在1993年发表的论文（见参考文献[84]），戈德索普（J.H.Goldthorpe）在1998年发表的论文（见参考文献[105]）中所阐述的。

102 如谢普瑟（K.A.Shepsle）和邦切克（M.S.Bonchek）在1997年出版的著作（见参考文献[322]），科尔曼在2009年出版的著作（见参考文献[47]）中所阐述的。

合的机构和组织构成的庞大“集团”之中的初步认识，每个机构或组织有着自己的生命力，并与其他机构或组织相联系[103]，每个机构体制或组织都对本书的重点分析类别即“大科学”产生某种影响。来自组织社会学的一个基本观点表明，所有组织都曾是为了处理一组特定问题、使一组特定利益永久化并以部分独立的方式行事而创立的。这个观点还表明，在特定实例中组织的行为主要是由先于这个实例建立的惯例确定的。组织有着不同于任何个体的目标和实践，也有着超越组织内参与个体总和的能力[104]。在某种程度上,组织也遵循着一些似乎与组织目标背道而驰的惯例，遵循着只是部分与组织正式或公开宣布的实践相协调的惯例，但也遵循着被明确或含蓄地认为向组织提供社会合法性和威望的惯例[105]。上述观点适用于“大科学”的组织，也适用于与“大科学”密切相关的组织，如政府机构、大学、研究机构、科学协会和工会。作为正式或非正式的结构，组织因其惰性而具有弹性[106]，这在概念上很重要，因为它直接与尽管有惰性结构、变化如何实现相联系，或者直接与变化如何在惰性结构内部和在惰性结构帮助下实现相联系。即使组织具有正式的结构，但也严重地依赖于非正式关系、等级制度和工作网络，这三者或将促进、或将阻碍组织的计划和行动[107]。进一步说，这个观点与尼克拉斯·罗尔曼（Niklas Luhmann）[108]提出的一个重要概念相联系，罗尔曼的概念直接与关于组织惰性、变化和行动的研究相联系：组织被视为具有在自身要素基础上更新（自我创制）能力的社会系统，是促进在任何特定领域里实现长期和深刻变化的必要结构。换言之，没有连续性的变化是难以想象的。

因此，制度是持久的，但制度也是会发生变化的。此前提到的默顿将科学概念化为一种制度是一个很好的例子，因为在此背后是对科学的体制持久性和适应能力

---

103 如吉登斯（A.Giddens）在 1991 年出版的著作（见参考文献 [102]），曼奇在 1988 年出版的著作（见参考文献 [262]）中所阐述的。

104 如西姆斯（D.Sims）等在 1993 年出版的著作（见参考文献 [331]），马奇在 2008 年出版的著作中（见参考文献 [232]）所阐述的。

105 如迈耶（J.W.Meyer）和罗恩（B.Rowan）在 1977 年发表的论文（见参考文献 [251]），迪马吉奥和鲍威尔（W.W.Powell）在 1983 年发表的论文（见参考文献 [65]）中所阐述的。

106 如祖克尔（L.Zucker）在 1977 年发表的论文（见参考文献 [385]），迈耶和罗恩在 1977 年发表的论文（见参考文献 [251]）中所阐述的。

107 如马奇和西蒙在 1958 年出版的著作（见参考文献 [233] 中）所阐述的。

108 如罗尔曼在 1995 年和 2000 年出版的著作（见参考文献 [222] 和参考文献 [223]）中所阐述的。译者注：尼克拉斯·罗尔曼（1927 ～ 1998），德国社会学家、社会科学哲学家和社会系统理论的杰出思想家。他从 1946 年到 1949 年在德国弗莱堡学习法律，随后在吕内堡获得实习职位，1954 年至 1955 年在这里担任行政公务员，1955 年被借调至下萨克森州文化部，1960 年至 1961 年获得奖学金资助去美国哈佛大学学习，1962 年至 1965 年在德国施普尔大学担任讲师，1966 年获得米恩斯特大学社会科学博士学位，自 1968 年起在比勒费尔德大学任教，直至 1993 年退休。引自：http://scihi.org/niklas-luhmann-social-systems/，访问时间：2022 年 2 月 21 日。

有助于科学知识产出的认同,本质上与变化有关(见本章第一节关于库恩所提“基本张力”的讨论)。可以说,当科学处于过程中心位置的时候,具有一般治理目的的现有组织惯性和制度变得比效率逻辑的力量或目的性更加重要,这里的一般治理目的可以指治理一个国家,可以指将公共资金向优先领域分配,也可以指在政治决策中保持不同区域的利益平衡。科学本质上是不可预测的,因此,持续开展科学活动的组织总是惰性的,部分与科学活动内容相脱节。换句话说,作为基本分析框架的一部分,有必要采用一个关于组织的制度观点,这个观点说明了组织在监管、规范、文化和认知方面的特征,这些特征为组织的存续和合法性提供了稳定性,也是至关重要的[109]。这些“体制逻辑”是由规范和价值体系构成的,重要的是,两者支配着个体和组织行为在体制之间的差异,并且能够作为分析优先权谈判中各种利益与行为相互作用的一部分加以区别[110]。

制度很重要,因此,关于组织和治理的制度观点是必要的。但是,无论是经典制度主义还是新制度理论(这个理论现在已不是那么新鲜但还十分经典)都有一个主要缺点,也就是说,这些理论认为制度是如此稳定,以至于它们如果不援引在“关键时刻”发生并“打破平衡”的外生冲击概念的话,就无法令人信服地解释制度是如何形成的,又是如何变化的(制度无疑是这样实现新陈代谢的)[111]。也许至少在科学史方面的实证观察结果有力驳斥了这些理论观点。

历史制度主义的最新进展促成了对关于高度制度化环境中变化的看法,即变化并不一定是由激进的、非连续的事件(平衡的“标点符号”)引起的,而是由渐进的、递增的和累积的更新引起的,通过这样的更新,组织、制度化体系及领域的要素在多个层次和多个维度得以增加,或者被替代乃至抛弃,因此整体的长期结果是激进和不连续的[112]。承认社会中组织和行动者的制度化本质,至少可追溯到“启蒙运动”和第一次工业革命,对于理解其他方法不易获取的决策和行为模式是必要的。在本书中,制度观点指导了对两个中心问题的分析,这两个中心问题就是如何解释“连续性”和“变化”。制度理论和(理性)行动理论的结合在这个追求中有着显著的力量[113]。但是,问题中的一个谜团依然

109 见迈耶和斯科特在 1983 年出版的著作(见参考文献 [252])中所阐述的。

110 如桑顿(P.H.Thornton)和奥卡西奥(W.Ocasio)在 1999 年发表的论文(见参考文献 [348])和两人与朗斯伯里(M.Lounsbury)合著并在 2012 年出版的著作(见参考文献 [349])中所阐述的。

111 如卡波恰(G.Capoccia)和克勒曼(R.D.Kelemen)在 2007 年发表的论文(见参考文献 [37]),皮尔逊(P.Pierson)在 2004 年出版的著作(见参考文献 [294])中所阐述的。

112 如马奥尼(J.Mahoney)和特伦(K.Thelen)在 2010 年出版的著作(见参考文献 [227]),马奥尼在 2000 年发表的论文(见参考文献 [226]),斯特雷克(W.Streeck)和特伦在 2005 年出版的著作(见参考文献 [343])中所阐述的。

113 如霍尔(P.A.Hall)在 2010 年发表的论文(见参考文献 [118])中所阐述的。

存在。

旧"大科学"向转型"大科学"发展的关键过程发生在政治领域。简言之，在1945年第二次世界大战结束、苏联核爆炸试验、1949年至1950年的朝鲜战争[114]和1957年苏联人造地球卫星危机之后，旧"大科学"达到了顶峰。超级大国在古巴导弹危机中达成和解，20世纪60年代后期（西方国家出现）社会动荡，布雷顿森林体系[115]崩溃和20世纪70年代初爆发石油危机[116]，世界政治环境因这些事件而改变。这些事件引发了"科学的社会契约"的重新谈判，这在20世纪70年代末及以后给旧"大科学"带来了"挤压"[117]，直至20世纪80年代中期美国里根政府推行"第二次冷战"政策[118]，对"大科学"的控制才真正放松，这项政策与对（可证明的）科学竞争力及社会责任新的或补充的期望和要求结合在一起，给旧"大科学"带来了新的生机。冷战结束似乎给旧"大科学"带来了最后的打击，美国"超导超级对撞机"装置项目被终止无疑是这个打击的最突出表现。其他紧迫问题（如健康和社会重大挑战）的出现，以及新的解决方案（材料科学和生命科学）的出现，连同"大科学"自身的应用，使得转型"大科学"的兴起和发展如此显眼，似乎成为一个历史的必然（见第二章）。迈克尔·赖尔顿（Michael Riordan）等[119]用委婉的修饰性表述概括了1993年上任的美国克林顿政府[120]的科学政策学说，"（美国）在一个与健康、就业或工业竞争力几乎没有直接影响的昂贵、深奥的学科里成为世界第一，并不在他们（指美国政府科学政策的决策者）的优先事项清单中占据很高位置（这个学科当然指粒子物理学）"。美国科学政策学说的转变并不是在1993年一夜之间发生的，而是经

114 译者注：根据史料记载，朝鲜战争于1950年爆发，1953年停战。

115 译者注：1944年7月，部分盟国代表在美国新罕布什尔州布雷顿森林举行会议，确定了战后国际货币体系基本框架。该体系将美元与黄金的比价固定在每盎司35美元上；其他国家货币对美元的汇率都是固定的，但可调整；资本管制允许政府刺激经济，但不受金融市场的惩罚。进入20世纪60年代，持续的全球通胀开始出现，使得黄金实际价格下跌，美国的长期贸易赤字耗尽了其黄金储备，尽管资本管制依然存在，但已显著弱化，提高了资本从被视为弱势的货币外逃或投机的可能性。1961年，八个国家汇集其黄金储备建立起"伦敦金池"，试图捍卫美元与黄金的固定比价。1968年，由"私人市场"和"官方交易"构成的两级黄金市场被引入，但未能阻止布雷顿森林体系濒临崩溃的趋势。1971年8月，时任美国总统理查德·尼克松宣布，美国停止其他国家中央银行用美元兑换黄金，布雷顿森林体系最终崩溃。

116 译者注："石油危机"通常指某些国家或世界经济受国际石价变化而发生危机，迄今被公认的三次石油危机分别发生在1973年、1979年和1990年。

117 如韦斯特福尔在2008年发表的论文（见参考文献[370]）中所阐述的。

118 如朱特（T.Judt）在2005年出版的著作（见参考文献[177]）中所阐述的。

119 如赖尔顿等在2015年出版的著作（第254页，见参考文献[305]）中所阐述的。

120 译者注：威廉·杰斐逊·克林顿（William Jefferson Clinton）（1946～），1993年1月至2001年1月任美国第42任总统。

历了很长一段时间，在这场转变背后存在着具有自身体制逻辑及其强大的个体活动者的政治，还存在着可以借助来自政治学的一些概念工具进行重新分析的程序。

政治是一种博弈，在理论化时尤为如此，同时，理解一个像"大科学"那样既是科学又是政治现象的重要部分是区别科学的（制度）逻辑和政治的（制度）逻辑，以了解两者如何共同创造了一个历史性发展。政治博弈本身有许多框架参数和输入值，它们源自政治的基本集体属性，而非个体的行为[121]和由此产生的持续妥协状态；源自政治博弈的说服逻辑和选择/优先事项逻辑；源自政治博弈对遵守特定程序（如宪法）的要求；源自政治博弈相当直接地把权力确定为对结果的影响；还源自大部分在国内和国际舞台上以截然不同逻辑同时运作政治行为的二元性[122]。所有这些条件都限制和促进了政治程序，同时，虽然政治的结果在公众看来似乎很简单，但政治的程序通常是如此复杂，足以"挑战简单的总结和不费力的概括"[123]。集体的协议、说服的逻辑和权力平衡对结果的影响三者结合在一起，意味着政治的平均结果而非确切的结果在评估成功案例中占有首要地位：假如某项决策（比如）在十分之七的案例里是成功的，它就可能得到选民的支持，并且/或者得到它需要通过的立法机构的批准，即使它在不少于十分之三的案例里是失败的。这意味着一个失败的政策结果在逻辑上并不等同于糟糕的政策制定或糟糕的决策，因为总是存在着一个更广阔的图景，在这幅图景里，已知和未知（即保密或以其他形式隐藏）的因素混合在一起，产生了一种使得政治（比如说）与企业界或公共科学体系有很大不同的复杂性。一个在政治方面具有广泛影响的重大历史事件，如苏联人造地球卫星危机或石油危机，因此可能是不同于特定情况的逻辑告诉我们的事情，因为在政治中存在着审议和行动，它们确实具有超出理性定义的理由和意义，并因其复杂性回避了大部分有意义的尝试。制定政策的过程也是如此，尤其在极其复杂的情况下，有趣的是，在这里政治行动似乎与决策结构得以建立的大部分逻辑相抵触，从而产生很难预测的结果[124]。就"大科学"而言，如同其他值得关注的公共政策和投资领域一样，那些能够书写历史的胜利者赢得了一场与其他任何事情一样具有政治性的博弈，在此情况下，科学的事情和理性的事情同样是政治性事情。

---

121 如科尔曼在 2009 年出版的著作（见参考文献 [47]）中所阐述的。

122 如谢普瑟和邦切克在 1997 年出版的著作（见参考文献 [322]），纽斯塔特（R.F.Neustadt）在 1991 年出版的著作（见参考文献 [269]）中所阐述的。

123 如艾莉森（G.Allison）和泽利科夫（P.Zelikow）在 1971 年首版、1999 年再版的著作（见参考文献 [4]）中所阐述的。

124 如艾莉森和泽利科夫在 1971 年首版、1999 年再版的著作（见参考文献 [4]）中所阐述的。

就“大科学”和其他重大公共投资而言，“猪肉桶政治”[125]概念尤为重要。“大科学”装置项目（或其他大型设施项目，如军事基地项目或交通基础设施项目）在特定区域里的“落户”通常会使来自该区域的当选政客成为这个项目的支持者[126]，因为这样的投资构成了政治“猪肉”。1993年被美国国会终止的“超导超级对撞机”装置项目（见第二章）是“猪肉桶政治”什么时候和如何出岔子的最好例子[127]，但也有其他“猪肉桶政治”在“大科学”装置项目的启动和通过新任务保留现有项目中发挥重要作用、没有带来破坏性结果的一些例子。一个特别的例子是欧洲“大科学”合作的环境，在这个环境里，作为重大“大科学”装置项目东道主带来的地方/区域收益往往在谈判和决策中取得优先权[128]。重要的是，政治“猪肉”很可能以延续现有装置项目的形式出现，或者以不关闭任务已过时的“大科学”实验室或站点、但通过重新调整任务和目标使它们存续下去的形式出现（参见以上关于“问题改变了但解决方案依然存在”的论述）。这是一个政治的制度逻辑和科学的制度逻辑似乎交汇在一起并创造出对两者都有利结果的例子。

在描述和对政治决策和结果之间关系做概念化的较为流行理论模型中，委托-代理理论[129]已成功地被应用于科学政策，也已成功地用于政府机构在确保实现政府对公共研发体系“抱负”中作为中介的研究[130]。委托-代理问题被确认为是政策授权的核心问题，主要是“信息不对称”问题：根据定义，被认为可完成委托人交给其任务的代理人，应具有关于如何更好地完成这项任务的更丰富知识和经验。这样就产生了“逆向选择”[131]的风险，它意味着由于委托人缺乏充分了解不同可能代理人适用性的能力而为完成任务选择了不合适的代理人；这也产生了“道德风险”，它意味着代理人虽然不能很好完成委托任务，但为了获得委托-代理安排的

125 译者注：“猪肉桶政治”是美国政治界的一个术语，也被称为“政治分肥”或“政治分赃”，指议员在法案上添加对自己的政治支持者或利益相关者有利的附加条款、从而使这些人群受益的手段。引自：https://www.investopedia.com/terms/p/pork_barrel_politics.asp，访问时间：2022 年 2 月 18 日。

126 如谢普瑟和邦切克在 1997 年出版的著作（第 202 页至第 206 页，见参考文献 [322]）中所阐述的。

127 如赖尔顿等在 2015 年出版的著作（第 168 页，见参考文献 [305]）中所阐述的。

128 如本书作者在 2014 年发表的论文（见参考文献 [126]）中所阐述的。

129 如普拉特（J.W.Prat）和泽克豪斯（R.J.Zeckhauser）在 1985 年出版的著作（见参考文献 [297]），米勒（G.Miller）在 1993 年出版的著作（见参考文献 [254]）中所阐述的。

130 如布朗（D.Braun）在 1993 年发表的论文（见参考文献 [31]），古斯顿在 1996 年发表的论文（见参考文献 [113]），范德梅伦（B.van der Meulen）在 1998 年发表的论文（见参考文献 [355]），布朗和古斯顿在 2003 年发表的论文（见参考文献 [32]）中所阐述的。

131 译者注：在市场交易中，“逆向选择”通常指卖方拥有买方所不具有关于商品质量某些方面信息的情况，反之亦然，换言之，这是利用信息不对称并使拥有更多信息一方在市场交易中受益的情况。引自：https://www.investopedia.com/terms/a/adverseselection.asp，访问时间：2022 年 2 月 17 日。

好处而采取欺骗和逃避的方式。

信息的不对称性是理解科学政策的关键因素，也是理解“大科学”中的“大政治”关键因素。从最基本意义上说，政治家（和军事官员）十分自然地缺乏核物理学专业知识，这是产生第二次世界大战核武器计划的最初原因，也是导致战后科学政策学说形成的原因，这个学说严重依赖于“技术创新线性模型”，并使得（旧）“大科学”发展严重依赖于政府/公共支出的增加。在另一个细节层面上，尽管事实上粒子物理学与战争和国家安全的关系十分遥远，对这个领域资助经费的上涨充其量也可从信息不对称的概念加以重新审视。苏联人造地球卫星危机在科学政策领域只是简单地创造了显示政治决心和促进研发预算快速增加的需要，（美国）科学家知道如何利用由此带来的机会。此外，渐进但深刻的科学政策学说转变已在上文中被简单提及，并将在下文和第二章、第五章和第六章中作更详细讨论，这个转变能够借助委托-代理理论和“信息不对称”概念加以分析，也许可作为（真实或只是声称的）对事前资助制度中“逆向选择”和/或“道德风险”的反映。

有趣的是，尽管科学政策学说的这种转变带来了对可度量科学产出率需求的增加，这与在行政管理体系中审计文化的扩散是一致的[132]，但关于科学（和“大科学）将为社会作出怎样贡献的期望变得更加复杂，在某种意义上变得更加不易度量。核能和核武器及相对于另一个超级大国的技术优势是公共资助研发活动一个相对简单的目标。今天社会的重大挑战更加模糊和不可预测，它们的解决方案也不那么具体和清晰。尽管如此，人们对科学解决这些挑战能力的信任比以往任何时候都更加强烈，这表现在围绕“大科学”的承诺和期望的动员上：这些承诺和期望成为巨大的政治财产，因为它们为新的投资提供了强有力动机。任何政治行动方案，除了支持在新的大型研发工具（项目）上投资的方案之外，似乎都很容易因不负责任而被放弃，而得到资助的大型研发工具（项目）都被描绘成能够为解决社会最重大的挑战作出贡献[133]。因此，政治在当今转型“大科学”时代的重要性并不亚于旧“大科学”时代，但“大科学”的“大政治”已经发生变化。换言之，转型“大科学”适应了当代的政治现实。从概念上说，转型“大科学”仍然是信息不对称所表现的科学政策授权问题的结果：“大科学”的存在是因为存在着对“大科学”的政治动机。

---

132 如鲍尔在 1997 年出版的著作（见参考文献 [296]）中所阐述的。

133 如范伦特在 2000 年发表的论文（见参考文献 [358]），布朗（N.Brown）和迈克尔（M.Michael）在 2003 年发表的论文（见参考文献 [34]），博鲁普（M.Borup）等在 2006 年发表的论文（见参考文献 [27]）中所阐述的。

八、知识社会

上节最后一段引出了另一个关于现行科学政治体制的概念性讨论，它起源于一场广泛和深刻的转变，并延伸到科学和社会的更普遍关系。描述当今时代的一个流行概念是“知识社会”。这个概念的起源可能是莱恩（R.E.Lane）[134]为表达20世纪60年代对科学知识日益增强的（过度）乐观主义观点而提出的“博学的社会”[135]概念，莱恩把它解释为当时需要对决策权威性与模式进行重新评估的社会所具有的潜在革命性。莱恩不像德罗克[136]那样善于分析，德罗克在其广受关注的著作《非连续时代》（*Age of Discontinuity*）中用“知识社会”作为最后一节的标题，并在西方经济学的中心位置插入了“知识”的概念，而莱恩[137]通过把“知识”和“博学”作为“启蒙”或“照亮”的同义词并因此成为救赎一个本质上腐败且走在错误方向的关键因素，预言了当今知识社会的一些修饰。

在政治修饰学中使用“知识社会”等术语引起了社会学的一些兴趣，范伦特[138]从修饰学的研究中重新提出了“表意文字”的概念，这个概念是麦吉（M.C.McGee）[139]为了解释特定现象创造的。“表意文字”是一种社会资产，是“修饰学与意识形态之间的纽带”，也是从普通语言引入到政治论述的口语词，被用来表示“对一个特定的、模棱两可的且定义不清的规范性目标的集体承诺”，这个目标“证明权力的使用是正当的”，并“把行为和信仰引导到容易被社会接受和称赞的轨道”[140]。社会因“表意文字”而统一，又因“表意文字”的含义而分裂；“表意文字”同时带有很强的命令性，又具有很强的解释灵活性。“表意文字”的典型例子是“自由”和“平等”，这两个词被用来表示此前铁幕两边的政治（和军事）行动的强大动机，但对于使用这两个词的人来说又意味着截然不同的事情[141]。如果“知识”是一个“表意文字”，或者是一个难以（如果有的话）被用来表示消极的事情但却与“启蒙”等概念密不可分的词，那么在政治修饰学中“知识社会”术语和概念的出现是非常值得期待的。范利马（J.Välimaa）和霍夫曼（D.Hoffman）[142]

---

134 如莱恩在1966年发表的论文（见参考文献[204]）中所阐述的。

135 译者注：“知识社会”对应的英文词是“the knowledge society”，莱恩在20世纪60年代提出的是“the knowledgeable society”，为与“知识社会”概念相区别，将其译为“博学的社会”或“有知识的社会”。

136 如德罗克在1969年出版的著作（见参考文献[75]）中所阐述的。

137 如莱恩在1966年发表的论文（见参考文献[204]）中所阐述的。

138 如范伦特在2000年发表的论文（相应论文集的第44页，见参考文献[358]）中所阐述的。

139 如麦吉在1980年发表的论文（见参考文献[242]）中所阐述的。

140 如麦吉在1980年发表的论文（相应杂志的第15页，见参考文献[242]）中所阐述的。

141 如麦吉在1980年发表的论文（相应杂志的第6页，见参考文献[242]）中所阐述的。

142 如范利马和霍夫曼在2008年发表的论文（相应杂志的第266页，见参考文献[354]）中所阐述的。

因此指出，“知识社会”是一个“创造了自己的形象、期望和叙事”的概念，也是一个能够引出各种含义的概念，确切地，因为它是“一个想象空间”，能够包含“每一件与知识和知识产出相联系的事情（……），不管这件事情是涉及个体、组织还是整个社会”。另一方面，根据大多数现有证据，“知识经济”概念描述了一个通过（学术型）科学的“商品化”与“经济化”平行与部分交织过程（见第二章）和后工业经济增长发展而成的现实，在后工业经济中，世界上至少一些国家和地区的繁荣和发展较少地依赖经典意义上的生产，更多地依赖创新和基于知识的服务。

然而，“知识社会”概念的巨大修饰力量背后也有一个匹配的现实。服务型经济的增长、人口受教育水平的普遍提高及信息技术的不断扩散，无疑增加了知识作为一种个人资产在职业和私人领域的重要性[143]。作为结果，整个社会和经济与原材料或有形基础设施一样，都以智力和熟练劳动力的形式依赖于知识，在这方面存在着一个清晰的发展路径，正如联合国教科文组织在其首份关于这个主题的全球报告[144]中指出的那样，“知识社会”可被定义为一个政治目标，国家、区域和国际社会都应当有目的地将其发展工作面向这个目标。

这些概念不是孤立的。当“知识”成为“当代和未来社会的关键定义方面”时，“知识”也可被预期成为“一个越来越充满政治色彩的概念”和“一系列社会利益群体试图提出主张的概念”[145]。知识不仅是当代社会组织的一个非常突出的特征，从事知识产出和传播的机构也越来越多地被大量行动者和行动者群体所渗透，他们有着各自不同的利益，目标是规划知识产生、传播、验证和使用的制度化过程，也有着各自关于怎样的知识是有益的、知识应当如何被使用的议程（见第六章）。因此，作为本书分析背景的一部分，“知识社会”与其说（或者“至少”，“不仅”）可被理解为一个所有部分都“弥漫”着知识的社会，不如说可被理解为一个知识产出机构被其他所有利益群体和机构渗透的社会，其中包含但不局限于政治性利益群体和机构。全球化知识经济的出现和增长，科学领域为获得资助和认同展开的激烈竞争，产生了大量的绩效评估活动，所有这些活动都是在个体、群体、部门、机构甚至国家研究体系的层面上测量知识产出率、质量和“卓越”[146]（见第五章）。这是本书为分析作出的一个关键假设：转型“大科学”实验室是以不断增强的易

143 如斯特尔（N.Stehr）在1994年出版的著作（见参考文献[338]）中所阐述的。

144 见参考文献[352]。

145 如瑟林（S.Sörlin）和维苏里（H.Vessuri）在2007年出版的著作中（第1页至第2页，见参考文献[335]）所阐述的。

146 原书脚注1-7：“Excellence”是一个有争议的概念，因此使用了引号，如瑞迪斯（B.Readings）在1996年出版的著作（见参考文献[302]），赫尔斯特密（T.Hellström）在2011年发表的论文（见参考文献[143]）和曼奇在2007年出版的著作（见参考文献[264]）中所阐述的。

变性作为特征的，这与转型“大科学”实验室与科学的体制、政策、社会及经济的更广泛与复杂的联系有关（见第六章）。反过来，转型“大科学”实验室的易变性既是由满足来自越来越多行动者的日益增长需求的内生能力和潜力而逐渐形成的（见第二章和第三章），又是由这些需求本身的越来越大压力而逐步形成的，所有这一切与政策、优先事项的确定、质量标准的创造与实施、相关性及问责制深深交织在一起。

对这个问题的另一种表达方式是认为“大科学”装置已在“创新体系”中与其他组织和机构进一步融合。这意味着现今研发执行组织与公共和私人部门实体之间的更紧密联系和更大渗透性也延伸到（转型）“大科学”领域，也意味着“大科学”装置及所支撑的研究活动与以创新为总体目标的体系里的其他组织和机构结合在一起。虽然“创新体系”概念部分地属于思想意识的范畴，因此只是一个一厢情愿的说法[147]，但“创新体系”框架对实施研发任务、从事知识产出及传播的企业和社会部门的结构变化结果进行概念化是非常有用的。“创新体系”最初被概念化为“由公共和私人部门的机构组成的网络，这些机构活动和相互作用倡导、引入和扩散新技术”[148]。今天，经过数十年的理论研究，“创新体系”代表了一个关于社会中从事知识产出和传播的组织、机构及过程的非常有用的包容性观点。它解释了此前不太为人所知的以知识为基础的经济和社会发展的因素，例如，组织环境的作用，或者创新体系中不同类型行动者相互作用的重要性等[149]。转型“大科学”更具易变性，更容易受社会中各种利益集团和体制安排的影响。这种现象通过引用“创新体系”概念，既可从描述性角度加以有效观察，又可在修饰学和政策目标方面进行有效观察。对于知识产出来说，中子散射装置、同步辐射装置和自由电子激光装置都是重要的资源，毫无疑问，它们在自身环境中与各种组织和行动者进行着广泛的相互作用（见第二章和第三章）。在一个以创新作为最终目标的体系里，这三类装置也越来越受到以社会或社会的大部分某种意识形态观点为基础的决策的影响。

九、本书的方法和结构

本书的很大篇幅既包括对作者本人此前所发表工作的综合，这些工作通过部分新视角的分析得以调整和补充（重点见第三章、第四章和第五章）；也包括对

147 见戈丁（B.Godin）在 2009 年发表的论文（见参考文献 [104]）中所阐述的。
148 如弗里曼（C.Freeman）在 1987 年出版的著作（第 1 页，见参考文献 [90]）中所阐述的。
149 如伦德威尔（B.Å.Lundvall）在 1992 年出版的著作（见参考文献 [224]）中所阐述的。

其他作者相关工作的综合与分析，这些工作被结合起来，给出了对某些已知现象的新认识（重点见第二章、第四章和第六章）。因此，在方法学上，本书使用了主要材料和次要材料的混合体，应当被解读为三种类型学术出版物元素的结合：第一种元素是作者本人此前发表的论文的汇编；第二种元素是对次要资料来源的扩展性审阅和综合；第三种元素是有着自己主题的独立专著。通过将这三种元素结合起来，本书传达了一个集体信息，它的某些部分可能缺乏独创性，但依赖于在其他工作中得到详细阐述的既有事实和论点。不过，最重要的是，本书连贯的整体提出了一个论点，并表达了新的创新见解。

根据上文关于从丰富的理论工具箱中谨慎选择分析工具的必要性的论述，这里需要强调的是，全书在案例与素材处理方面看似存在着不对称（在这方面，最明显的例子也许是第四章中对美国案例的重点讨论），这不是粗心大意的结果，也不是方法论考虑的疏忽，而是深思熟虑的选择。案例的独特性必须得到分析，并且为了获得高质量的、至少有趣的结果，对案例必须加以选择，以使其丰富性能够得到公正的对待。没有两个案例会是相同的，没有两个国家科学政策体系会是相同的，当然，没有两个科学学科会是相同的。这是上述理论方法的必然结果，不仅意味着案例和案例研究结果的使用可以是高度不对称的，而且意味着理论方法在案例研究中可能发生变化，在章节之间和章节内也可能发生变化。

本书第二章的标题是“历史和政治”，它首先对二战结束后（西）欧洲和美国科技政策发展作了历史概述，重点分析了与这个主题直接相关的发展特征；此后，分别概述了中子用于材料研究、同步辐射及自由电子激光用于相同领域研究的历史，并且回顾了“大科学”及其在欧洲和美国转型的各自政治背景。此章完全建立在次要材料来源的基础之上。

本书第三章的标题是“组织”，它的重点在于“大科学”实验室及其相应的社会组织。中子散射、同步辐射和自由电子激光实验室在组织结构上是非常相似的，以至于可借助一些来自社会学理论和科学社会学的概念工具对它们作一般性描述。此章确定了行动者及其群体，阐述了他们各自在“大科学”实验室这个复杂体和外部政治与科学环境中的作用。

本书第四章的标题是“适应能力和更新”，它包含了一个详细的调查和分析，重点是主要的“大科学”实验室如何通过适应和重新定向的努力，将它们的活动从旧“大科学”调整到转型“大科学”方向，从而得以生存下来，尽管环境条件发生了巨大变化。此章聚焦于美国的情况，既是不可避免的，也是作者出于丰富性和相关性考虑的故意选择。此章的第一部分回顾了关于在美国国家实验室体系中“大科学”装置项目的一系列历史性文章，在这里，这些“大科学”实验室的适应能力通过其更新能力得到了证明和理解。通过这些文章，此章对一个详细案例进行了放大，这就是一个特定“大科学”实验室（即位于美国加利福尼亚州门罗公园的SLAC国家加速器实验室）如何将其工作重心完全从粒子物理学转移到同步辐射和自由电子激光的具体故事，这个转变经历了数十年的时间，但目前已接近完成。这个案例研究建立在此前广泛的出版物基础之上，但也增加了新的观点和结论。

本书第五章的标题是“用户和产出率”，它同样以此前发表的研究结果作为基础，这些研究讨论了转型“大科学”本质上是以用户为导向的，“大科学”装置在一个全球化和竞争日益激烈的科学体系中运行具有怎样的意义。本章在上述讨论之后，分析了将当代（定量）绩效评估方案强加给最先进“大科学”装置的后果，这样的绩效评估方案似乎是全球化竞争性科学政策体系不可分割的部分，进而讨论了这样做的必然性，并指出了它的缺点和风险。第二部分包含了关于转型“大科学”实验室与其用户之间关系的详细讨论，这种关系由大量科学出版物来体现，这些出版物又建立在“大科学”装置所做工作的基础之上，并在装置网站及其年报中发表，但是，以严格的方式从学术出版物追溯到所使用的“大科学”装置是困难的事情。这个讨论和分析表明了转型“大科学”的一个关键特征，这个特征对于转型“大科学”装置在科学体系中的作用来说是至关重要的，推而广之，它对于这类装置在社会中的作用来说也是至关重要的，也就是这类装置本质上是为外部用户提供服务的。

本书第六章的标题是“社会-经济期望和影响”，这个主题偏离了关于当代“大科学”实验室研究活动实际的认知或技术内容与其在公共修辞和广告材料中的“卖点”之间存在差距的认识。这个差距正在扩大，有时会给观察者留下这样的印象，即这些“大科学”装置是解决人类所面临所有问题的方案，无论在科学意义上，或者作为将解决全球变暖及类似重大挑战问题的突破性研究活动，还是在蓬勃发展的地方和区域知识经济中成为枢纽或重心，都是如此。本章起始于对广告材料的回顾和对其内容的分析，并将回顾和分析置于社会关于现代性和进步观点的适当语境之中。此后，本章回顾了区域经济和区域创新体系方面的相关文献，与之相对应的是，尝试和讨论了对转型“大科学”的既有认识。本章的最后部分回到了最初的问题，即（转型）“大科学”实验室如何和在多大程度上有望对地方、区域、国家、全球经济和一般意义上的社会产生影响，这种影响是否和在多大程度上可被测量。此章是以作者本人此前没有发表的研究成果和对相关文献进行全面评述作为基础的。

本书最后一章的标题是“‘大科学’转型的含义”，它包含了一个总结性讨论，各种线索在这里交织，一些普遍的结论在此形成，还与本书引言章节（第一章）所评述与讨论的主题和观点相呼应。结论和重要结果不仅在本章中得以表达，而且贯穿于全书的其他章节，因此，第七章在总体分析中更像是对某些特别重要主题的总结性讨论，而不是经典的结论章节。

附录1包含了对粒子物理实验装置、中子散射装置、同步辐射装置、自由电子激光装置的科学和技术、它们的使用及其基本技术配置的综合性描述。附录2包含了目前在欧洲和美国运行的中子散射装置、同步辐射装置和自由电子激光装置的目录，也包含了这些装置的一些基本信息。

第二章

历史和政治

一、军事 - 产业 - 科学综合体

在本书引言章节中，"大科学"被定义为"大组织"、"大机器"和"大政治"的结合，它起源于二战时期史无前例地动员科学技术为国家服务。这些努力产生了第一批核武器和其他重要的发明，从政治角度看，最重要的是这些努力向世界表明，基础研究有能力通过政治改变历史进程并被转化为军事实力。但从科学角度看，战时研发工作也是对知识的持续追求，虽然它处于新的政治和组织条件下，依然是科学发展的自然延续的最近一步。战时的经验为战后欧洲和美国的科学政策制定了框架，并产生了"大科学"。

科学和科学政策（和资助）体系的大部分变化通常归因于第二次世界大战，但在战前就有自己的源头。在20世纪头几十年里，一种新型的政治、经济、军事、科学技术研发机构之间的亲密关系不断发展。20世纪30年代末，现代科学机构的若干元素已经形成，其中包括实施研发活动的组织（即研究型大学和研究机构）、学科类别和它们的边界、机构化的专业身份、职业轨迹和同行评议体系，以及学术期刊和印刷书籍中的（科学）出版物在全球激增。尽管存在一些怀疑和对腐败的担心，对科学的公共资助在欧洲和北美开始增长[150]。战前处于萌芽状态的"大科学"以政府赞助的粒子加速器计划的形式出现，其中最著名的是位于美国加利福尼亚州伯克利的由物理学家、1939年诺贝尔物理学奖获得者欧内斯特·劳伦斯（Ernest Lawrence）[151]领导的项目（见图2-1）[152]，他的实验室和资源由代号为"曼哈顿工程师区"的美国原子弹研制项目所利用，这个项目后以1941年启动的"曼哈顿计划"为人们所熟知[153]。

1945年8月6日，所有对科学技术是否能够有效地对地缘政治产生巨大影响的怀疑都结束了。在首次使用原子武器的后果中，人们清晰地认识到，获得大量政府资金资助、在部分采用分级指挥结构的庞大复杂活动体系中组织起来的科学能够带来惊人的结果。不仅原子弹是在美国曼哈顿计划和英国对应的"管状合金项目"的战时努力中产生的，而且诸如合成材料、青霉素、

---

150 如格林伯格在2007年出版的著作（第5页至第6页，见参考文献[111]）和史密斯在1990年出版的著作（第28页至第29页，见参考文献[333]）中所阐述的。

151 译者注：欧内斯特·劳伦斯（1901～1958），美国物理学家。他于1925年获耶鲁大学物理学博士学位，1927年至1928年任耶鲁大学助理教授，后在加利福尼亚大学伯克利分校任教任副教授，1930年成为全职教授。他因发明回旋加速器而获得1939年度诺贝尔物理学奖，回旋加速器是首个高能粒子加速器。引自：https://www.britannica.com/biography/Ernest-Lawrence，访问时间：2022年2月17日。

152 如赛德尔（R.W.Seidel）在1992年发表的论文（相应资质的第21页、第28页至第29页，见参考文献[315]）中所阐述的。

153 如希尔兹克在2015年出版的著作（第213页，见参考文献[154]）中所阐述的。

图 2-1　美国劳伦斯－伯克利国家实验室夜景照片，2017 年 5 月，这个实验室是由加州大学伯克利分校物理学教授欧内斯特·劳伦斯创立的

密码技术、雷达等具有重大影响的其他发明和创新也是在战时努力中产生的[154]。这些结果出自大规模的战时努力，而慷慨的政府资助早在二战结束之前就已在政治层面上实现，这导致了有目的地将科学史家格林伯格[155]所称的科学与国家的“联姻”形式化[156]：广泛的政府资助和优先事项的确定；对效用和（可测量）收益的需求和期望；科学、技术和所有形式社会与经济发展之间联系的制度化或系统化。

二战期间曼哈顿计划及其兄弟项目表明科学能够变得很“大”，或者“大组织”、“大机器”和“大政治”能够结合起来，以前所未有的水平产生结果。科学、军事和政府资助之间的联盟只是在二战结束后的几年里才不断加强，并且严重依赖于正在形成的两极地缘政治世界秩序和超级大国竞争的逻辑，但也严重依赖于战后能够使生活水准提高的经济增长和对社会变化的政治雄心。在二战结束后的第一个十年里，美国联邦政府尤其在科学领域花费了巨额资金（见图2-2），大部分工业化国家也是如此，许多国家还启动了原子能和/或核武器、核物理学/粒子物理学研究计划，有着以核反应堆和加速器为中心的“大机器”；在其他技术密集度较低的领域里，这些国家同样从大型组织中受益，并获得了最高级别的政治利益。

154 如佩斯特（D.Pestre）在 2003 年发表的论文（相应论文集的第 70 页，见参考文献 [287]）中所阐述的。
155 如格林伯格在 1967 年首版、1999 年再版的著作（第 51 页至第 52 页，见参考文献 [109]）中所阐述的。
156 见格林伯格在 1967 年首版、1999 年再版的著作中所阐述的。

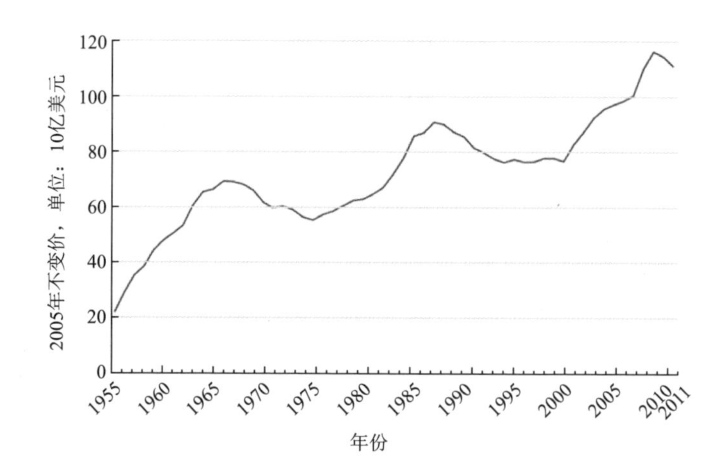

图 2-2 1955 年至 2011 年期间美国联邦政府的研发支出
资料来源：（美国）国家科学委员会，2014 年

核物理学自然是这部戏的主角。最初，核武器研发和和平利用核能在组织上并没有分开，仍然是一个整体，至少在1953年美国艾森豪威尔政府推出和平利用原子能政策之前是这样的[157]。物理学家们，不仅仅是那些研究亚原子物质的人，很快就习惯了一种特权地位，这种地位使得他们可以从其政府那里得到几乎任何想要的东西。正如物理学家、1968年度诺贝尔物理学奖获得者路易斯·阿尔瓦雷斯（Luis Alvarez）[158]指出的，物理学家们从军方那里“得到了一张空白支票”，“从来不用担心钱的事情”，阿尔瓦雷斯的这句话被亚伯拉罕·佩斯（Abraham Pais）[159]引用。粒子物理学很快脱离了核物理学，主要因为人们越来越关注使用加速器来研究亚原子世界，并形成了自己明确的（与核物理学和固体物理学并列的）分支

157 如休利特和邓肯（F.Duncan）在 1969 年出版的著作（第 222 页，见参考文献 [152]），休利特和霍尔在 1989 年出版的著作（第 209 页，见参考文献 [153]）中所阐述的。

158 译者注：路易斯·阿尔瓦雷斯（1911 ～ 1988），美国实验物理学家。他在 1932 年、1934 年和 1936 年分别获得芝加哥大学的物理学学士、硕士和博士学位，1936 年到加利福尼亚大学伯克利分校任教，1945 年成为物理学教授，1978 年成为名誉教授。他因发现许多共振粒子（寿命极短且发生在高能核碰撞中的亚原子粒子）而获得 1968 年度诺贝尔物理学奖。引自：https://www.britannica.com/biography/Luis-Alvarez，访问时间：2022 年 2 月 17 日。

159 见佩斯 1986 年出版的著作（第 19 页，见参考文献 [278]）。译者注：亚伯拉罕·佩斯（1918 ～ 2000），荷兰裔美国物理学家。在纳粹德国占领荷兰并禁止犹太人进入荷兰大学就学之前，他在乌得勒支大学获得博士学位。在纳粹德国开始强制迁移荷兰犹太人时，他躲藏起来，但后来被捕，直到二战结束时才获救。他随后在丹麦担任物理学家尼尔斯·玻尔的助手，后在美国新泽西州的普林斯顿高级研究所成为物理学家阿尔伯特·爱因斯坦的同事。引自：https://pantheon.world/profile/person/Abraham_Pais/，访问时间：2022 年 2 月 20 日。

学科[160]。粒子物理学有着内在的和平目的，就是拓展人类对自然界最小结构单元内部结构的知识，这使得它成为核物理学受欢迎的补充，而核物理学保持着其明确的军事联系。这样，粒子物理学成为和平利用原子能时代的重要非军事研究分支，但其自身也发展成为超级大国竞争的一个领域，在一定程度上有着另外的逻辑，除了美国和苏联之外，日本和西欧国家直接参与了竞争（尤其是20世纪60年代及以后的时期）。这可能最主要是因为它的庞大规模和易于理解的逻辑：加速器系统越大，成本越高，性能越好；同时，加速器系统的能量越高，性能越好[161]。这样，“来自军方的空白支票”被扩展到覆盖粒子物理学家们对更大机器的需求，这方面的费用被允许从20世纪40年代的数十万美元增加至50年代的数百万美元，再增加至60至70年代的数亿美元，最终在20世纪80年代达到数十亿美元[162]（尽管在费用达到数十亿美元大关时这个上涨过程就停止了，这将在后面讨论）。核物理学和核能/核武器研发一直是二战结束后数十年间美国联邦研发活动的基本特征，在某种程度上今天依然如此。虽然核物理学也许没有经历像粒子物理学在20世纪60年与70年代那样令人震惊的资源增加，但它在美国国家实验室体系和大部分西欧国家的同行中发挥了重要作用，这里的西欧国家包括1955年之后的西德，这一年，同盟国对西德核研究的禁令被解除。在美国、英国、法国，以及最初在更小的欧洲国家里，核物理学与核武器研发紧密相关，随之对核物理学工作部分实行保密，使得很难评估核物理学研究的整体规模，但在大多数工业化国家里，核物理学可能有着重大的意义。

工程师和发明家瓦内瓦尔·布什（Vannevar Bush）[163]在第二次世界大战期间担任美国科学研究和发展办公室的主任，被誉为美国二战后科学体系的缔造者[164]。尽管瓦内瓦尔·布什在1945年7月提交的《科学，永无止境的前沿》（*Science, the Endless Frontier*）报告只是关于二战后科学与国家“联姻”的几份类似白皮书中的一份[165]，但它作为定义美国发展为一个科学超级大国的政策文件被纳入“美国科学政策的神话”[166]。这份报告建立了科学和社会之间的“社会契约”，简言之，即建立了这样的制度安排：政府应当为科学研究活动买单，但让科学家来治理科学活

---

160 如马丁（J.D.Martin）在 2015 年发表的论文（相应杂志的第 711 页，见参考文献 [237]）中所阐述的。

161 如格林伯格在 1967 年首版、1999 年再版的著作（第 218 页至第 219 页，见参考文献 [109]）中所阐述的。

162 如霍德森和科尔布（A.Kolb）在 2000 年发表的论文（相应杂志的第 308 页，见参考文献 [157]）中所阐述的。

163 译者注：瓦内瓦尔·布什（1890 ～ 1974），20 世纪最伟大的成功者之一，他的一生把一位工程师、一位数学家和一位具有军事科技成功领导者及公司总裁组织能力的科学家的技能完美地结合在一起。引自：https://www.sciencehistory.org/distillations/the-rise-and-fall-of-vannevar-bush，访问时间：2022 年 2 月 17 日。

164 如扎卡里（G.P.Zachary）在 1997 年出版的著作（见参考文献 [381]）中所阐述的。

165 如格林伯格在 2001 年出版的著作（第 47 页至 49 页，见参考文献 [110]）中所阐述的。

166 如古斯顿在 2000 年出版的著作（第 52 页至第 59 页，见参考文献 [114]）和斯托克斯在 1997 年出版的著作（第 2 页，见参考文献 [341]）中所阐述的。

动，以取得最大的产出；这份报告还建立了"技术创新线性模型"，这个模型确定了一项基本原则，这就是如果足够多的资金被投入到基础科学研究中，基础科学研究最终将产生实际应用、创新、社会发展和经济增长[167]。

布鲁斯·史密斯（Bruce Smith）[168]认为，二战后美国科学发展的最初20年是由政治家与各种专业群体之间的"战后共识"作为特征的，这个共识就是科学政策应当以"科学的社会契约"和"技术创新线性模型"作为基础。只要给予慷慨的资助并由其自我治理，基础研究将会蓬勃发展，并产生可"几乎自动地"转化为商业创新和社会、材料、军事与经济发展的成果[169]。无论哈里·杜鲁门总统（Harry Truman）[170]还是德怀特·艾森豪威尔（Dwight Eisenhower）总统[171]都对科学政策不是特别感兴趣，但允许科学研究活动由科学界自行治理，并关注它是否得到了慷慨的资助，直至1957年10月苏联人造地球卫星的发射引发了对美国科学政策的重新评估。当许多西方国家政府意识到美国和西方对苏联的技术优势可能开始瓦解的时候,一场被称为"苏联人造卫星危机"的骚动在这些国家出现了[172]。自此之后，西方国家的研发投入快速增长，一场小规模科学政策的战略转向尝试在美国出现（见下文），其形式是科学活动更多受到代表科学政策官员及机构的直接操控和战略决策的影响[173]。

二战结束后科学领域最显著的宏观社会发展是对科学投资的急剧增长，如专业科学家和工程师数量的急剧增长，以及科学出版物数量的急剧增长[174]，这些增长带来了科学研究任务的充分专业化和常规化，在物理学领域更是如此（见第一章）[175]。在治理方面,一个"高光"的重要发展是专业科学家越来越多地参与军事

---

167 如古斯顿在 2000 年出版的著作（第 37 页至第 45 页，见参考文献 [114]）和格林伯格在 1967 年首版、1999 年再版的著作（第 110 页，第 112 页至第 114 页，见参考文献 [109]）中所阐述的。

168 见布鲁斯·史密斯在 1990 年出版的著作（见参考文献 [333]）。译者注：布鲁斯·史密斯是哥伦比亚大学的退休政治学教授和"布鲁金斯学者"，现隶属于乔治·梅森大学公共政策学院。引自：https://www.kentuckypress.com/author/bruce-l-r-smith/，访问时间：2022 年 2 月 27 日。

169 见布鲁斯·史密斯 1990 年出版的著作（第 36 页至 37 页，见 参考文献 [333]）。

170 译者注：哈里·杜鲁门（1884 ～ 1972），1945 年 1 月至 4 月担任美国第 34 任副总统，1945 年 4 月至 1953 年担任美国第 33 任总统。

171 译者注：德怀特·艾森豪威尔（1890 ～ 1969），1915 年毕业于西点军校，1944 年任欧洲盟军最高司令并晋升为五星上将，1953 年 1 月至 1961 年 1 月担任美国第 34 任总统。

172 如休利特和霍尔在 1989 年出版的著作（第 515 页，见参考文献 [153]）中所阐述的。

173 见布鲁斯·史密斯在 1990 年出版的著作（第 113 页，见参考文献 [333]）。

174 如奈伊（M.J.Nye）在 1996 年出版的著作（第 226 页，见参考文献 [273]）和普莱斯在 1963 年首版、1986 年再版的著作（第 1 页至第 13 页，见参考文献 [298]）中所阐述的。

175 如凯瑟在 2004 年发表的论文（见参考文献 [179]）、温伯格在 1961 年发表的论文（见参考文献 [363]）所阐述的。

和政府事务[176]，尤其是那些政治地位特别优越的物理学家。物理学是最负盛名的科学分支，这让著名物理学家直接接触高层政治，并让他们掌管像美国原子能委员会那样的重要行政机构，这个机构管理着美国所有军用与民用的原子能研发工作，并监督着1946年至1947年期间从曼哈顿计划剩余的实物资产和人力资源中创建的美国国家实验室体系[177,178]。

在欧洲，最初情况与美国不同，但在某种程度上朝着与美国趋同的方向发展。在美国，联邦政府与州政府、私人企业与大学能够在战前和战时的各种努力基础上建立一个强大的国家研究体系。但是，二战结束后，欧洲的大部分成了废墟，几乎没有什么可以依靠的：战争前后科学家的大量外流，纳粹的占领和战争的毁灭，以及/或现有研究机构的腐化堕落，没有给战后重建者留下什么可以使用和转化为和平时期能力的资产，除了那些没有遭到纳粹德国侵略的国家（即瑞典、瑞士和英国）之外[179]。尽管如此，在欧洲的战后重建中，科学在经济发展中具有基础性作用的概念已深入人心，并随着20世纪40年代末欧洲经济开始腾飞，欧洲国家开始努力建立自己的国家研发能力。二战结束后科学和国家之间的"爱情"[180]如同美国的科学与国家"联姻"那样显而易见[181]。此外，作为马歇尔计划[182]和确保美国对西欧国家影响力的一部分[183]，美国的经验和政策被有意和集中地输出到欧洲，但也通过流亡（到美国）的科学家战后自发交流和重新迁回自己祖国而传播到欧洲，他们为美国科学政策和治理模式输出到西欧国家作出了贡献。

总的来说，美国科学政策冷战时期被一些西欧国家所效仿，这个时期西欧国家公共研究资金的总体增长-减少循环以及科学在国家政策与公共意识中的地位

---

176 如尼德尔（A.A.Needell）在 1992 年发表的论文（相应论文集的第 290 页至 291 页，见参考文献 [268]）中所阐述的。

177 原书脚注 2-1：在这里和全书中，首字母大写用来区别美国国家实验室（即表示为"National Laboratories"）和在其他国家存在的类似研究组织，美国国家实验室是在"大科学"历史上有着特殊重要性的独特组织类别（见下文和第四章），其他国家类似的研究组织有着国家重要性，由国家 / 联邦监管，通常有着其他名称，但它们的功能相似，因此容易被称为"国家实验室"，虽然它们属通用的组织类别，这里也没有用首字母大写形式加以表示。

178 如休利特和安德森（O.E.Anderson）在 1962 年出版的著作（第 714 页至 722 页，见参考文献 [151]）中所阐述的。

179 如赫尔曼（R.Herman）在 1986 年出版的著作（第 11 页至第 13 页，见参考文献 [145]）中所阐述的。

180 如赫尔曼在 1986 年出版的著作（第 15 页，见参考文献 [145]）中所阐述的。

181 如格林伯格在 1967 年首版、1999 年再版的著作（第 51 页至第 52 页，见参考文献 [109]）中所阐述的。

182 译者注：马歇尔计划，官方名称为"欧洲复兴计划"（European recovery program），指美国发起的一项金融援助及其他倡议计划，旨在促进西欧国家在第二次世界大战结束后的经济发展，它最初是由时任美国国务卿的乔治・马歇尔（George C. Marshall）倡导的，并在 1948 年获得美国国会批准。引自：https://www.history.com/topics/world-war-ii/marshall-plan，访问时间：2022 年 2 月 17 日。

183 如克里格在 2003 年出版的著作（见参考文献 [196]）中所阐述的。

与美国十分相似。欧洲人对科学驱动经济和社会发展的信念在战后第一个十年里大大增强[184]，1957年的苏联人造地球卫星危机导致西欧国家研发支出显著增加，也带来了对科学治理和组织的政治干涉不断增强。20世纪60年代，欧洲的科学在两个方面受到了攻击，其中一个与美国对科学的环境负面影响及科学精英主义和旧的保守社会结构相联系的指责遥相呼应，另一个是声称欧洲国家在将基础科学成果转变为技术创新、促进经济和社会发展方面表现欠佳的思潮首次出现，这后来被称为"欧洲悖论"[185]，并在科学政策及一些研究中得到了讨论[186]。20世纪70年代的经济衰退使得西欧国家研发支出增长曲线趋于平缓，而战后二三十年这些国家经济高速发展使其研发支出不断增长[187]。如果西欧国家政府研发支出的数据可以重构，而且这些数据与图2-1所示美国的数据相同或相似，那么也显示1955年至1980年西欧国家具有相似的变化模式。1973年石油危机后，紧缩政策在西欧国家的一些领域，尤其在研发领域里相继出现；20世纪70年代和80年代，随着日益增强的问责制与相关性要求的新自由主义[188]思潮在许多西欧国家中蔓延，这些国家的科学体系经历了与美国的联邦科学体系类似的发展，以下另个章节将对此进行阐述[189]。

在组织和体制方面，在二战结束后最初几年里变得清晰的事情是科学史家斯图尔特·莱斯利（Stuart Leslie）[190]所称的"军事-产业-科学综合体"，它与艾森豪威尔总统在1961年1月的一次演讲中所用通俗术语"军事-产业综合体"是一致的[191]。"军事-产业-科学综合体"在美国最为明显，但在西欧国家，尤其是那些相对更大的国家里也可看到。在冷战的最初数十年里，政府/军事、工业和（学术型）

---

184 如廷德曼斯（P.Tindemans）在 2009 年发表的论文（相应论文集的第 4 页至第 7 页，见参考文献 [350]）中所阐述的。

185 如安德烈亚森（L.E.Andreasen）在 1995 年出版的著作（第 10 页，见参考文献 [6]）中所阐述的。译者注："欧洲悖论"通常指在欧洲"具有良好的教育基础、先进的研究基础设施及其结果未能转化为符合市场需求的创新"的现象。

186 如马森（P.Maasen）和奥尔森（J.Olsen）在 2007 年出版的著作（见参考文献 [225]），多西（G.Dosi）等在 2006 年发表的论文（见参考文献 [72]）中所阐述的。

187 如赫尔曼在 1986 年出版的著作（第 18 页至第 19 页，见参考文献 [145]）和米德尔马斯（K.Middlemas）在 1995 年出版的著作（第 75 页，见参考文献 [253]）中所阐述的。

188 译者注："新自由主义"通常指一种自由市场资本主义的模式，它赞同大幅度削减政府支出、撤销对市场及社会生产活动的管制，实现全球化、自由贸易和全面私有化。

189 如赫尔曼在 1986 年出版的著作（第 23 页至 75 页，见参考文献 [145]）中所阐述的。

190 如莱斯利在 1993 年出版的著作（见参考文献 [214]）中所阐述的。译者注：斯图尔特·莱斯利，1981 年获得美国特拉华大学历史学博士学位，随后到约翰·霍普金斯大学做博士后并一直在此工作，现为这里的科学和技术历史系教授。引自：https://host.jhu.edu/directory/stuart-w-leslie/，访问时间：2022 年 2 月 20 日。

191 译者注："军事－产业综合体"通常指特定国家的军事机构与生产武器及军事装备的工业企业构成的利益集团，这种利益集团是如此强大以致对这个国家的政治、外交、经济等活动及相关政策的制定产生重要影响。

科学这三个部门深深卷入到相互依赖的发展联盟之中，这让人想起数十年后被概念化为“大学-工业-政府的三重螺旋”[192]。军事与基础研究的联系在二战结束时就得到了证明，并且在战后各种努力中被制度化，所有这些努力似乎都从原子能研发的独特地位中获得了力量。美国国防部的研发支出在1960年达到了顶峰，比战时军事相关研发支出最大值高出数倍。20世纪60年代，国防部研发资金占整个美国联邦研发预算的份额在80%附近波动，但在20世纪70年代快速下降，到70年代末达到约20%的水平，其他联邦政府机构如能源部、国家科学基金会、国家航空航天局、国家卫生研究院等的资金则占据了美国联邦研发预算的大部分份额。虽然经过20世纪80年代的通货膨胀调整后，军事相关研发资金占美国联邦研发预算的份额恢复到60年代的创纪录水平，但长期发展的趋势是（基础）科学逐渐与军事利益和军事相关研发资金相分离[193]。

二、美国和欧洲的“大科学”体制化

在美国，二战结束后，曼哈顿计划和其他战时研发工作所使用的一些场地和物质设施被转变为一个国家实验室体系和数个有着和平时期（虽然不总是和平的）目的与任务的小型研发中心[194]。虽然20世纪20年代类似公共财政资助并开展任务为导向大规模研发活动的组织已在其他地方（如在苏联）出现[195],但美国国家实验室体系通常被认为是20世纪40年代和50年代在一些工业化国家中出现的其他类似设施的蓝本[196]。1946年，美国原子能委员会成立，负责管理五个在原子能和其他领域（包括核武器研制）里实施大规模研发项目的国家实验室，它们分别是位于伊利诺伊州的阿贡国家实验室（图2-3）、位于纽约的布鲁克海文国家实验室、位于加利福尼亚州的劳伦斯-伯克利国家实验室、位于新墨西哥州的洛斯阿拉莫斯国家实验室（见图2-4）和位于田纳西州的橡树岭国家实验室（见图2-5）[197]。在美国国家实验室体系建立后的第一个十年间，另外七个国家实验室加入了这个体系，随后在20世纪60年代有三个国家实验室，80年代有一个国家实验室，90年代还有一个国家实验室加入了这个体系[198]。

---

192 如埃兹科瓦茨（H.Etzkowitz）和劳德斯多夫（L.Leydesdorff）在 2000 年发表的论文（见参考文献 [85]）中所阐述的。

193 如莱斯利在 1993 年出版的著作（第 1 页至第 2 页，见参考文献 [214]）中所阐述的。

194 如休利特和安德森在 1962 年出版的著作（第 714 页至 722 页，见参考文献 [151]）中所阐述的。

195 如格雷厄姆在 1992 年发表的论文（第 53 页，见参考文献 [106]）中所阐述的。

196 如本书作者在 2012 年发表的论文（相应论文集的第 89 页，见参考文献 [122]）所阐述的。

197 如韦斯特威克（P.J.Westwick）在 2003 年出版的著作（第 31 页至第 34 页，见参考文献 [374]）所阐述的。

198 见本书作者和海因茨（T.Heinze）2012 年发表的论文（相应杂志的第 462 页，见参考文献 [131]）。

图 2-3　美国阿贡国家实验室园区鸟瞰图

图 2-4　美国洛斯阿拉莫斯国家实验室园区鸟瞰图

图 2-5　美国橡树岭国家实验室园区鸟瞰图

美国国家实验室不仅对公共资助的研发组织来说是规模空前的，而且还制定了新型的精致平衡自主治理标准，这被归纳为“GOCO原则（政府所有，法人运营）”。这些实验室既有着由政府确定的主要任务，但也有着实施自己研发项目的广泛自由，成为美国联邦政府科学技术政策的工具和相对独立的研发组织[199]。研发活动的自由度和广度被认为是这些实验室成为对科学家有吸引力的工作场所的必要条件，使得它们能够保持一个理想的人才库，拥有一支受过教育和熟练的劳动力队伍，随时准备应对任何可能出现的国家安全威胁和挑战，并推行政府控制的原子能计划[200]。这些实验室当然利用了这个自由度，正如韦斯特威克[201]引用的洛斯阿拉莫斯国家实验室首任主任诺里斯·布拉德伯里（Norris Bradbury）[202]所表示的：“我不能继续干这件事，除非我有一个活跃的大型基础研究计划和所有与核武器相关的研究领域，而且，孩子，我肯定能够找到相关性”。

正如克里格[203]所指出的，美国联邦科学政策与组织模式对二战后欧洲科学的重建产生了深远影响。一些欧洲国家，尤其是德意志联邦共和国，在20世纪50年代建立自己类似研究机构的时候，直接拷贝了美国国家实验室的模式[204]。随着美国体制化“大科学”模式的输出，粒子物理学大规模扩张的温床也在（西）欧洲形成。虽然从“国家实验室”这个词若干可能的含义看，美国国家实验室的活动一定是“大科学”，但也包括不使用（现在仍不使用）“大机器”的大型任务导向研发项目，国家实验室的体制框架似乎特别有利于粒子物理学在美国和其他地方扩张。

如前所述，直至20世纪50年代及“和平利用原子能”计划的推出，核武器研发和和平利用核能在人类追求原子时代的过程中才被单独列为不同的研发实体，并受到有差别政策的制约。日内瓦和平利用核能国际会议和配套的分享与交流相关核能利用结果政策，与各国围绕所有军事用途核计划的限制和保密措施形成了鲜明对比[205]。从那时起，核武器技术的保密研发和民用核

---

199 如韦斯特威克在 2003 年出版的著作（第 49 页，第 55 页，见参考文献 [374]）中所阐述的。

200 如韦斯特威克在 2003 年出版的著作（第 154 页，见参考文献 [374]）中所阐述的。

201 如韦斯特威克在 2003 年出版的著作（第 227 页，见参考文献 [374]）中所阐述的。

202 译者注：诺里斯·布拉德伯里（1909 ～ 1997 年），美国物理学家。他在 1932 年获得加利福尼亚大学伯克利分校博士学位，自 1935 年起在斯坦福大学物理系任教，1941 年至 1944 年在弗吉尼亚州达尔格伦美国海军试验场服役，1944 年在洛斯阿拉莫斯从事曼哈顿计划的研究工作，1945 年至 1970 年接替罗伯特·奥本海默担任美国洛斯阿拉莫斯国家实验室主任。引自：https://www.atomicheritage.org/profile/norris-bradbury，访问时间：2022 年 2 月 22 日。

203 如克里格在 2006 年出版的著作（见参考文献 [196]）中所阐述的。

204 本书作者和海因茨 2012 年发表的论文（相应杂志的第 455 页，见参考文献 [131]）。

205 如休利特和霍尔在 1989 年出版的著作（第 209 页至 270 页，见参考文献 [153]）中所阐述的。

能及其衍生技术（如中子散射，见下文）的解密研发在美国联邦政府研发预算中被分开列支，那些有着自己核武器研发计划的欧洲国家（如法国和英国）也是如此。此外，欧洲（及其他地方）的一些小国先前推出的和平利用核能研究项目得到了和平利用原子能计划的推动，也得到了新成立的国际原子能机构和欧洲原子能共同体提供的直接帮助。20世纪50年代，粒子物理学从物理学中分离是通过加速器技术和基本粒子发现的协同发展而逐渐发生的，早年，这个分支学科的文化和研究群体与越来越大的加速器系统非常紧密地联系在一起[206]。

粒子物理学与高能物理学[207]是同义词，随着加速器规模的不断扩大，粒子物理学领域不断发展，通过始于20世纪50年代苏联与美国之间的“核能竞赛”很快成为超级大国自身竞争的一个领域。最初，这场竞争聚焦在加速器的规模和能量水平，后来是新粒子的发现和诺贝尔物理学奖的获取。在美国，原子能委员会最初对资助建造仅用于粒子物理学研究的加速器犹豫不决，但该委员会也需要一个和平的科学广告宣传，能够显示加速器的真实性并产生切实的结果，并符合和平利用原子能计划。1957年，美国国会决定授权原子能委员会统揽对粒子物理实验装置的资助，到20世纪50年代末，该委员会的预算已经由加速器建造和运行的成本所主导[208]。在苏联，1956年，一个粒子物理学加速器综合设施在杜布纳镇[209]建成并开放[210]。欧洲很快作为第三个竞争者加入到“加速器能量竞赛”之中。在西德，“德国电子同步加速器”机构（见图2-6）[211]在1956年成立，1959年开始运行[212]。主要根据战时去美国避难、战后返回欧洲的物理学家的倡议并在美国政治与科学领导层参与下，“西欧核子研究合作组织”（这个组织的法文名称为Conseil Européen pour la Recherche Nucléaire，简称为CERN，现名为“欧洲核子研究组织”，英文名称为European Organization for Nuclear Research，简称仍为CERN）于1954年在日内瓦建立[213]。

---

206 如梅尔西斯在 1987 年发表的论文（相应论文集的第 24 页，见参考文献 [244]）中所阐述的。

207 原书脚注 2-2：粒子物理学的研究主题是亚原子粒子；高能物理学指的是基本粒子（最常见的是电子和质子）需要被加速到很高能量，然后在一起粉碎，以使其分解并分析它们的组成。关于粒子物理学和高能物理学的综合性技术与科学描述见附录 1。

208 如韦斯特威克在 2003 年出版的著作（第 151 页，见参考文献 [374]）所阐述的。

209 译者注：杜布纳镇坐落在俄罗斯境内杜布纳河和伏尔加河的汇流处。

210 如琼克在 1968 年出版的著作（第 159 页，见参考文献 [178]）所阐述的。

211 该机构的德文名称是 Deutsches Elektronen-Synchrotron，简称 DESY。

212 如海因茨等在 2015 年发表的论文（相应杂志的第 459 页，见参考文献 [142]）所阐述的。

213 如克里格和佩斯特在 1987 年发表的论文（见参考文献 [197]）中所阐述的。

图 2-6　“德国电子同步加速器”机构园区鸟瞰图

20世纪40年代至50年代建造的粒子物理加速器只是相对适中的规模，其中包括劳伦斯-伯克利国家实验室在1954年花费1000万美元建造并开放的“Bevatron”装置（见图2-7）、布鲁克海文国家实验室花费2600万美元建造并于1960年开放的“交变梯度同步加速器”装置（见图2-8）[214]。但是，1957年的苏联人造地球卫星危机在包括国家实验室在内的美国联邦研发体系中掀起了一场“25年建设狂潮”[215]，尤其是几个规模更大的装置开始建造。美国联邦政府用于粒子物理装置运行的费用从1954年的730万美元上升到1960年的3320万美元[216]。阿贡国家实验室的“零梯度同步加速器”装置（见图2-9）项目于1957年获得批准，建造费用为2700万美元[217]；首个突破1亿美元上限的加速器装置项目即“斯坦福直线加速器”装置于1962年破土动工建造（见图2-10，亦见第四章）。仅五年后，投资2.5亿美元的“国家加速器实验室”（后来更名为“费米国家加速器实验室”，简称为Fermilab）项目获得美国国会的批准，在伊利诺伊州韦斯顿开工建设[218]。1974年，在周长为6.3km的“费米实验室主环”装置（见图2-11）开始运行的时候，美国联邦政府资助研究的情况发生了变化，在其他国家也引发了“科学的社会契约”的类似变更。但是，美国和其他地方的国家实验室体系基本完好无损：尽管20世纪70年代和90年代政

214 如克雷斯在 1999 年出版的著作（第 222 页，见参考文献 [51]）中所阐述的。

215 如克罗（M.Crow）和博兹曼（B. Bozeman）在 1998 年出版的著作（第 114 页，见参考文献 [58]）中所阐述的。

216 如格林伯格在 1967 年首版、1999 年再版的著作（第 216 页至 218 页，见参考文献 [109]）中所阐述的。

217 如韦斯特福尔在 2010 年发表的论文（相应杂志的 357 页，见参考文献 [372]）中所阐述的。

218 如霍德森等在 2008 年出版的著作（第 90 页至 91 页，见参考文献 [159]）中所阐述的。

府研发预算短暂下降，但没有一个美国国家实验室也没有一个德国“大科学”实验室曾经被关闭，相反，这期间几个新的实验室在这两个国家实验室体系中建立起来[219]。

图 2-7 美国劳伦斯－伯克利国家实验室“Bevatron”装置磁体照片，1955 年 9 月

图 2-8 美国布鲁克海文国家实验室“交变梯度同步加速器”（Alternating-Gradient Synchrotron）装置磁体被精确调整的照片，1959 年

219 见本书作者和海因茨 2012 年发表的论文（见参考文献 [131]）。

图 2-9 1963 年时任美国伊利诺伊州州长奥托·克纳（Otto Kerner）参观阿贡国家实验室“零梯度同步加速器”（Zero Gradient Synchrotron）装置磁体照片

图 2-10 美国斯坦福大学“斯坦福直线加速器”装置在 1966 年建成并投入运行时的照片

图 2-11 1973 年美国费米国家加速器实验室的“费米实验室主环”（Fermilab Main Ring）装置照片

美国国家实验室将战后“科学的社会契约”体制化，并致力更新自己，以超越自己最初的使命，为新的举措提供繁殖的土壤，也为举措的自然选择提供环境（在第四章里作更详细讨论）。这些国家实验室所代表的“生态系统”[220]实现了政治利益、技术利益和科学利益的交汇和相互作用，在新的或已知领域里创造和培育新的大型项目,使得这些国家实验室成为“大科学”（包括旧“大科学”和转型“大科学”）的天然家园。虽然许多装置也在现有国家实验室体系之外建造，但事实上很难想象中子散射装置、同步辐射装置或自由电子激光装置能够在没有美国国家实验室及其他同行的繁殖土壤情况下存在。

如上所述，大部分西欧国家在二战结束后都设立了国家级核能研究计划。到1958年，14个西欧国家建立了自己的原子能理事会、原子能委员会或内阁级部门，这些国家分别是奥地利、比利时、丹麦、芬兰、法国、联邦德国、意大利、荷兰、挪威、葡萄牙、西班牙、瑞典、瑞士和英国[221]。然而，为了在国际舞台上实现真正的长期竞争力，西欧国家之间的合作是必要的，1954年成立的西欧核子研究合作组织成为这种合作的中心。从长远看，随着在粒子物理学领域里保持竞争力所需加速器的规模与成本增长（以及粒子物理学进入了“巨型科学”状态，见下文），西欧核子研究合作组织实际垄断了欧洲国家粒子物理学研发预算，并成为欧洲大陆除位于汉堡的德国“电子同步加速器”机构之外唯一的粒子物理实验室。此后，在“大科学”领域里，西欧国家在“大科学”领域的大量合作出现了，但这些合作都经历了紧张和困难的谈判程序。西欧核子研究合作组织是作为一个国际条约组织被构想和创立的，但在建立新的合作计划方面几乎没有提供可供借鉴的组织或政治先例。1951年的《巴黎条约》[222]创建了欧洲煤炭和钢铁共同体（ECSC）,后来的欧洲经济共同体（EEC）、欧洲共同体（EC）和今天的欧洲联盟（EU）都是从中逐步发展起来的，但它们都没有涉及研发方面的合作[223]。直至最近，欧洲共同体/欧洲联盟并没有在基础研究方面作出任何授权。20世纪70年代，欧洲共同体开始在工业研发方面推广特定技术，并在1984年推出了欧洲共同体研究和技术开发框架计划首个系列项目[224]，但欧洲共同体并没有在保持和/或发展欧洲更广泛的研究基础方面发挥积极的作用。因此，虽然欧洲国家显然有必要在一些科学领域里

220 如韦斯特福尔在2010年发表的论文（见参考文献[372]）中所阐述的。

221 如赫尔曼在1986出版的著作（第17页，见参考文献[145]）中所阐述的。

222 译者注：《巴黎条约》指法国、意大利、比利时、荷兰、卢森堡和西德于1951年4月在法国巴黎签署的为期50年的《关于建立欧洲煤炭和钢铁共同体的条约》。1952年，“欧洲煤炭和钢铁共同体”成立。

223 如米德尔马斯在1995年出版的著作（第21页至第22页，见参考文献[253]）中所阐述的。

224 如格兰德（E.Grande）和佩施克（A.Peschke）在1999年发表的论文（相应杂志的第45页，见参考文献[108]）和帕蓬（P.Papon）在2004年发表的论文（相应杂志的第69页至第70页，见参考文献[281]）中所阐述的。

合作，以取得国际竞争力，但欧洲国家从未建立过政治框架，以创建跨越学科与技术边界的一致性并确定优先地位。已推出的欧洲（科学）合作项目只是依赖临时解决方案，依赖法律安排和组织结构的“循环再造”，这导致了装置项目和实验室项目往往因旷日持久的谈判而被推迟数年之久的局面，但也使得几乎所有成功的政府间合作项目都在科学上取得了真正的成功。据称，缺乏先例和预设定结构阻止了合作项目的官僚化，使得每个具体项目都能在特定时间内满足特定科学群体的要求[225]。

因此，在某种程度上，欧洲的“大科学”组织已显示出一定的效率和实力，这种实力能够使它们像美国国家实验室那样将进步和更新的能力体制化，虽然在这两个体系里，（科学方面的）成功从来都不是既定的，而是依赖于行动者协调大量各种利益和议程的能力，也依赖于时机安排及巧合。欧洲的大国（法国、德国和英国）已成功建立了一些与美国国家实验室相同类型的组织，这些穿越欧洲一体化政治“针眼”的政府间合作通常在各自领域里有世界领先的表现。

三、“科学的社会契约”的重新谈判

核物理学和粒子物理学登上了战后科学的王座，主要是因为“军事-产业-科学综合体”的快速形成、“科学的社会契约”和“技术创新线性模型”被提升为美国和大部分西欧国家二战后科学政策学说的首要原则，这些领域的科学技术进步无疑是在冷战初期取得的。粒子物理学领域的进展持续了很长一段时间（随着近期欧洲核子研究组织发现希格斯玻色子，可以认为粒子物理学领域的科学成功一直持续到今天），但是，“军事-产业-科学综合体”、“科学的社会契约”和“技术创新线性模型”在20世纪60年代受到了攻击。

1957年的苏联人造地球卫星危机引发了一场“建设狂潮”[226]，并使美国和西欧国家政府大幅度增加研发支出，但1962年的古巴导弹危机向决策者和普通民众提醒冷战的真正威胁和科学在制造这些威胁中的作用，随着20世纪60年代的继续，公众对（科学）机构的日益不信任有了越来越多的理由。因此，到了1970年，“社会、政治和经济格局发生了巨大变化”，“科学政策的假设成为严格审查和质疑的

---

225 见高伯特（A.Gaubert）与勒博（A.Lebeau）2009年发表的论文（相应杂志的第38页，见参考文献[98]）、帕蓬2004年发表的论文（见参考文献[281]）和本书作者2014年发表的论文（相应论文集的第35页，见参考文献[126]）。

226 如克罗和博兹曼在1998年出版的著作（第114页，见参考文献[58]）中所阐述的。

主题”，并且虽然科学家“凭借其工作的深奥特性在一定程度上缓解了影响政治体系的震动，但他们被迫面对一场其前提曾是不言而喻的持续和喧闹的攻击”[227]。科学机构的精英主义及其在“军事-产业-科学综合体”中的角色使其成为20世纪60年代的权利平等运动、环境保护主义运动、日益增强的消费激进主义、反战运动和普遍反建制情绪等的一个靶子。越南战争是大部分冲突的一个缩影，对科学政策几乎没有直接影响，但其他标志性事件，如雷切尔·卡森（Rechel Carson）[228]的《寂静的春天》和拉尔夫·纳德（Ralph Nader）[229]的《任何速度下的不安全》,则对科学政策产生了更为重大的影响。20世纪60年代还见证了一种更普遍的反科学趋势，这种趋势与对税收投资回报日益增加的要求有关，也有一些迹象表明与“技术创新线性模型”没有如预期运行有关[230]。1963年，美国国防部实施了名为“项目事后观察”的审查，分析了美国一些主要武器系统的研发起源，在题为“近期科学中不定向研究”报告中，这次审查给出的结论是基础研究（美国武器系统）的贡献接近于零[231]。换句话说，这份报告给出了“技术创新线性模型”不能适当运行的一些证据。1966年，时任美国总统的林登·约翰逊（Lyndon Johnson）[232]发表了一次著名演说，询问（或者根据解释是强烈要求）科学是否带来了更具体和更明显的有益结果[233]。随着20世纪60年代过去和理查德·尼克松（Richard Nixon）[234]当

227 见布鲁斯·史密斯 1990 年出版的著作（第 71 页至第 72 页，见参考文献 [333]）。

228 译者注：雷切尔·卡森（1907 ～ 1964），美国作家、科学家和生态学家。她于 1929 年毕业于宾夕法尼亚女子学院，后在伍兹霍尔海洋生物实验室学习，1932 年获得约翰·霍普金斯大学动物学硕士学位，后在美国渔业局工作，1936 年成为美国鱼类和野生动物保护局所有出版物主编。二战结束后，卡森对滥用化学合成杀虫剂深感不安，为向社会提出滥用杀虫剂长期影响的警告而改变自己的研究方向。1962 年，她出版了《寂静的春天》一书，对农业科学家与政府的做法提出了挑战，呼吁人们应当改变对待自然界的方式。她被一些化学工业企业主和政府官员攻击为危言耸听者，但她仍勇敢地提醒人们，人类是自然界的一个脆弱部分，与生态系统其他部分遭受同样的破坏。引自：http://rachelcarson.org，访问时间：2022 年 2 月 21 日。

229 译者注：拉尔夫·纳德，美国律师和消费者权益倡导者，曾四次参加美国总统选举。他在 1955 年获得普林斯顿大学学士学位，1958 年获得哈佛大学法律博士学位，1964 年成为美国劳工部顾问，1965 年出版《任何速度下的不安全》，严厉抨击汽车产品的不安全性，直接导致美国国会完成“国家交通和机动车辆安全法”立法程序。引自：https://www.britannica.com/biography/Ralph-Nader，访问时间：2022 年 2 月 26 日。

230 如韦斯特威克在 2003 年出版的著作（第 296 页，见参考文献 [374]）中所阐述的。

231 如古斯顿在 2000 年出版的著作（第 78 页，见参考文献 [114]）和格林伯格在 1967 年首版、1999 年再版的著作（第 31 页，见参考文献 [109]）中所阐述的。

232 译者注：林登·约翰逊（1908 ～ 1973），1961 年至 1963 年任美国第 37 任副总统，1963 年至 1969 年任美国第 36 任总统。

233 见布鲁斯·史密斯 1990 年出版的著作（第 75 页，见参考文献 [333]）。

234 译者注：理查德·尼克松（1913 ～ 1994），1953 年至 1961 年任美国第 36 任副总统，1969 年至 1974 年任美国第 37 任总统。

选为美国总统，美国科学政策与治理体系的改组和重构接踵而至，主要结果是，先前如此有权势的“行政部门官员及其外部科学顾问构成的紧密圈子”失去了其大部分权力，政治和官僚机构则接管了这个领域[235]。

美国科学治理变化的一个特别例子，在此又具有特别相关性的例子，是1974年美国原子能委员会被撤销，由能源研究与发展管理局和核管理委员会取而代之。原子能委员会在美国是一个非常有权势的政府机构，垄断了美国境内所有原子能与核武器的研发、运行与分配的监督和管理。原子能委员会有简单的决策结构，仅受美国国会原子能联合委员会的监管，新项目和新计划的启动仅在美国国会原子能联合委员会的非公开会议上进行辩论[236]。粒子物理学在原子能委员会下享有特权地位，主要因为粒子物理学大项目能够得到白宫和美国国会的秘密“护送”，也能够得到一群政治灵活、几乎不承担或根本不承担责任要求的内部人士的指导[237]。到了1974年原子能委员会被撤销的时候，国家实验室的管理成为能源研究与发展局内更广泛任务的一部分，这个机构更加官僚化，部分适应了原子能委员会以外的要求，但是，这个机构的寿命很短，1977年被并入新成立的内阁级美国能源部。美国能源部“更加庞大，也更加官僚化”，并将“核武器计划、国家实验室运行和各种能源政策、监管和应用研究计划结合在一起”[238]。原子能委员会的撤销也改变了国家实验室的决策结构，并将新的项目置于独立的众议院和参议院能源和水资源开发拨款小组委员会的审查之下，这个小组的成员对科学问题没有多少专业知识，比起保持科学产出率和粒子物理学与核物理学的“卓越”来，他们对将政治“猪肉”带回自己的选区更感兴趣[239]。由吉米·卡特总统（Jimmy Carter）[240]任命的能源部首任部长是亚瑟·施莱辛格（Arthur Schlesinger），他是尼克松政府最后一任国防部长，但被杰拉尔德·福特总统（Gerald Ford）[241]免除了这个职务，并被描绘为一个具有“咄咄逼人和要求苛刻风格”的人，这将成为能源部“实施显然是由卡特总统倡导的零基预算‘管理办法’的一份资产”[242]。在20世纪70年代最后几年和80年代初，

235 见布鲁斯·史密斯 1990 年出版的著作（第 72 页，见参考文献 [333]）。

236 见布鲁斯·史密斯 1990 年出版的著作（第 63 页，见参考文献 [333]）。

237 如赖尔顿等在 2015 年出版的著作（第 3 页，见参考文献 [305]）中所阐述的。

238 如马尔伯格（J.H.Marburger）在 2014 年发表的论文（相应杂志的第 231 页至 232 页，见参考文献 [230]）和史密斯在 1990 年出版的著作（第 92 页，见参考文献 [333]）中所阐述的。

239 如赖尔顿等在 2015 年出版的著作（第 3 页，见参考文献 [305]）中所阐述的。

240 译者注：吉米·卡特（1924～），1977 年至 1981 年任美国第 39 任总统。

241 译者注：杰拉尔德·福特（1913～2006），1973 年至 1974 年任美国第 40 任副总统，1974 年至 1977 年任美国第 38 任总统。

242 如马尔伯格在 2014 年发表的论文（相应杂志的第 232 页，见参考文献 [305]）中所阐述的。

美国能源部实施了几项由总统和国会监管的新项目，还在特定领域里推行了几项新的有针对性研发工作，并引入了促进美国联邦资助研发商业化，加强国家实验室及其他联邦研究机构环境保护的新法律条文[243]。但是，科学政策变化也让已经官僚化的美国能源部变得更加官僚化，也使得大型科学装置项目的管理变得更加复杂和分散[244]。

美国这次"大科学"管理变化能够被解读为源于政策制定层面对逆向选择和道德风险的辨别，逆向选择和道德风险被概念化为委托-代理理论的一部分（见第一章）。在"技术创新线性模型"和"科学的社会契约"至高无上的年代里，这样的风险显然被判断为是微不足道的，但是，随着公众对现有结构不耐烦情绪的增长，对巨额研发投资产生更多具体成果提出新的要求，这样的风险对政策制定者来说变得越来越现实。事实上，对科学机构（或者军事-产业-科学综合体）满足社会需求、为解决社会挑战作出贡献的能力不信任是（可感知的）逆向选择的最终形式。有些批评很可能是以道德风险为主题的，因此，可以确切地看到科学政策和治理体系缺乏透明度和问责制。

如图2-2所示，从数量上看，二战后美国联邦政府研发支出经通胀调整后的曲线出现三个"增长-下降/饱和"周期。从20世纪50年代中叶到接下来的十年里，在苏联人造地球卫星危机的推动下，又因越南战争和约翰逊总统的"伟大社会"政策带来联邦支出不断增长的干扰，美国联邦政府研发拨款总额增加了两倍。20世纪60年代末和70年代初，受石油危机和经济衰退的影响，美国联邦政府研发支出下降，至70年代下半叶才基本恢复，并在80年代出现相当惊人的增长。在1989年至1991年冷战结束后，美国联邦政府研发支出下降，至90年代末才趋于平缓，新千年之后又被增长所取代。

在定性方面，欧文和马丁[245]早就确定了科学技术政策在20世纪70年代末和80年代初发生了一个"战略转向"，范伦特[246]认为这个变化特别提高了预期和承诺在科学决策中的作用（见第六章）。正在二战结束后的初期，对科学技术的（过度）信任使得（过度）乐观主义占了主导，只有慷慨的资助，几乎没有绩效评估。自20世纪60年代起，公众的悲观情绪和（可感知的）科学进展与突破的缺乏（相对于承诺和期望），强力推动了问责制、严苛的优先级确定以及对研发投入与社会、环境、经济利益之间的权衡，一种"更黑暗的愿景取代了天真和乐观"[247]。

---

243 见布鲁斯·史密斯 1990 年出版的著作（第 90 页至第 97 页，见参考文献 [333]）。

244 如马尔伯格在 2014 年发表的论文（相应杂志的第 232 页，见参考文献 [230]）中所阐述的。

245 如欧文和马丁在 1984 年出版的著作（见参考文献 [168]）中所阐述的。

246 如范伦特在 1993 年出版的著作（第 10 页，见参考文献 [357]）中所阐述的。

247 见布鲁斯·史密斯 1990 年出版的著作（第 3 页，见参考文献 [333]）。

20世纪70年代末和80年代初的科学技术政策“战略转向”不仅带来了旨在减轻或对抗逆向选择与道德风险的科学政策，而且增加了对科学能够和应当对经济增长与社会进步作出贡献的需求和期望。“战略科学”的理念[248]认为基础科学带有某种隐含的、即将产生有用结果的期望，这意味着基础科学在经济发展模型中的突出地位得到了部分修复，虽然这个理念有一套相当复杂的逻辑依据和属性，但最重要的是它有一个显著缩短的时间框架（和耐心）和被强化的绩效评估及战略重点。

伊丽莎白·波普·伯曼（Elizabeth Popp Berman）[249]分析了自20世纪70年代起美国联邦政府科学政策的改革，并对一个广受欢迎的假设提出了挑战，这个假设就是公共资助的科学受到了“新自由主义”议程的（负面）影响，该议程追求政府干预最小化、向市场逻辑开放科学和通过加强知识产权（运营）来补偿科学（这三条都是“新自由主义”的标志）。伯曼指出[250]，这个时期的一些立法改革是由政治左派而不是右派提出和实施的，因此，这些立法改革源自“国家干预主义”议程而不是“新自由主义”议程。因此，伯曼认为，“经济化”是描述这个时期科学政策学说整体转变的更准确术语，美国立法改革的“新自由主义”议程和“国家干预主义”议程都追求这样一种公共科学，它更加面向市场，被用来维持和提供对经济与“相关抽象的经济概念（如经济增长、生产率、贸易平衡等）”的投入，这些经济概念又与一定的指标（如国内生产总值、国家研发支出）相联系。政治左派和右派似乎在寻求把公共资助的科学首先转变为对更大规模经济投入资源上联合起来。这个科学政策转变与不断扩大的经济学知识基础是吻合和一致的，经济学作为一门学术学科将越来越多的要素纳入国家（或地区或部门的）的经济绩效方程，这些要素包括科学及其所希望的衍生物、技术创新等。伯曼写道[251]：“经济化总是与政府的主要目的即对更大规模经济产生积极影响的思想联系在一起的”。

（学术型）科学的“商品化”概念在第一章里被简要提及，这个概念与科学的“经济化”和“知识社会”概念相联系。“商品化”概念被用来描述公共所资

---

248 如欧文和马丁在 1984 年出版的著作（见参考文献 [168]）中所阐述的。

249 如伯曼在 2012 年出版的著作（见参考文献 [19]）和 2014 年发表的论文（见参考文献 [20]）中所阐述的。译者注：伊丽莎白·波普·伯曼，美国社会学家，致力组织学、经济社会学、科学社会学与知识社会学的交叉点研究。她在宾夕法尼亚大学获学士学位，在加利福尼亚大学伯克利分校获博士学位，2019 年从纽约州立大学奥尔巴尼分校加入密歇根大学，任社会学副教授。引自：https://lsa.umich.edu/soc/people/affiliated-and-visiting-faculty/elizabeth-popp-berman.html，访问时间：2022 年 2 月 19 日。

250 如伯曼在 2014 年发表的论文（相应杂志的第 405 页，第 410 页，见参考文献 [20]）中所阐述的。

251 如伯曼在 2014 年发表的论文（相应杂志的第 339 页，见参考文献 [20]）中所阐述的。

助科学的一种最新发展状态，在这个观念里，经济标准主导着对科学活动的质量、相关性和成功的评估[252]。"商品化"是21世纪的术语，但它与马克思主义分析中使用的"商品"一词惊人相似，这意味着商品是被赋予货币价值的物品，尽管它通常、此前或最初被赋予了（一种或多种）其他类型价值，并在传统意义上不被视为商品。（公共）科学的"商品化"是一个类似于伯曼[253]提出科学"经济化"概念的过程：科学知识已从被主要视为一种公共物品转变为被主要视为一种金融物品[254]，也从被主要视为更广泛与更深入的文明或文化进步转变被主要视为创造经济价值的驱动力（参见第一章关于创新体系观点及其基本假设，即创新是科学终极目标的论述）。蓝德尔认为[255]，现行的科学政策、科学的治理和组织受到了由"商品化"带来的思想及其世俗效应的强烈影响，在如何衡量科学产出率、质量及相关性的例子中可以看到这些影响（参见第五章）。绩效测量很重要，是"审计社会"的一个关键特征[256]，"审计社会"是一种社会的概念化，评估已经与文化交织在一起并允许管理公共机构和社会生活，并有着过程中评估目的被遗忘、最初设计审计以确保的价值被丢失的风险。

伯曼对科学"经济化"的分析和所引用的科学"商品化"概念化结果在这里是很有帮助的，因为它们代表了科学政策学说的深刻转变，这场转变不能简化为政治左派和右派的问题，而是超越了整个政治"光谱"，并在全球范围内进行了实践。古斯顿[257]特别指出了人们对所谓"创新问题"的担忧，即对基础研究实际产出率及效益的质疑，这种质疑在20世纪70年代变得更加强烈，并与经济衰退相一致，经济衰退迫使人们要求进行科学政策改革，以提高美国庞大的联邦基础研究项目（可测量）的经济产出（参见"欧洲悖论"，见上文和第六章）[258]。对于美国国家实验室来说，作为美国里根政府在武器相关和民用研发上重新努力的一部分，20世纪80年代美国联邦政府研发支出的增加，给70年代经历经费下降困境的这些实验室带来了舒缓，但存在着某种"挤压"[259]，即美国联邦科学政策学说转变（"经济化"）的延续，迫使美国国家实验室和其他联邦研发中心去证明它们的价

252 如蓝德尔在 2010 年出版的著作（见参考文献 [301]）、克莱曼（D.L.Kleinman）和瓦拉斯（S.P.Vallas）在 2001 年发表的论文（见参考文献 [187]）中所阐述的。

253 如伯曼在 2014 年发表的论文（见参考文献 [20]）中所阐述的。

254 如佩斯特在 2005 年发表的论文（见参考文献 [288]）中所阐述的。

255 如蓝德尔在 2010 年出版的著作（第 14 页，见参考文献 [301]）中所阐述的。

256 如鲍尔在 1997 年出版的著作（见参考文献 [296]）中所阐述的。

257 如古斯顿在 2000 年出版的著作（第 113 页，见参考文献 [114]）中所阐述的。

258 如约翰逊（A.Johnson）在 2004 发表的论文（相应论文集的第 219 页，见参考文献 [176]）和格林伯格在 2001 年出版的著作（第 15 页，见参考文献 [110]）中所阐述的。

259 如韦斯特福尔在 2008 年发表的论文（见参考文献 [370]）中所阐述的。

值,展示它们的科学产出率及其对经济增长的贡献[260]。在对美国国家实验室及其研发项目数次评审中的一次，硅谷企业家戴维·帕卡德（David Packard）[261]领导了一个评审小组，据报道，当他说出那句著名（臭名昭著）的“保护（国家）实验室不是一项使命”话时[262],“全美所有（国家）实验室主任的心都凉了”[263]。正如对美国国家实验室体系及其西德同行的全生命周期分析结果所示，帕卡德的这句话是相当不真实的：从政府角度看，保护这些（国家）实验室似乎的确是科学政策的更高目标[264]。

四、巨型科学、“超导超级对撞机”装置项目和“大”物理学的衰落

至少在20世纪90年代初期，粒子物理学继续发展，几乎不受图2-1所示美国联邦政府研发支出增长-下降循环和科学政策学说转变的影响，作者在上节结束部分引述了部分作者对此次转变的理论论述。但是，随着加速器系统规模不断增大，社会研发体系的其他部分对粒子物理学可能“垄断日益有限的资源”、伤害其他领域,尤其是物理学其他领域的发展前景的担忧与日俱增[265]。20世纪70年代美国和西欧国家对SLAC国家加速器实验室（见图2-12）、费米国家加速器实验室、德国“电子同步加速器”机构和西欧核子研究合作组织的巨额投入，似乎在某种程度上挤占了其他领域的研发投入[266]，并在其他方面导致政府的精力集中在粒子物理学领域，从而迫使一些美国国家实验室和它们的西欧同行们重新调整方向，对其他项目进行投入（见第四章）。

---

260 如约翰逊在 2004 年发表的论文（相应论文集的第 219 页至第 221 页，见参考文献 [176]）、本书作者和海因茨在 2012 年发表的论文（相应杂志的第 454 页，见参考文献 [131]））中所阐述。

261 译者注：戴维·帕卡德（1912 ～ 1996），美国电气工程师和著名企业家。他在 1934 年获得斯坦福大学学士学位，随后进入通用电气公司工作，1938 年回到斯坦福大学，获得电气工程硕士学位，1939 年与威廉·休斯特（William Hewlett）共同创立惠普公司。他在 1947 年至 1964 年期间担任惠普公司总裁，1964 年至 1968 年期间担任首席执行官，1964 年至 1968 年和 1972 年至 1993 年期间担任董事会主席。引自：https://www.britannica.com/biography/David-Packard，访问时间：2022 年 2 月 27 日。

262 如霍尔在 1997 年出版的著作（第 401 页，见参考文献 [161]）、本书作者和海因茨在 2016 年发表的论文（见参考文献 [134]）中所阐述的。

263 如韦斯特福尔在 2008 年发表的论文（相应杂志的第 571 页，见参考文献 [371]）中所阐述的。

264 见本书作者和海因茨 2012 年（见参考文献 [131]）和 2016 年发表的论文（见参考文献 [134]）。

265 如凯夫勒（D.J.Kevles）在 1995 年首版、1977 年再版的著作（第 422 页，见参考文献 [185]）中所阐述的。

266 如霍尔在 1997 年出版的著作（第 328 页，见参考文献 [161]）、维德马尔姆（S.Widmalm）在 1993 年发表的论文（见参考文献 [378]）和里特尔（G.Ritter）在 1992 年出版的著作（见参考文献 [306]）中所阐述的。

图 2-12 美国 SLAC 国家加速器实验室园区鸟瞰图，2018 年 7 月

但是，如同其在20世纪50年代及以后那样，粒子物理学取得了深植其发展之中的不可逆转的进步，在某种意义上，这也预示了这个学科的最终衰老与死亡，因为粒子物理学的持续进步与加速器系统规模和成本的增加密不可分。1963年，美国能源委员会召集了一个评审小组，这个小组由哈佛大学物理学家、后来（1989年度）诺贝尔物理学奖获得者诺曼·拉姆齐（Norman Ramsey）[267]担任负责人，对美国粒子物理学的现状和未来需求进行评估，并在对美国联邦政府在粒子物理学领域投入增长作出一定限制的框架内提出了一些建议[268]。评审小组的主要建议是，粒子物理学以牺牲更高强度为代价去追求更高的能量范围，这将意味着更快发展更大的机器，换言之，更快发展更加昂贵的机器[269]。从长远来看，这种发展将必然引发美国联邦政府把精力集中到非常有限的几个国家实验室上。此外，如果没有20世纪60年代末至70年代初的预算紧张，美国联邦政府用于粒子物理学的资金必定会停止国家实验室体系内的重复工作，专注于一次只建造一台"旗舰"机器，并且鼓励这些实验室之间的合作[270]。这种合作的自然舞台很快就会形成：不仅加速器系统的规模不断扩大，而且用于记录粒子碰撞数据的探测器也将不断发展（见附录1），那些没有配备最先进机器的国家实验室能够把自己在粒子物理学领域的

---

267 译者注：诺曼·拉姆齐（1915～2011），美国物理学家，其因开发一种诱导原子从某个特定能级转移到另一个特定能级的技术而分享 1989 年度诺贝尔物理学奖。这项技术被称为"分离振荡场法"，在时间和频率的精确测量中得到了应用。他在 1940 年获得美国哥伦比亚大学博士学位，1954 年获得英国剑桥大学理学博士学位。20 世纪 40 年代，他在多所美国大学任教之后，自 1947 年起在哈佛大学任教，1966 年成为这所大学的教授，1986 年被聘为名誉教授。他在创建布鲁克海文国家实验室和费米国家加速器实验室中发挥了重要作用。引自：https://www.britannica.com/biography/Norman-Foster-Ramsey，访问时间：2022 年 2 月 28 日。

268 如格林伯格在 1967 年首版、1999 年再版的著作（第 243 页至 244 页，见参考文献 [109]）中所阐述的。

269 如霍尔在 1997 年出版的著作（第 217 页，见参考文献 [161]）中所阐述的。

270 如韦斯特威克在 2003 年出版的著作（第 285 页，见参考文献 [374]）中所阐述的。

工作集中到检测器的开发之中。这样，这些国家实验室可利用兄弟实验室以加速器为基础的粒子物理实验项目并为之作出贡献。

霍德森等[271]在对美国费米国家加速器实验室的历史分析中，把20世纪70年代粒子物理学的这种发展概念化为它向“巨型科学”转变，其特征是单个实验延续数年之久，数百名研究人员构成的团队参与其中。这个转变既由追求更高能量和更大型装置的内在科学推动力驱动，这超出了小型团队在资金和运行方面的能力，又受到研发支出增长同时变缓的影响。因此，“巨型科学”的出现是微观社会学、组织学和政治学在粒子物理学领域发展的结果[272]，但也有认识论相应发展的结果，最恰当的描述是韦斯科夫所提的“强化”的结果[273]（见第一章），也就是说，随着对亚原子及相互作用力的探索达到越来越深的层次，越来越远离其他自然科学领域对电子、原子、分子结构及相互作用的关注，粒子物理学的发现与其他自然科学领域之间的差异会不断扩大。

但是，“巨型科学”在必要的集中资源方面也有宏观层面的对应物，这首次使SLAC国家加速器实验室和费米国家加速器实验室成为仅有的两个国家粒子物理实验室（在一个时期里，布鲁克海文国家实验室扮演着补充的角色，见第四章），20世纪80年代前，“巨型科学”以唯一的国家级“巨型项目”形式朝着唯一的国家优先事项的方向发展。此外，“巨型科学”似乎也形成了一个官僚主义层面：原子能委员会的撤销把对大型研究基础设施建造与运行的监督和对国家实验室的管理转移到华盛顿的其他政治与行政领域，在这里，官僚主义占主导地位，决策遵循着预先确定的结构和程序规则。这与原子能委员会官员在国会山上游刃有余并可经常直接接触国会议员形成了鲜明对比。到了20世纪70年代末，大型科学基础设施项目已由层级更低的政府部门管理，与不断传播的削减成本和加强问责的要求结合在一起，这就导致了由爱德华·坦普尔（Edward Temple）领导的美国能源部管理办公室以审查程序、基准及项目管理计划形式制定了稳健而烦琐的标准。为了实现从思想到概念、再进一步到（项目）批准和最终建设，新的美国能源部项目都必须通过坦普尔评审,即对“项目计划的技术可行性进行仔细审查”[274]。坦普尔评审及其后续的雷曼评审（以坦普尔的继任者丹尼尔·雷曼（Daniel Lehman）命名）清晰地“标志着美国能源部在项目管理、监督和研究资金审查上达到了新的水平”[275]。

有很多证据支持这样的怀疑，即这些新的项目评审标准是最终扼杀迄今为止

---

271 如霍德森等在 2008 年出版的著作（见参考文献 [159]）中所阐述的。

272 如霍德森等在 2008 年出版的著作（第 281 页，见参考文献 [159]）中所阐述的。

273 如韦斯科夫在 1967 年发表的论文（见参考文献 [368]）中所阐述的。

274 如韦斯特福尔在 2008 年发表的论文（相应杂志的第 578 页，见参考文献 [371]）所阐述的。

275 如赖尔顿等在 2015 年出版的著作（第 48 页，见参考文献 [305]）中所阐述的。

人们所提出的最大科学基础设施项目，即“超导超级对撞机”装置项目。1982年，建造“超导超级对撞机”装置的想法朝现实迈出了第一步，这发生在美国物理学会粒子和场分会在科罗拉多州斯诺马斯组织的一次会议上。据称，这次会议是“美国四个加速器（国家）实验室的第一次相聚，也是这四个实验室与大学的粒子物理学研究群体第一次共同规划未来”[276]，从某种意义上说，这次会议是粒子物理学发展成为“巨型科学”在政策-管理方面的显示。“超导超级对撞机”装置最初只是一个“浪漫的愿景”[277]，但很快成为美国粒子物理学界对欧洲人在这个领域里日益增长的全球支配地位的自然反应：欧洲核子研究组织近期建成的“超级质子同步加速”装置（见图2-13）在1982年末至1983年初期间产出了开创性成果，使得项目经理卡洛·鲁比亚（Carlo Rubbia）[278]和首席加速器建造师西蒙·范德米尔（Simon van der Meer）[279]赢得了1984年度诺贝尔物理学奖[280]。“超导超级对撞机”装置本身是巨大的有着一个长度足以环绕纽约曼哈顿岛的椭圆形加速器[281]，最初（1984年）的造价估计为30亿美元。1983年，在一个评审小组以布鲁克海文国家实验室的“ISABELLE”装置[282]项目费用为基础（见第四章）给予认可之后，该装置作为项目启动，在技术设计和科学案例研究中聘请来自其他国家实验室及大学的物理学家和工程师参与[283]。1986年，一份观点鲜明的项目建议书被提出，为该项目同年得到美国总统的批准和1988年得到美国国会的批准铺平了道路[284]。1989年，该装置项目在得克萨斯州达拉斯郊外的瓦克沙哈契开工建造。在接下来的几年里，随着项目的进行，出现好几次反对这个项目的风波，其中包括：关于该装置的有用性及

---

276 如马尔伯格在 2014 年发表的论文（相应杂志的第 222 页，见参考文献 [230]）中所阐述的。

277 如霍德森和科尔布在 2000 年发表的论文（相应杂志的第 275 页，见参考文献 [157]）中所阐述的。

278 译者注：卡洛·鲁比亚（1934～），意大利物理学家，因发现 W 和 Z 粒子分享 1984 年度诺贝尔物理学奖。他在意大利比萨大学获得物理学硕士学位和博士学位，然后去美国哥伦比亚大学从事研究工作，后加入位于日内瓦的欧洲核子研究组织，曾任实验室主任。他的最主要研究工作是在欧洲核子研究组织完成的。他还曾任哈佛大学物理学教授。引自：https://famousbio.net/carlo-rubbia-11524.html，访问时间：2022 年 2 月 27 日。

279 译者注：西蒙·范德米尔（1925～2011），荷兰物理学工程师，因发现 W 和 Z 粒子分享 1984 年度诺贝尔物理学奖。W 粒子和 Z 粒子对验证 20 世纪 70 年代由史蒂文·温伯格（Steven Weinberg）、阿卜杜斯·萨拉姆（Abdus Salam）和谢尔顿·格拉肖（Sheldon Glashow）提出的统一弱电理论假设至关重要。他在 1952 年获得荷兰代尔夫特高等技术学校物理工程学位后，进入飞利浦公司工作；1956 年进入西欧核子研究合作组织（后为欧洲核子研究组织），并一直在此工作，直至 1990 年退休。引自：https://www.britannica.com/biography/Simon-van-der-Meer，访问时间：2022 年 2 月 20 日。

280 如克里格在 2001 年发表的论文（相应杂志的第 427 页至 428 页，见参考文献 [194]）中所阐述的。

281 如霍德森和科尔布在 2000 年发表的论文（相应杂志的第 275 页，见参考文献 [157]）中所阐述的。

282 “ISABELLE“装置由“交叉存储加速器”装置加上由正负电子对撞产生 B 介子的贝尔实验装置组成。

283 如霍德森和科尔布在 2000 年发表的论文（相应杂志的第 276 页，见参考文献 [157]）中所阐述的。

284 如格林伯格在 2001 年出版的著作中（第 405 页，见参考文献 [110]）所阐述的。

其挤占对其他更紧迫科学（项目）投入的风险的激烈辩论，认为该项目的费用“标签”持续上涨，美国政治领域和科研机构显然都不具有管理如此之大的项目能力等；同时，美国能源部为该项目设定的项目管理程序在支持和反对该装置的两个阵营中滋生了相互猜疑；该装置项目支持者的傲慢，加上粒子物理学与其他科学之间不断扩大的认知差距，都对该项目产生了不利影响；尤其是冷战的结束可能强烈地（或者间接地）使该计划的价值处于被质疑的境地[285]。粒子物理学毕竟已被允许扩张了40年，主要原因是它的起源与成功的曼哈顿计划和核军备的冷战逻辑联系在一起，但是，“随着冷战的结束（……），华盛顿不再认为昂贵的科学与美国人民有关”[286]。“超导超级对撞机”装置项目的拥护者似乎“误判了社会置于该装置科学产出上的价值”，虽然该项目成本“远远超出了公众所认为的收益”，但该项目仍应继续推进[287]。赖尔顿等[288]给出了这样的结论：对于非物理学家的人来说，“很难理解一台巨大的产生基本但深奥的亚原子粒子的束流对撞机器，除了花费巨额资金之外还能怎么对他们的生活产生影响，而这笔巨额资金可以更符合人们迫切需求的方式花费”。当该项目的建造费用飙升的时候，对该项目的政治支持就会减弱。1993年10月，美国国会最终终止了这个项目。

图 2-13　1976 年建成的西欧核子研究合作组织的“超级质子同步加速器”（Super Proton Synchrotron，SPS）装置照片

如果把1993年10月定为旧“大科学”时代结束、转型“大科学”时代开始的时间点，那就过于简单了。正如下文更详细的讨论那样，到20世纪80年代中期，中子散射和同步辐射已经成为许多国家科学体系的重要特征，而到2014年，粒子物理学仍然是获得7.965亿的美国联邦年度资助和至少9.43亿欧元的欧洲年度资金

285 如赖尔顿等在 2015 年出版的著作（见参考文献 [305]）中所阐述的。

286 如霍德森和科尔布在 2000 年发表的论文（相应杂志的第 309 页，见参考文献 [157]）中所阐述的。

287 如马尔伯格在 2014 年发表的论文（相应杂志的第 228 页，见参考文献 [230]）中所阐述的。

288 如赖尔顿等在 2015 年出版的著作（第 77 页，见参考文献 [305]）中所阐述的。

资助的科学领域[289]。但是,"超导超级对撞机"装置项目垮台的象征意义是重要的：这是粒子物理学第一次没有得到建造下一台大型装置的资助。虽然粒子物理学这个学科依然存在,但它已失去了以前的大部分荣耀地位。正如第一章简要指出的那样,冷战时期和后冷战时期应当用更微妙的分界线而不是1989年或1991年来区分：对于科学政策,对于"大科学"治理与组织,以及对于"大科学"在欧洲和美国的转型,冷战的结束通过改变某些基础框架条件,显然起了重要作用。但是,后冷战时期的科学政策和治理体系轮廓早在1989年之前就开始成形,这个体系更少受军费开支与军事联系的控制,更多面向基于创新的经济增长,应对重大挑战和实现可持续发展。如下文所述,至少可证明这一点的是中子散射和同步辐射作为实验技术的出现和发展,以及核反应堆和粒子加速器技术衍生物的出现和发展。"大科学"政治的历史演变是一个逐渐更新的连续过程,转变为一种更适合转型"大科学"的状态。

五、中子的"去军事化和实现商业化"

科学史学家托马斯·凯瑟菲尔德(Thomas Kaisefeld)[290]以"被解除武装和实现商业化"为题总结了中子散射研究的发展,并指出了中子在科学研究中使用的历史是由三个重要的且相互交织的过程构成的。第一个过程是核反应堆的使用扩展到"超出军事利益和核武器应用"的范围,以产生可被用于材料科学的中子束,形成具有商业潜力的应用。第二个过程是全球中子散射研究的重心在20世纪70年代至80年代期间从北美转移到欧洲。第三个过程是新的更先进技术的出现,以补充并最终取代了基于核反应堆的中子源,这就是散裂中子源。

中子是由英国物理学家詹姆斯·查德威克(James Chadwick)[291]在1932年检测到的原子的第三种基本组成单元,这项发现使他赢得了1935年度诺贝尔物理学奖。第二年,人们得到了一项关于中子的更具实际意义的发现,这就是中子能够被衍

289 原书脚注 2-3：美国数据来自"2014 财年拨款"(DOE BES 2013,见参考文献 [69])；欧洲数据来自"2014 年欧洲核子研究组织总支出"(欧洲核子研究组织 2014 年年报,见参考文献 [40])。

290 见凯瑟菲尔德 2016 年提交的论文(见参考文献 [181])。

291 译者注：詹姆斯·查德威克(1891 ～ 1974),英国物理学家。他在 1911 年获得英国曼切斯特大学获学士学位,1913 年获得硕士学位。此后,他决定去柏林在德国物理学家汉斯·盖格(Hans Geiger)领导下研究 β 辐射,但因第一次世界大战爆发而被德国政府拘禁了四年。战后,他返回英国,在牛津大学卡文迪什实验室继续开展研究,并于 1921 年在这里获得博士学位。1943 年至 1946 年,他是参与美国"曼哈顿计划"的英国代表团的负责人,并担任负责项目协调的美国 - 英国 - 加拿大联合政策委员会的技术顾问。他最重要的科学成果是 1932 年发现中子,并因此分享 1935 年度诺贝尔物理学奖。引自：https://www.atomicheritage.org/profile/james-chadwick,访问时间：2022 年 2 月 24 日。

射，因此在原理上可被用作研究材料的探针[292]。正是二战时期的研发工作为物理学家提供了第一次检验这个原理的真实机会：各种类型的核裂变反应堆在美国的若干地方建造，由核裂变产生的中子行为得到了周密的研究和记录[293]。首次中子衍射实验结果在二战结束后立即得到发表[294]，1947年，在位于伊利诺伊州的阿贡国家实验室作为美国最初五个国家实验室之一创建的时候，由恩里科·费米（Enrico Fermi）[295]和唐纳德·休斯（Donald Hughes）[296]领导的研究小组就使用这里的核反应堆开展了中子衍射实验，并很快能够向全球物理学家和化学家群体展示，由核反应堆产生的中子束可被成功地用于材料性能研究[297]。在位于田纳西州的橡树岭国家实验室，类似的研究工作在20世纪40年代末至50年代初已开展了，以确定原子核如何衍射与散射中子，检查中子散射的模式，绘制出包括合金和盐在内的几种材料的原子结构图，并解决诸如氢原子在普通冰中分布的难题[298]。

20世纪50年代初，对亚原子粒子的探索本身还没有发展成为“大科学”，这个时期，美国国家实验室除了开展对亚原子粒子的探索之外，将其大部分资源投入到核反应堆的开发和运行之中，用于核武器研制和核能的民用应用，这意味着大量的中子是意外产生的，并可被加以利用。培根[299]引用了中子衍射用于磁性研究的突破性成果[300]和沙尔等关于证明中子衍射具有可绘制60种元素和同位素的原

---

292 如培根（G.E.Bacon）在 1986 年发表的论文（相应论文集的第 1 页，见参考文献 [13]）中所阐述的。

293 如休利特和安德森在 1962 年出版的著作（第 27 页，见参考文献 [151]）中所阐述的。

294 如津恩（W.H.Zinn）在 1947 年发表的论文（见参考文献 [385]）中所阐述的。

295 译者注：恩里科·费米（1901 ～ 1954），意大利裔美国物理学家。他在 1922 年获得意大利比萨大学博士学位，1923 年前往德国哥廷根大学，在物理学家马克斯·玻恩（Max Born）指导下开展研究，1924 年去荷兰莱顿研究所工作，1926 年任意大利罗马大学物理学教授，1929 年当选为意大利皇家科学院院士。20 世纪 30 年代初，他在量子统计学研究中提出了“费米子”概念，并因在热中子轰击方面的重要成果而获得 1938 年度诺贝尔物理学奖。二战期间，他来到了美国。他在 1942 年领导研究团队在芝加哥大学建立了人类历史上第一台可控核反应堆，即“芝加哥一号堆”（Chicago Pile-1），1944 年在汉福特负责“B”核反应堆的直接操作。在生命的最后时期，他主要开展高能物理学研究，揭示了宇宙线中原粒子的加速机制，研究了 π 介子、μ 子和核子的相互作用，并提出了关于宇宙射线起源的理论。引自：https://www.britannica.com/biography/Enrico-Fermi，访问时间：2022 年 2 月 24 日。

296 译者注：唐纳德·休斯（1915 ～ 1960），美国物理学家。二战爆发前，他在美国海军军械实验室工作。他以 1945 年 6 月著名的“弗兰克报告”签署者之一而闻名，这份报告敦促美国总统不要将原子弹作为武器使用。二战结束后，他去了布鲁克海文国家实验室，成立了一个物理学家小组，研究当代核科学领域的主要问题。引自：https://military-history.fandom.com/wiki/Donald_J._Hughes，访问时间：2022 年 2 月 24 日。

297 如穆勒（M.H.Mueller）和林戈（G.R.Ringo）在 1986 年发表的论文（相应论文集的第 31 页，见参考文献 [260]）中所阐述的。

298 如沙尔（C.G.Shull）在 1995 年发表的论文（见参考文献 [326]）中所阐述的。

299 如培根在 1986 年发表的论文（相应论文集的第 4 页，见参考文献 [13]）中所阐述的。

300 见沙尔和斯马特（J.S.Smart）1949 年发表的论文（见参考文献 [327]）。

子结构能力的两篇开创性论文[301]，把1950年前后描绘为硕果累累的岁月。数十年后，克利福德·沙尔（Clifford Shull）[302]因“对用于凝聚态物质研究的中子散射技术发展所作出的开创性贡献”与伯特伦·布罗克豪斯（Bertram Brockhouse）[303]分享了1994年度诺贝尔物理学奖[304]。培根写道[305]，沙尔及其同事在20世纪40年代末和50年代初发表的论文“极大地扩展了人们对中子的兴趣范围”，结果是，20世纪50年代核反应堆的辅助使用[306]遍及美国、欧洲、印度、澳大利亚及远东国家。1955年，使用产生于核反应堆中子的实验研究在许多地方开展，其中包括英国的哈威尔和剑桥、挪威的奥斯陆、荷兰的代尔夫特、瑞典的斯德哥尔摩、丹麦的瑞索、法国的丰特奈-奥克斯-罗塞斯和萨克雷、西德的于利希、卡尔斯鲁厄和加尔兴（慕尼黑城外）、意大利的伊斯普拉、苏联的奥布宁斯克、莫斯科[3]和杜布纳、波兰华沙郊外的斯威克，当然，美国的阿贡国家实验室、布鲁克海文国家实验室和橡树岭国家实验室也开展了这方面研究[307]。

对核反应堆分类的一种简明追溯方法是对核反应堆划“代”，分类和划代两者都是通过观察核反应堆建造的目的和设计上的差异作出的。第一代核反应堆被确定为二战期间在美国建造的核反应堆；第二代核反应堆被确定为20世纪50年代初为专门研究、裂变材料生产或电力生产建造的核反应堆。为研究核辐射效应建造的核反应堆被证明对中子散射实验研究特别有用，因为这类核反应堆是按照实现尽可能高的中子通量（单位面积的中子流量）设计的，从20世纪50年代末到60年代初，核反应堆发展方面的进步使得中子通量比战时建造的核反应堆高出两个数量级[308]。和平利用原子能计划和苏联人造地球卫星危机以不同方式使得全球核反应堆的数量增加，因此，尽管中子散射仍然只是核反应堆的辅助活动，但不存在中子的短缺。

---

301 指沙尔、斯特劳斯（W.A.Strauser）和沃拉尔（E.O.Wollall）1951年发表的论文（见参考文献[328]）和沙尔、沃拉尔和克勒 W.CKoehler1951 年发表的论文（见参考文献 [329]）。

302 译者注：克利福德·沙尔（1915～2001），美国物理学家，因其在中子散射技术发展中的工作分享了1994年诺贝尔物理学奖。他在1937年获得卡内基理工学院理学学士学位，1941年获得纽约大学物理学博士学位，1946年至1955年在橡树岭国家实验室开展中子散射研究，1955年起担任麻省理工学院教授，直至1986年退休。引自：https://www.britannica.com/biography/Clifford-Shull/，访问时间：2022年2月27日。

303 译者注：伯特伦·布罗克豪斯（1918～2003），加拿大物理学家。他于1947年毕业于英属哥伦比亚大学，1950年获得加拿大多伦多大学物理系博士学位，1950年至1962年在加拿大原子能公司乔克里弗实验室工作，1962年成为麦克马斯特大学教授，直至1984年退休。他因“为中子散射技术和中子光谱学发展作出的开创性贡献”分享1994年度诺贝尔物理学奖。引自：https://physics.mcmaster.ca/research/bertram-n-brockhouse.html，访问时间：2022年2月22日。

304 如伯格伦和本书作者在2012年出版的著作（相应论文集的第23页，见参考文献[17]）中所阐述的。

305 如培根在1986年发表的论文（相应论文集的第4页，见参考文献[13]）中所阐述的。

306 译者注：指中子的应用。

307 见培根在1986年编辑出版的论文集（第52页至第119页，见参考文献[12]）。

308 如培根在1986年发表的论文（相应论文集的第5页，见参考文献[13]）中所阐述的。

1957年，美国的阿贡国家实验室、布鲁克海文国家实验室和橡树岭国家实验室都提交了建造新核反应堆的提案，这个时候，美国原子能委员会起初对投资（建造核反应堆）犹豫不决，但苏联人造地球卫星危机戏剧性地改变了这个局面，1958年3月，美国国会的研发预算修正案（这份修正案的效果也许可用以上图2-2中最陡的增长曲线表示）给原子能委员会资助其中的两个核反应堆即布鲁克海文国家实验室和橡树岭国家实验室的核反应堆[309]的建造提供了机会。这两台核反应堆的建造主要是由希望实现更高中子通量推动的，这可使用于材料分析的中子散射性能有显著提高。除了原子能委员会在国家实验室资助的装置之外，美国商务部资助了国家标准局用于中子散射研究的“中子束裂芯核反应堆”装置（见图2-14）的设计和建造，同时，许多更小的研究型核反应堆也在美国和欧洲的大学中建造[310]。20世纪60年代举行的几次国际会议显示了中子散射技术和应用能力的扩散，证明中子散射已经达到了“国际性科学学科的一个成熟分支”的地步，其用户主要集中在固体物理学与固体化学领域，但具有朝着“跨越学科门槛进入生物学”发展的清晰进程[311]。中子通量只会增大，20世纪60年代末至70年代初建造的新核反应堆中子通量是二战时建造的第一代核反应堆的1000倍[312]。这个时候，欧洲和美国的中子散射用户总数只是在数百人的水平[313]。

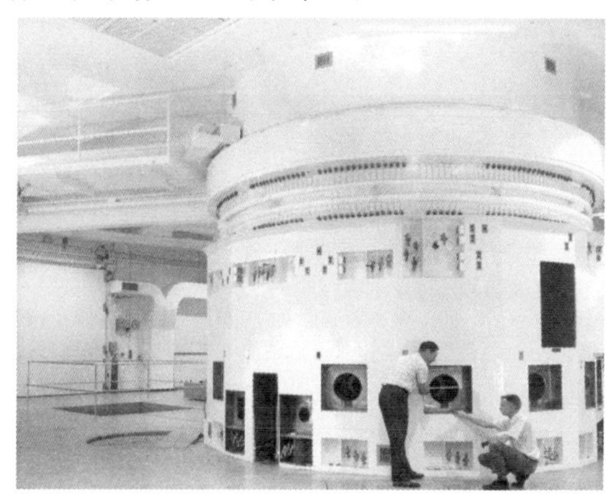

图 2-14　20 世纪 60 年代末位于美国国家标准局的“中子束裂芯核反应堆”（Neutron Beam Split-Core Reaction，NBSR) 装置未安装仪器的反应堆底板照片

309 如帕塞尔（L.Passell）在 1986 年发表的论文（相应论文集的第 121 页至第 122 页，见参考文献 [282]）中所阐述的。

310 如拉什（J.J.Rush）在 2015 年发表的论文（相应杂志的第 137 页，见参考文献 [309]）中所阐述的。

311 如培根在 1986 年发表的论文（相应论文集的第 5 页，见参考文献 [13]）中所阐述的。

312 如培根在 1986 年发表的论文（相应论文集的第 6 页至第 9 页，见参考文献 [13]）中所阐述的。

313 引自美国能源部 1993 年发表的报告（第 32 页，见参考文献 [66]）。

在二战结束后形成的中子散射研究和发展方面，美国最初领先于欧洲，这可由20世纪50年代初期至中期核反应堆的容量加以证明，但是，和平利用原子能计划让小国接触到核裂变材料和专有技术，帮助欧洲赶上了美国，当然，始于50年代初期的大多数西欧国家经济繁荣发展的情况也是如此。位于德国于利希和加尔兴、法国萨克雷和英国哈维尔的核反应堆尤为引人注目，20世纪60年代中期，允许学术型用户访问国家原子能计划的核反应堆的项目在一些欧洲国家中启动[314]。20世纪60年代，新成立的经济合作与发展组织（简称为“经合组织”）开始调研大型研发设施的替代方案，其中一些研发设施的重点是应用为导向的研究，这类研究可作为西欧国家的科学合作项目给予资助和进行组织。法-德“中子轴心”开始形成，并实施了由德国慕尼黑的海因茨·迈尔-莱布尼茨（Heinz Maier-Leibnitz）[315]和法国格勒诺布尔的路易斯·尼尔（Louis Néel）[316]分别领导的互补性很强的研发项目，莱布尼茨领导的研究项目侧重于中子检测仪器，尼尔领导的研发项目侧重于中子散射技术在固体物理学中的应用以及核反应堆技术的研发[317]。另一个法-德轴心在20世纪50年代末至60年代初形成，它是通过德国总理康拉德·阿登纳（Konrad Adenauer）[318]和法国总统查尔斯·戴高乐（Charles De Gaulle）[319]之间的会谈建立起来的，在会谈中，两国领导人都表达了这样的信念：一个安全、和平、繁荣的欧洲取决于法德两国之间的紧密合作。这个联盟在法国和德意志联邦共和国之间形成了合作氛围，并产生了合作项目的具体计划，用于中子散射的高中

314 如培根在 1986 年发表的论文（相应论文集的第 6 页，见参考文献 [13]）中所阐述的。

315 译者注：海因茨·迈尔 - 莱布尼茨（1911 ～ 2000），德国物理学、教育家和西德时期核计划顾问，对核谱学及测量技术、生物化学与医学用示踪剂、中子光学等作出了重大贡献。他在德国斯图加特大学和哥廷根大学学习物理学，1935 年获得哥廷根大学物理学博士学位，1942 年在凯撒·威廉物理研究所从事核医学研究，战后在美国短暂工作后，1952 年成为慕尼黑工业大学教授和技术物理实验室主任，1956 年负责建造西德由美国和平利用原子能计划提供支持的第一个核反应堆。1967 年，他在法 - 德合作项目上取得成功，成为位于法国格勒诺布尔的劳厄·朗之万研究所的第一任所长。他在 1974 年至 1979 年担任德国研究联合会主席。引自：https://www.liquisearch.com/heinz_maier-leibnitz，访问时间：2022 年 2 月 28 日。

316 译者注：路易斯·尼尔（1904 ～ 2000），法国物理学家，因在固体磁性能研究上的开创性工作获得 1970 年诺贝尔物理学奖。他在 1932 年获得法国斯特拉斯堡大学博士学位，1937 年成为这所大学物理学教授。二战期间，他移居格勒诺布尔，1945 年起担任格勒诺布尔大学教授，直至 1976 年退休。数十年里，他致力于把格勒诺布尔转变成为一个国际研究中心。他于 1956 年在格勒诺布尔大学创立了数个实验室及核研究中心，1971 年前一直担任该中心的主任。引自：https://physicstoday.scitation.org/do/10.1063/PT.6.6.20171122a/full/，访问时间：2022 年 2 月 28 日。

317 如佩斯特在 1997 年发表的论文（相应论文集的第 138 页，见参考文献 [286]）中所阐述的。

318 译者注：康拉德·阿登纳，生于 1876 年，卒于 1967 年，德国政治家，1949 年、1953 年、1957 年和 1961 年四度出任德意志联邦共和国总理，直至 1966 年卸任。

319 译者注：查尔斯·戴高乐，生于 1890 年，卒于 1970 年，法国政治家，第二次世界大战期间创建并领导自由法国政府（法兰西民族委员会）抗击德国侵略；1958 年创建法兰西第五共和国，1958 年和 1965 年两度当选为法国总统，1969 年辞职。

子通量核反应堆很快成为其中比较重要的项目之一[320]。

起初，与用于中子散射的高通量核反应堆合作设计工作相平行，英国、法国、德国三国联合起草了一项联合组织计划。这个时候英国对欧洲政治一体化和合作的矛盾心态[321]可能导致了其在这个问题上的犹豫不决，英国最初决定建造自己的核反应堆，因此在1967年1月19日关于在法国格勒诺布尔建设劳厄·朗之万研究所（见图2-15）协议签署的时候，英国没有成为创始成员国。1971年，劳厄·朗之万研究所的核反应堆开始运行，一年后，中子束流实验开始进行。1973年，英国政府主要出于财政原因决定放弃建造自己核反应堆的想法，转而加入劳厄·朗之万研究所，并于1974年7月19日成为这个合作项目的第三方平等伙伴[322]。

图 2-15　位于法国格勒诺布尔的劳厄·朗之万研究所夜景照片，图右上方所示圆环状建筑物是“欧洲同步辐射装置”

劳厄·朗之万研究所的核反应堆是世界上首台专门建造的中子散射装置，并展示了一项对用户与装置接口非常重要的创新，这就是中子束通过管道“导向器”从核反应堆被传输到毗邻的实验大厅（见图2-16）[323]。这样，劳厄·朗之万研究所的核反应堆在设计阶段已拥有了全球竞争优势，但其后续成功据称归因于它的组织（模式）。这个核反应堆基本上是按为外部用户提供服务的装置运行的，它不仅成为欧洲伙伴国家科学界的资源，而且也成为欧洲其他国家科

320 如佩斯特在 1997 年发表的论文（相应论文集的第 141 页，见参考文献 [286]）和阿特金森（H.Atkinson）在 1997 年发表的论文（相应论文集的第 145 页，见参考文献 [11]）中所阐述的。

321 如夏普（M.Sharp）和希尔曼（C.Shearman）在 1987 年出版的著作（第 79 页，见参考文献 [320]）中所阐述的。

322 如斯特林（G.C.Stirling）在 1986 年发表的论文（相应论文集的第 254 页，见参考文献 [340]）和阿特金森在 1997 年发表的论文（相应论文集的第 146 页，见参考文献 [11]）中所阐述的。

323 如培根在 1986 年发表的论文（相应论文集的第 6 页，见参考文献 [13]）和拉什在 2015 年发表的论文（相应杂志的第 139 页，见参考文献 [309]）中所阐述的。

学界的资源，这使劳厄·朗之万研究成为中子散射领域前沿科学和技术发展的中心[324]。这个核反应堆是为外部用户提供服务建造的，成为维持和培育整个西欧地区大型中子散射用户群体的关键资产，从长远看，这对劳厄·朗之万研究和用户群体来说都是有益的。美国没有类似的装置，在这里，中子散射装置是核反应堆的辅助设备，主要为国家实验室内部聘用的科学家提供服务。20世纪70年代后期，美国布鲁克海文国家实验室的“高通量束流反应堆”装置（见图2-17）是劳厄·朗之万研究所核反应的直接竞争者，布鲁克海文国家实验室主任乔治·维尼亚德（George Vineyard）在对两个装置进行比较的时候表现出明显的羡慕，并敦促美国能源部应效仿欧洲的做法，在“高通量束流反应堆”装置上推出“大力增加外部用户参与的计划”[325]。在劳厄·朗之万研究所的核反应堆运行的第一个十年里，对于中子研究领域的大部分人来说，它几乎成了“中子散射”的代名词[326]，这个装置尤其在纳米结构、大分子流体和其他几种工业界特别感兴趣的材料方面取得了科学成就[327]。劳厄·朗之万研究所及其容纳大量用户的能力，并得到在德国于利希核反应堆和法国萨克雷核反应堆上实施的相当成功的中子散射研究项目补充，在20世纪70年代世界中子散射研究重心从美国转移到欧洲过程中发挥了重要的作用。美国能源部委托的中子研究特别小组在1993年提交的一份报告中指出，“在过去的二十年里，美国在最新中子源和测量仪器的可用性方面已经令人担忧地落后于欧洲科学共同体”[328]。

图 2-16　劳厄·朗之万研究所中子源核反应堆大厅照片，该装置同时运行着 50 多个实验站

324 如迈尔－莱布尼茨在 1986 年发表的论文（相应论文集的第 137 页至第 139 页，见参考文献 [228]）中所阐述的。

325 如克雷斯在 2001 年发表的论文（相应杂志的第 45 页，见参考文献 [52]）中所阐述的。

326 如培根在 1986 年发表的论文（相应论文集的第 7 页，见参考文献 [13]）中所阐述的。

327 如拉什在 2015 年发表的论文（相应杂志的 140 页，见参考文献 [309]）中所阐述的。

328 引自美国能源部在 1993 年发表的报告（第 1 页，见参考文献 [66]）。

图 2-17 美国布鲁克海文国家实验室的“高通量束流反应堆”（High Flux Beam Reactor，HFBR）装置照片，在这个装置 31 年的运行期间，它作为中子可靠来源取得了令人瞩目的科学成就

20世纪60年代和70年代，核反应堆中子束通量的提高，中子散射专用核反应堆的出现，是与测量仪器、样品处理、数据采集/分析技术的巨大进步平行实现的，这些进步“彻底改变了进行中子实验的实际方式”，并将许多实验的时间框架从数小时甚至数天缩短至数分钟[329]，但是，在核反应堆能够产生中子束方面仍存在着基本的限制：与20世纪70年代欧洲和美国中子散射未来规划中另一项似乎可能的技术相比，此时核反应堆产生的中子束是连续的，通量相对也很低[330]。早在20世纪50年代，关于不是通过核反应而是通过使用强质子束从重元素（中子富集的元素）中撞击出中子来获得裂变材料的探索工作已在北美地区开展；这项技术后来被称为“散裂中子技术”，并自70年代末起开始得到利用，其最明显的收获是中子以峰值通量极高的脉冲形式出现在实验站。散裂中子技术与核反应堆产生中子方法相比有着自己的优缺点：它产生比核反应堆少得多的废能（热能），并且不受核反应堆安全法规的约束，这是有利方面；不利的方面是它的运行可靠性，在这方面，散裂中子源可能在实验中因故障而导致中子束通量下降，而核反应堆连续运行而使得中子束不会中断[331,332]。在美国阿贡国家实验室，20世纪60年代末和70年代发生的事件释放出物质资源和人力资源，使其转而能够通过重新组合旧装置的部件来建造一个散裂中子源（亦见第四章）装置[333]，1981年，这个被称为“强脉冲中子源”的装置（见图2-18）在阿贡实验室开始运行。欧洲的第一个散裂中子源装

329 如培根在 1986 年发表论文（相应论文集的第 7 页至第 9 页，见参考文献 [13]）中所阐述的。
330 如凯瑟菲尔德在 2013 年发表的论文（相应论文集的第 29 页，见参考文献 [180]）中所阐述的。
331 如兰德（G.H.Lander）在 1986 年发表的论文（见参考文献 [203]）中所阐述的。
332 原书脚注 2-4：对中子散射和中子散射装置的科学技术综合性描述见附录 1。
333 如韦斯特福尔在 2010 年发表的论文（见参考文献 [372]）中所阐述的。

置即"ISIS"（不是首字母缩略词）装置建造于英国，并在1985年作为全球最强大的中子源投入运行（见图2-19）[334]。

图 2-18 美国阿贡国家实验室的"强脉冲中子源"（Intense Pulsed Neutron Source）装置实验区照片。在该装置中，中子是由 500MeV 质子轰击铀靶产生的，然后中子被引导到实验区

图 2-19 英国的散裂中子源"ISIS"装置园区的鸟瞰图

334 如斯特林在 1986 年发表的论文（见参考文献 [340]）所阐述的。

建造"ISIS"装置的主要动机是缓解劳厄·朗之万研究所核反应堆实验机时的超额申请（供给与需求的不匹配），这对于英国中子散射研究群体来说尤成问题[335]。欧洲国家也有类似的共识，因为中子的可获得性逐渐下降，这反映了用户群体的增长和对常规核反应堆寿命的限制[336]，导致了确认20世纪80年代在欧洲的中子供给与需求之间存在不断扩大的短缺（"中子鸿沟"）[337]。1986年，由欧盟委员会召集的一个小组负责研究了未来欧洲中子源的替代方案，这个小组在其1990年提出的报告中建议对散裂中子源进行详细的设计研究。在与"ISIS"装置同处一地的英国卢瑟福·阿普尔顿实验室和德国的于利希研究中心的倡议下，欧洲在1991年至1992年期间举行了大量研讨会和工作会议，从而在"欧洲散裂中子源"合作委员会成立之前推进和发展"欧洲散裂中子源"概念[338]。

在关于20世纪70年代及以后美国中子散射相对下降的现有解释中，人们会偶尔提及美国国家实验室之间的竞争，也有人声称美国能源部及其基础能源科学部门在70年代和80年代期间一直优先考虑同步辐射而非中子散射的发展[339]。在美国橡树岭国家实验室，一个新的大型中子（散射）装置项目早在20世纪80年代就已作了规划，但直到90年代末才获得建造资金的批准（见下文），这个装置最终成为美国"散裂中子源"装置[340]（见图2-20）。历史学家罗伯特·克雷斯（Robert Crease）[341]把20世纪80年代美国的状态称为"中子危机"，70年代末至80年代初的多项研究和咨询小组都提出了投资建议，但这些建议大部分被忽视了，因此，"虽然美国对中子散射研究作出了第一位的重大贡献，但美国已远远落后于其他的工业化国家"，美国在中子散射领域的研发投入分别低于西德、法国和英国[342]。在这里，值得注意的正是欧洲而非美国在20世纪90年代增强了中子散射研究的力度，以实现最先进的散裂中子源预期的性能跨越。1994年5月欧洲的中子（散射）用户通过欧洲中子散射学会为"欧洲散裂中子源"装置项目进行设计和游说，这个协会同年成立，是欧洲"国家（大科学装置）用户协会"的下属组织，1997年"欧洲散裂中子源"装置项目的首份综合性提案得以形成。凯瑟菲尔德[343]指出这份提案强调了中子散射的商业应用，认为这

335 如斯特林在1986年发表的论文（相应论文集的第254页，见参考文献[340]）所阐述的。
336 如布里克斯（G.A.Briggs）在1986年发表的论文（相应论文集的第145页，见参考文献[33]）中所阐述的。
337 如凯瑟菲尔德在2013年发表的论文（相应论文集的第31页，见参考文献[180]）中所阐述的。
338 如凯瑟菲尔德在2013年发表的论文（相应论文集的第29页，见参考文献[180]）中所阐述的。
339 如拉什在2015年发表的论文（相应杂志的第141页至142页，见参考文献[309]）中所阐述的。
340 如拉什在2015年发表的论文（相应杂志的第144页至147页，见参考文献[309]）中所阐述的。
341 如克雷斯在2001年发表的论文（相应杂志的第51页，见参考文献[52]）中所阐述的。
342 如克雷斯在2001年发表的论文（相应杂志的第51页，见参考文献[52]）所阐述的。
343 如凯瑟菲尔德在2016年提交的论文（见参考文献[181]）中所阐述的。

可“作为对实施该项目的主要支撑”。相反，美国似乎一直致力于为同步辐射技术和自由电子激光技术做准备（见下节），并以忽视中子散射技术发展作为代价。

图 2-20 至 2005 年，美国橡树岭国家实验室的“散裂中子源”（Spallation Neutron Source，SNS）装置产生中子的靶区建筑内部的安装工程接近完成

经合组织的“巨型科学论坛”是其成员国对相关问题进行讨论的平台[344]，在20世纪90年代中期召集了一个关于中子源的工作组；1998年，这个工作组向其委托人提出，欧洲、美国和日本应分别建造一个散裂中子源装置，以确保“需要中子的绝大部分科学家能够使用性能优异的装置”[345]。1999年5月，经合组织部长级会议认可了这个提案，因此，虽然美国和欧洲有着这类装置相关的强大的科学基础，也有着一旦这类装置投入运行就准备使用它们的高质量用户群体，但必须指出的是这个提案是一项全球范围内建造散裂中子源装置的自上而下倡议。美国能源部已将“散裂中子源”装置项目纳入了轨道，1996年为该项目的研发工作和概念设计提供资金，确定“首选地点是橡树岭国家实验室”[346]，但是，经合组织部长级会议1999年作出的认可尽管只是一个自上而下倡议的宣示，但可能对美国国会1999年底最终决定为建造“散裂中子源”装置项目提供资金产生了影响。该项目估计成本近20亿美元，这使得它成为“后超级对撞机时代”最昂贵的新建装置项目[347]。然而，有人声称，尽管美国在橡树岭国家实验室建造

344 原书脚注 2-5：这个论坛被冠以“Megascience Forum”，有着与霍德森等（见参考文献 [159]）和本书其他章节使用“Megascience”术语不同的理由，并且相互是完全独立的。

345 如凯瑟菲尔德在 2013 年发表的论文（相关论文集的第 34 页，见参考文献 [311]）中所阐述的。

346 见美国能源部在 1993 年发表的报告（第 1 页，见参考文献 [66]）。

347 如拉什在 2015 年发表的论文（相应杂志的第 149 页，见参考文献 [309]）中所阐述的。

最先进的脉冲中子源方面付出了巨大努力，但美国在国际中子散射研究领域中的地位仍在下降。布鲁克海文国家实验室和阿贡国家实验室曾是“美国中子科学的中流砥柱”，但两者除了还有一些小型用户群体之外已不再是这个领域的积极参与者。考虑到“散裂中子源”装置规模和费用，它在未来一段时间里很可能仍然是美国能源部资助的唯一主要中子源装置[348]。有一些证据表明，在所有“特里弗尔皮斯规划”启动的项目中（见本章的后半部分），考虑到橡树岭国家实验室相对缺乏加速器专业知识，将“散裂中子源”装置项目建在这个实验室是最不完美的匹配，“特里弗尔皮斯规划”通过在美国国家实验室中分配重要装置项目来使它们生存下去（见本章后文）。在这样的情况下，保护国家实验室也许胜过了科学上的考虑。

欧洲似乎仍处在持续和加强其在中子散射研究领域的领先地位的轨道上，虽然许多障碍依然存在。2014年夏天，13个欧洲国家共同宣布它们同意为在瑞典南部隆德建造的“欧洲散裂中子源”装置项目（见图2-21）提供资金，同年晚些时候，该项目破土动工[349]。2015年，相关欧洲国家正式签署了关于该装置资金与组织的具有法律约束力文件，该装置预期2019年产生中子束，估计总建造费用“不超过2013年1月价格的18.43亿欧元”[350]，大约相当于20亿美元。

图 2-21　2020 年 10 月瑞典隆德的“欧洲散裂中子源”装置建设工地鸟瞰图

显然，中子散射装置的组织领域没有像同步辐射装置那样以明显的线性（或指数）形式扩展（见下文），在此背后可能存在着两者基本的技术和科学差异。首先，

348 如拉什在 2015 年发表的论文（相应杂志的第 151 页，见参考文献 [309]）中所阐述的。

349 见本书作者 2015 年发表的论文（相应杂志的第 417 页，见参考文献 [130]）。

350 见欧盟 2015 年公布的执行决定（见参考文献 [86]）。

核反应堆和散裂中子源在历史上都非常昂贵，并且由于受安全法规、核不扩散条约和围绕某些装置的军事保密的限制，比起用于同步辐射研究的加速器来，核反应堆不易以“寄生”模式访问（见下文）[351]。其次，同步辐射研究在本质上是使用X射线及其他辐射进行光谱学、晶体学和成像学研究的延续，也是最近发展的一步，这类研究始于布拉格父子[352]和弗里德里希等[353]的工作；一旦同步辐射装置可用，这类研究就可转移到这些性能得到大幅提高的装置上来。中子散射实验也有相似的历史，但早期就需要大型设备尤其是核反应堆。但两者也有相似之处：由于实验工作的常规化，装置对没有使用大型设备经验用户的门槛持续降低，有助于扩大用户基础，使之超出范围更小的“爱好者”群体，扩展到物理学、化学、生命科学等领域更广泛的研究群体。供给和需求的相互促进似乎刻画了这两种技术在科学领域扩散的特征[354]。在中子散射案例里，具有应用或战略研发及直接工业利益的联盟可能更为重要，能够推动这项实验技术朝着“被解除武装”，然后实现“商品化”的方向演进。格雷伯格[355]在审查瑞典政府提议在瑞典南部的隆德主持“欧洲散裂中子源”装置项目的能力时，得出的结论是：围绕这个装置项目的言辞和实施这个装置项目的主要论据都广泛面向与各种实际和商业应用紧密关联的众多领域（亦见第六章）。

六、同步辐射“从深奥的事情到主流的活动”

同步辐射技术的实验应用与粒子物理学科有着历史/因果的联系，如同中子散射的实验应用与核能研究有着联系那样：同步辐射最初是粒子物理加速器的一个无用的产物，而且是这类加速器的建造者试图将其最小化的东西，因为它阻碍了这类加速器的性能。一个被加速的基本粒子在弯曲轨道中运动时（例如在环形加速器中运动的一个电子）将不可避免地以沿轨道切线方向发出高亮度辐射的形式

---

351 如本书作者在 2015 年发表的论文（见参考文献 [129]）中所阐述的。

352 如布拉格父子在1913年发表的论文（见参考文献[30]）中所阐述的。译者注：威廉·亨利·布拉格（William Henry Bragg），父，英国物理学家，威廉·劳伦斯·布拉格（William Lawrence Bragg），子，英国物理学家，两人因使用 X 射线衍射技术研究结晶态物质结构上取得的开创性科学成果而分享了 1915 年度诺贝尔物理学奖。引自：https://www.geni.com/people/William-Bragg-Nobel-Prize-in-Physics-1915/，访问时间：2022 年 2 月 22 日。

353 如弗里德里希等在 1913 年发表的论文（见参考文献 [91]）中所阐述的。

354 见本书作者与海因茨 2015 年发表的论文（见参考文献 [133]）和凯瑟菲尔德 2016 年提交的论文（见参考文献 [181]）。

355 如格雷伯格在 2012 年发表的论文（相应论文集的 116 页，见参考文献 [107]）中所阐述的。

丢失能量。这个现象自詹姆斯·克拉克·麦克斯韦（James Clerk Maxwell）[356]的工作以来就在理论上为人们所知晓，麦克斯韦把这个现象描述为著名的1861年/1862年方程组的一部分[357]。对于渴望提高粒子束团能量水平以实现粒子碰撞的粒子物理家来说，同步辐射是一个烦人的问题，也是作为加速器技术发展的一部分进行仔细记录和分析的事情。1947年，在位于纽约州斯克内克塔迪的美国通用电气公司研究实验室中运行的一台小型同步加速器上，同步辐射首次被观察到，“一位实验者在观察与轨道相切并朝着接近电子方向的真空管时看到了一小片明亮的白光”（见图2-22）[358]。正是由于首次观察的辐射是从当时及以后数年内最先进的同步加速器中产生的，这种辐射就有了“同步辐射”的名称，尽管现在严格地说这个名称是错误的，因为采用这项技术的实验工作都使用了储存环产生的辐射，储存环是20世纪60年代出现的另一种加速器设计，它在20世纪70年代初至中期的开发也意味着使用同步辐射的研究工作首次取得了重要突破（见下文）。“同步辐射”这个名称一直沿用至今，也形成了当代研究者既用它来表示同步辐射实验室又以它来表示用于同步辐射研究的加速器系统的习惯，这个习惯当然更加不准确，但如今已司空见惯。

图 2-22　1947 年在美国通用电气公司研究实验室运行的 70MeV 同步辐射装置照片，从图可清晰看见由其产生的“一小片明亮的白光”

356 译者注：詹姆斯·克拉克·麦克斯韦（1831～1879），苏格兰科学家，因创立电磁辐射理论而闻名于世，被认为是 19 世纪最具影响力的科学家之一，其对现代物理学的贡献与艾萨克·牛顿（Isaac Newton）和阿尔伯特·爱因斯坦（Albert Einstein）并列。他在 1847 年进入英国爱丁堡大学学习，1850 年进入剑桥大学学习，1856 年成为马里沙尔学院自然哲学教授，1860 年成为伦敦国王学院自然哲学教授，1861 年当选为英国皇家学会会员，1865 年辞去教授职位回到家乡。引自：https://www.britannica.com/biography/James-Clerk-Maxwell，访问时间：2022 年 2 月 28 日。

357 如布莱维特（J.P.Blewett）在 1998 年发表的论文（相应杂志的第 135 页，见参考文献 [22]）中所阐述的。

358 如欧德（F.R.Elder）等在 1947 年发表的论文（见参考文献 [76]）中所阐述的。

在1947年辐射被肉眼观测到后，人们进一步研究了它的特性，并进一步证实此前仅为理论预测的这种辐射可用作光谱学与结晶学测量及实验的工具[359]。研究表明，20世纪50年代运行的电子加速器产生的同步辐射是由红外辐射、可见光、紫外辐射和强度前所未有的X射线组成的连续光谱。因此，到了20世纪60年代初，同步辐射的质量和特性已广为人知，光学和真空领域的技术进步使得一些利用同步辐射进行固态物理学领域材料研究的初步试验成为可能。位于汉堡的"德国电子同步加速器"机构的同步辐射项目始于1964年，这个项目得到了由该机构研究主任彼得·斯泰林（Peter Stähelin）获得的德国科学理事会补助金的帮助，在完成首次同步辐射实验仅仅数个月后，这个装置就被正式确认为德意志联邦共和国粒子物理学领域的新的"旗舰机器"（见图2-23），这仅在首次同步辐射实验的数个月之后[360]。20世纪60年代，"德国电子同步加速器"机构的这些探索性研究与其他几项类似工作结合在一起，在利用同步辐射研究物质光谱上开辟了新天地，其中最突出的是意大利弗拉斯卡蒂同步加速器装置（见图2-24）的工作和位于美国华盛顿特区的国家标准局的工作[361]。几个技术挑战阻碍了利用辐射取得重大科学成就：首先，粒子物理学家通常拥有和运行加速器装置，只有在他们慷慨的情况下他人才可使用这些装置。此外，如果他人被准许使用装置，为优化同步辐射的产生而对加速器进行的校准通常与粒子物理学家的兴趣不相符合，同时，同步加速器产生的粒子束寿命也很有限，这使得辐射只在极短的闪光中出现。只是有了储存环概念的出现，同步辐射的科学前景才得到了改善，储存环可使电子束团循环数个小时，因此能够（在理论上）发出连续的辐射。此外，同步加速器不能在科学家受欢迎的X射线范围内产生辐射（它们只能产生紫外辐射），但出现了很好的转机，20世纪60年代末至70年代初在"德国电子同步加速器"机构和美国斯坦福直线加速器中心建造的储存环有可能提供X射线辐射[362,363]。

---

359 如威尼克（H.Winick）和比恩斯托克（A. Bienenstock）在1978年发表的论文（相应杂志的第39页至第41页，见参考文献[380]）中所阐述的。

360 如海因茨等在2015年发表的论文（相应杂志的第461页至第462页，见参考文献[142]）中所阐述的。

361 如蒙罗（I.Munro）在1996年发表的论文（相应论文集的第132页，见参考文献[265]），见本书作者和海因茨2015年发表的论文（相应杂志的第844页，见参考文献[133]）。

362 见本书作者2015年发表的论文（相应杂志的第228页，见参考文献[129]）和海因茨等2015年发表的论文（相应杂志的第455页，见参考文献[142]）。

363 原书脚注2-6：关于同步辐射科学技术的综合性描述见附录1。

图 2-23 1964 年调试之前的“德国电子同步加速器”机构的同步加速器装置照片

图 2-24 1958 年意大利弗拉斯卡蒂原子中心的磁铁同步辐射装置照片

同步辐射从一个小规模的实验室“珍品”发展成为在自然科学、技术科学及医学中得到广泛使用的实验工具并在文化研究中有所应用，已被分析和概念化为通过组织和科学体系内部的组织变化与制度变化相结合而发生的事情，也是学科群体中科学发展和技术发展复杂相互作用的结果[364]。在“同步辐射实验室”这一新的组织领域出现和形成的初期，绝大部分装置项目是在此前已有的研究组织内部

364 见本书作者和海因茨 2015 年发表的论文（见参考文献 [133]）。

启动的，直至后来有几个装置项目在这个组织结构之外启动，“同步辐射实验室”组织领域的形成才获得了动力，并且超越其最初的边缘地位向外扩展。这个组织领域的真正扩展只是在技术和组织方面的最佳实践实现整合才发生的，在扩展的后期，各同步辐射实验室之间的直接模仿也是显而易见的。若干个不同的变化过程，包括体系层面的变化和单一组织层面的变化，都推动了这个组织领域的全面扩展。

在同步辐射从“深奥的事情到主流的活动”（关于这句引语的起源见下文）的发展中，第一项真正的技术突破是储存环加速器设计的出现。储存环技术的发展是美国斯坦福大学在20世纪60年代开创的，相关研究工作是由伯顿·里希特（Burton Richter）[365]、杰拉德·奥尼尔（Gerard O’Neill）和W.C.巴伯（W. C. Barber）开展的，他们是有勇气从科学思想走到为粒子物理实验设计和建造储存环的第一批人[366]，他们的科学思想被斯坦福大学山坡上新创建的“斯坦福直线加速器中心”所采纳，并转变为该实验室的下一个项目[367]。1972年，“斯坦福正负电子加速器环”装置（见图2-25）在斯坦福直线加速器中心建成并投入运行，提供了延伸到X射线波段的宽光谱同步辐射。在美国科学基金会的资助下，一群斯坦福大学的教授做好了使用同步辐射开展科学实验的准备（见第四章）[368]。1974年，位于汉堡的“德国电子同步加速器”机构“双储存环”装置（见图2-26）建成并投入运行，这个装置与美国的“斯坦福正负电子加速器环”装置非常相似，为这个机构的同步辐射项目提供了新的机会，这些机会很快就被研究者所利用。在美国斯坦福直线加速器中心和“德国电子同步加速器”机构，在X射线光谱学、结晶学和显微观察方面的开创性工作由此展开，显示了储存环产生X射线的能力，证明了同步辐射作为多个自然科学学科的一项实验技术的可行性。20世纪70年代，“德国电子同步加速器”机构和美国斯坦福直线加速器中心的同步辐射研究活动逐渐并相对迅速地扩大，其中部分是通过两者与外部用户群体及研究机构创立的联盟实现的，外部用户群体及研究机构把

---

365 译者注：伯顿·里希特（1931～2018），美国物理学家，因发现被命名为 J/ψ 粒子的新的亚原子粒子与丁肇中分享了 1976 年度诺贝尔物理学奖。他在 1956 年获得麻省理工学院博士学位，同年成为斯坦福大学研究助理，1967 年成为全职教授。他与戴维·里森（David Ritson）合作，在美国原子能委员会的资助下，于 1973 年完成了“斯坦福正负电子不对称环”（Stanford Positron-Electron Asymmetric Ring）装置的建造，并在这个装置上发现了 J/ψ 粒子。引自：https://www.britannica.com/biography/Burton-Richter，访问时间：2022 年 2 月 22 日。

366 如帕诺夫斯基在 2007 年出版的著作（第 56 页，见参考文献 [280]）中所阐述的。

367 见本书作者 2015 年发表的论文（相应杂志的第 227 页，见参考文献 [129]）。

368 见本书作者 2015 年发表的论文（相应杂志的第 234 页至第 235 页，见参考文献 [129]）。

专业能力带入了两者，并取得了一些相当重要的结果[369]。在同一个十年里，布鲁克海文国家实验室（见第四章）、位于纽约州的康奈尔大学、英国的达斯伯里实验室、瑞典的隆德大学、德国的西柏林大学和威斯康星大学都起草了建造同步辐射装置的计划[370]。在其中的一些地方，同步辐射的倡导者接管了被粒子物理学家在这个学科向“巨型科学”转型中遗弃的机器；在另一些地方，同步辐射研究活动仍然是寄生的[371]，这个时候，粒子物理学依然是大部分科学“剧目”中的“明星”。布鲁克海文国家实验室是一个真正的多学科国家实验室，在粒子物理学研究计划中占有重要地位，它在20世纪70年代中期启动了一个（建设）非寄生的专用同步辐射装置计划。专门研究布鲁克海文国家实验室的历史学家罗伯特·克雷斯[372]把这个过程描绘为该实验室的“一次艰苦甚至令人痛苦的经历”：“国家同步加速器光源”装置（见图2-27）项目不得不与当时正在计划和建造的粒子物理研究用“ISABELLE”装置项目竞争，因此处于资金不足和内部优先级不高的境地。

图2-25 1972年建成并投入运行的斯坦福大学斯坦福直线加速器中心的“斯坦福正负电子加速器环”（Stanford Positron Electron Accelerator Ring，SPEAR）装置鸟瞰图，该装置使用了储存环技术

369 见本书作者2015年发表的论文（相应杂志的第238页至240页，见参考文献[129]）和海因茨等人2015年发表的论文（相应杂志的第478页，见参考文献[142]）。

370 见本书作者和海因茨2015年发表的论文（相应杂志的第843页，见参考文献[133]）。

371 见本书作者2015年发表的论文（见参考文献[227]）。

372 如克雷斯在2008年发表的论文（相应杂志的第439页，见参考文献[55]）中所阐述的。

图 2-26 1974 年建成并投入运行的“德国电子同步加速器”机构“双储存环”装置隧道内部照片

图 2-27 美国布鲁克海文国家实验室的“国家同步加速器光源”（The National Synchrotron Light Source，NSLS）装置隧道内部照片

同步辐射的第二个真正的技术突破是20世纪70年代后期所谓的“插入件”发明，插入件使得储存环里的电子上下左右振荡，从而以比在加速器弯曲部分里更有效、更易管理的方式产生辐射（见附录1）。自20世纪80年代中期以来，插入件是产生同步辐射的首选技术，并且自90年代起，所有建造的同步辐射装置都是以优化插入件使用为目标进行设计的[373]。但是，尽管存在这方面的进展，欧洲和美国的几乎所有同步辐射项目在20世纪80年代之前都是寄生型的，研究小组经常要在不妨碍（或过多妨碍）装置所有者工作的情况下努力从装置中得到辐射，并且

373 见本书作者和海因茨 2015 年发表的论文（相应杂志的第 844 页，见参考文献 [133]）。

利用他们可有限使用的基础设施，在他们认为理论上是可能的层面上产生科学成果[374]。这个时候,同步辐射在很大程度上仍然被视为一种深奥的现象及一个边缘的实验工具，但它在自然科学研究中的潜力已被人们所认识，随着20世纪80年代开始，欧洲和美国都努力建造新的专门同步辐射装置。

各种类型的同步辐射装置可被整齐划分为第一代、第二代和第三代，其中第一代指20世纪60年代至70年代的寄生项目（如“德国电子同步加速器”机构和美国的斯坦福直线加速器中心的粒子物理实验装置）；第二代指早期没有使用插入件的专用同步辐射装置[如美国布鲁克海文国家实验室的“国家同步加速器光源”装置、英国达斯伯里实验室的“同步辐射源”装置（见图2-28）、瑞典隆德大学的早期“MAX-lab”装置等]；第三代指20世纪90年代初为充分使用插入件设计的专用同步辐射装置[375]。至数个第三代同步辐射装置自20世纪90年代初开始运行的时候，欧洲和美国的同步辐射实验室组织领域的真正扩展实现了[376]，在这些同步辐射装置中，最突出的是位于法国格勒诺布尔的“欧洲同步辐射装置”（见图2-29）和美国阿贡国家实验室的“先进光子源”同步辐射装置（见图2-30，见下文和第四章）。这个时候，一些美国国家实验室的“任务危机”似乎为某些同步辐射装置项目计划提供了特别好的“温床”[377]，同时，在西欧核子研究组织20世纪70年代末垄断了西欧国家粒子物理学预算之后，这些国家的“国家加速器建造项目”被取消（见下文），而科学界重新焕发的合作精神使得跨政府合作计划蓬勃发展[378]。插入件方面的技术进步和建造超大型储存环（如“欧洲同步辐射装置”和美国“先进光子源”装置）创造了新的机遇，导致多个学科取得突破，并扩大了装置的用户基础。在这些大型装置中，同步辐射在生命科学领域中的扩展尤为重要，它针对波长更短的辐射（所谓“硬”X射线[379]）进行优化，尤其适用于生物大分子的结构测定，这是同步辐射在20世纪90年蓬勃发展的一项应用（见附录1）。“欧洲同步辐射装置”和美国“先进光子源”装置是按每年接纳数千名用户建造的，通过优化的实验和数据采集，实现了对生命科学领域用户来说尤为重要的主流操作和仪器的高可靠

374 见本书作者2015年发表的论文（见参考文献[129]）和海因茨等2015年发表的论文（见参考文献[142]）。
375 见本书作者和海因茨2015年发表的论文（相应杂志的第845页，见参考文献[133]）。
376 见本书作者和海因茨2015年发表的论文（相应杂志的第845页，见参考文献[133]）。
377 如韦斯特福尔在2008年发表的论文（见参考文献[370]和参考文献[371]）中所阐述的。
378 见本书作者2011年发表的论文（见参考文献[120]）和2014年发表的论文（见参考文献[126]）。
379 原书脚注2-7：“硬”X射线具有比“软”X射线更短的波长和更强的穿透能力，因此两者有了这样口语化名称，但在20世纪80年代至90年代初，“硬”X射线的产生需要特别的技术，尤其是非常大的储存环。到了90年代末，若干技术的发展导致在没有超大型储存环情况下也能产生“硬”X射线的创新（见下文）。有关这些技术及其所支持的科学的更多信息见附录1。

性。几项诺贝尔化学奖都授予了极度依赖于同步辐射工作的重要科学发现[380,381]自

380 本文脚注 2-8：包括 1997 年度诺贝尔化学奖获得者约翰·沃克（John Walker），2003 年度诺贝尔化学奖获得者罗德里克·麦金农(Roderick MacKinnon),2006年度诺贝尔化学奖获得者罗杰·科恩伯格(Roger Kornberg），2009 年度诺贝尔化学奖获得者艾达·约纳斯（Ada Yonath）、托马斯·斯坦茨（Thomas Steitz）和文卡特拉曼·拉马克里希南（Venkatraman Ramakrishnan），2012 年度诺贝尔化学奖获得者罗伯特·莱夫科维茨（Robert Lefkowitz）和布莱恩·科比尔卡（Brian Kobilka）。

381 （1）译者注：约翰·沃克（1941～），英国化学家，因阐明三磷酸腺苷合成酶三维结构、支持了保罗·博伊尔关于这种酶功能的“结合变化机制”而获得诺贝尔化学奖。他在 1964 年获得牛津大学圣凯瑟琳学院化学学士学位，1969 年在牛津大学威廉·邓恩病理学院获博士学位，1969 年至 1971 年在美国威斯康星大学做博士后，1971 年至 1974 年在法国国家科学研究中心和巴斯德研究所任研究员，自 1974 年起在英国剑桥大学分子生物学实验室开展研究工作。引自：https://www.britannica.com/biography/John-Walker，访问时间：2022 年 2 月 19 日。（2）罗德里克·麦金农（1956～），美国生物化学家和化学家，因关于生物体内离子通道结构和运行机制研究分享诺贝尔化学奖。他在 1979 年获得美国布兰迪斯大学生物化学学士学位，1982 年获得塔夫茨大学医学院医学博士学位，1986 年去布兰迪斯大学做博士后，1989 年成为哈佛大学助理教授，1996 年成为洛克菲勒大学分子神经生物学和生物物理学实验室教授和主任。引自：https://prabook.com/web/roderick.mackinnon/1925218，访问时间：2022 年 2 月 26 日。（3）罗杰·科恩伯格（1947～），美国化学家，因关于真核转录的分子基础的研究获得诺贝尔化学奖。他在 1967 年获得哈佛大学化学学士学位，1972 年获得斯坦福大学化学博士学位，1976 年至 1978 年在哈佛大学医学院任教，1978 年成为教授。引自：https://www.britannica.com/biography/Roger-D-Kornberg，访问时间：2022 年 2 月 25 日。（4）艾达·约纳斯（1939～），以色列女生物学家，因核糖体的开创性工作获得诺贝尔化学奖。她在 1968 年获得以色列魏兹曼科学院博士学位；1969 年在卡内基－梅隆大学做博士后；1970 年在美国麻省理工学院做博士后；1970 年末回到以色列魏兹曼科学院并建立了以色列生物结晶学实验室，现为以色列魏兹曼科学院 S. 马丁和 H. 金梅尔生物分子结构和组装研究中心主任。引自：https://www.biophysics.org/profiles/ada-yonath，访问时间：2022 年 2 月 19 日。（5）托马斯·斯坦茨（1940～2018），美国生物物理学家和生物化学家，因对被称为“核糖体”的细胞颗粒原子结构和功能研究分享诺贝尔化学奖。他在 1962 年获得劳伦斯学院化学学士学位，1966 年获得哈佛大学分子生物学和生物化学博士学位，此后在哈佛大学进行了一年的博士后研究，随后进入英国剑桥大学医学研究理事会分子生物学实验室工作，1970 年成为耶鲁大学化学教授，1986 年成为霍华德·休斯医学研究所研究员。他在 2000 年与他人共同创立了专门从事新型抗生素开发的“Rib-X”制药公司。引自：https://www.britannica.com/biography/Thomas-Steitz，访问时间：2022 年 2 月 26 日。（6）文卡特拉曼·拉马克里希南（1952～），印度裔美国生物物理学和生物化学家，因对被称为“核糖体”的细胞颗粒原子结构和功能的研究分享诺贝尔化学奖。他在 1971 年获得印度古吉拉特邦巴罗达大学物理学学士学位，1976 年获得美国俄亥俄大学物理系博士学位，1976 年至 1978 年在加利福尼亚大学学习生物学研究生课程，1978 年至 1982 年在耶鲁大学做博士后，1983 年至 1995 年成为布鲁克海文国家实验室生物物理学家，1999 年起在英国剑桥大学医学研究理事会分子生物学实验室任职。引用：https://www.britannica.com/biography/Venkatraman-Ramakrishnan，访问时间：2022 年 2 月 26 日。（7）罗伯特·莱夫科维茨（1943～），美国医生和生物化学家，因发现 G 蛋白偶联受体工作机制获得诺贝尔化学奖。他在 1966 年获得哥伦比亚大学医学博士学位，1966 年至 1967 年担任哥伦比亚大学医学院实习医生，1967 年至 1968 年担任哥伦比亚大学医学院住院医生，现为杜克大学医学院教授，也是霍华德·休斯医学研究所研究员。引自：https://medicine.duke.edu/faculty/robert-j-lefkowitz-md，访问时间：2022 年 2 月 25 日。（8）布莱恩·科比尔卡（1955～），美国生理学家，因发现 G 蛋白偶联受体工作机制获得诺贝尔化学奖。他在明尼苏达大学获得生物学和化学学士，在耶鲁大学医学院获得医学博士学位。他于 1989 年进入斯坦福大学，1987 年至 2003 年还是霍华德·休斯医学研究所研究员，现为斯坦福大学医学院教授以及一家专注 G 蛋白偶联受体研发的生物技术公司的共同创始人。引自：https://profilesinfo.com/brian-kobilka-wiki-networth-age/，访问时间：2022 年 2 月 25 日。

20世纪90年代起，全球同步辐射装置的用户数量成倍增加。“欧洲同步辐射装置”的用户数据既可用又可靠，每年（个体）用户数在短短五年里就增加了5倍，从1995年的略多于1000人增至2000年的超过5000人，此后在4000人至6000人的范围内振荡[382]。对于小型同步辐射装置，如美国劳伦斯-伯克利国家实验室的“先进光源”同步辐射装置（见图2-31）、意大利的“的里雅斯特电子同步加速器”装置（见图2-32）和瑞典隆德的“MAX-lab”同步辐射装置的扩展（见图2-33），波长稍长的辐射被成功开发为这些装置的特征应用领域[383]。

图 2-28　位于英国达斯伯里实验室（Daresbury Lab）的“同步辐射源”（Synchrotron Radiation Source，SRS）装置实验大厅照片

图 2-29　位于法国格勒诺布尔的“欧洲同步辐射装置”（European Synchrotron Radiation Facility，ESRF）园区夜景照片，图中左下方所示圆柱形建筑物为劳厄・朗之万研究所用于产生中子束流的核反应堆

382 见本书作者 2013 年发表的论文（相应杂志的第 505 页，见参考文献 [124]）。

383 见本书作者 2011 年发表的论文（相应杂志的第 199 页，见参考文献 [124]）和本书作者与海因茨 2015 年发表的论文（相应杂志的第 845 页，见参考文献 [133]）。

图 2-30 美国阿贡国家实验室的“先进光子源”（Advanced Photon Source，APS）同步辐射装置建筑物鸟瞰图

图 2-31 美国劳伦斯-伯克利国家实验室的“先进光源”（Advanced Light Source，ALS）同步辐射装置实验大厅照片

图 2-32 意大利的“的里雅斯特电子同步加速器”（Elettra Sincrotrone Trieste）装置建筑物鸟瞰图

图 2-33　瑞典隆德的“MAX IV-Lab”同步辐射装置建筑物鸟瞰图

自20世纪70年代以来，同步辐射装置的几乎所有部分都以连续方式实现技术进步。最重要的是，一种新型的第三代同步辐射光源装置设计在20世纪90年代中期出现了，这类装置通常被称为“中能光源”，它把“欧洲同步加速器装置”和美国“先进光子源”装置等超大型同步辐射装置的能力与美国“先进光源”装置和意大利“的里雅斯特电子同步加速器”装置等小型同步辐射装置的能力结合起来，并能够产生从硬X射线到红外波段全光谱高质量辐射，没有必要建造周长为数百米的储存环，从而显著降低了建造装置的总体成本。自21世纪初以来，许多此类装置在欧洲和美国投入运行，其中，美国布鲁克海文国家实验室的“国家同步加速器光源II”装置、SLAC国家加速器实验室的“斯坦福正负电子加速器环”装置的升级、在英国达斯伯里实验室中取代“同步辐射源”装置的“钻石”（没有缩写）装置（见图2-34）、瑞典隆德大学的“MAX IV”装置是突出的例子[384]。这些中能辐射源装置建成并投入使用，不仅标志着同步辐射装置在技术方面的整合，而且证明了在加速器与仪器运行、用户支持与用户访问（包括对实验提案的同行评议）、数据管理、现有实验室资源的持续更新与扩展等方面的最佳实践达到了某种饱和状态。但是，尽管在这些方面存在着整合和饱和，但同步辐射实验室的组织领域显然仍处在扩张之中。自20世纪80年代以来，新的同步辐射实验室稳步建设，但几乎没有哪个旧的同步辐射实验室被关闭，据统计，截至2015年，欧洲和美国至少有20台同步辐射装置在运行（见附录2）。在1997年对美国联邦政府资助的同步辐射实验室的一次评审中，这个领域在过去二三十年的发展是这样被概括的：

384　见本书作者和海因茨在2015年发表的论文（相应杂志的第843页，见参考文献[133]）。

图 2-34 在英国达斯伯里实验室中取代“同步辐射源”装置的“钻石”（Diamond）装置建筑物鸟瞰图

这项研究（指这次评审）最直接和最重要的结论是，在过去的20多年里，美国的同步辐射研究已经从由少数主要来自固体物理学和表面科学领域的科学家所从事的深奥事情演变为在材料科学和化学、生命科学、分子环境科学、地球科学、新兴技术及其他领域国防相关研究中提供基础信息的主流活动[385]。

当前同步辐射实验室组织领域的后期扩张阶段包含了未来的一些重要趋势。首先，近年来，作为这个组织领域内部发展的一部分，以及这个领域组织和政治变化的一部分，又有几个用于粒子物理学的大型加速器被废弃，其中一些装置（最著名的是“德国电子同步加速器”机构的“质子-电子串列环形加速器”装置（见图2-35）已被改造成新型同步辐射装置，可产生品质接近理论极限的辐射。其次，在几个最先进的中能同步辐射装置投入运行之后，两个超大型同步辐射装置即美国的“先进光子源”装置和“欧洲同步辐射装置”启动了雄心勃勃的升级计划，以保持它们的竞争力。再次，一种新型辐射源即自由电子激光的应用已经出现，这种辐射源有时被称为“第四代”同步辐射源，但不是真正的同步辐射源，相反，这种辐射源通过使用直线加速器和插入件，对同步辐射源的某些极致的性能参数作出了相当彻底的改进，从而产生X射线波段的激光，用于极端高性能的实验（见附录1）[386]。

---

385 如比尔根（B.Birgeneu）和沈（Z.X.Shen）在 1997 年为美国能源部起草的报告（见参考文献 [21]）中所阐述的。

386 见本书作者和海因茨 2015 年发表的论文（相应杂志的第 846 页，见参考文献 [133]）。

图 2-35 “德国电子同步加速器”机构的“质子－电子串列环形加速器”（Positron-Electron Tandem Ring Accelerator，PETRA）装置隧道内部照片

同时，虽然由于储存环技术被广泛应用并具有稳定性，目前储存环设计的整合使其“在未来的许多年里仍可能是同步辐射研究的主力军”[387],但这项技术的发展似乎慢慢接近了自己的极限。因此，自由电子激光将不会取代基于储存环技术的同步辐射光源，相反将提供在普通同步辐射装置上无法获得的专门实验机会。自由电子激光是在20世纪70年代末作为一个技术概念出现的[388]，但一直停留在理论层面上，直至90年代中期这项技术成熟并变得切实可行。21世纪初，首批自由电子激光用户装置被规划和建造，其中德国的“汉堡自由电子激光”装置（见图2-36）在2005年向用户开放，随后是美国SLAC国家加速器实验室“直线加速器相干光源”装置在2009年向用户开放（见图2-37，见第四章），以及位于意大利的里雅斯特的埃莱特拉“用于多学科研究的自由电子激光辐射”装置（见图2-38）在2010年投入运行。位于德国汉堡的“欧洲X射线自由电子激光”装置（见图2-39）是欧洲目前正在建造的两个大型“大科学”合作装置之一，另一个装置是“欧洲散裂中子源”。

387 如巴列塔（W.A.Barletta）和威尼克在2003年发表的论文（相应杂志的第8页，见参考文献[14]）中所阐述的。
388 如威尼克和比恩斯托克在1978年发表的论文（相应杂志的第57页，见参考文献[380]）、佩莱格里尼（C.Pellegrini）在1980年发表的论文（相应论文集的第717页，见参考文献[283]）中所阐述的。

图 2-36 “德国电子同步加速器”机构的“汉堡自由电子激光”（Free Electron Laser in Hamburg，FLASH）装置波荡器隧道内部照片，2011 年

图 2-37 美国 SLAC 国家加速器实验室“直线加速器相干光源”（Linac Coherent Light Source，LCLS）装置隧道内部照片，2011 年

图 2-38 意大利的里雅斯特的“用于多学科研究的自由电子激光辐射”（Free Electron Laser Radiation for Multidisciplinary Investigations，FERMI）装置波荡器隧道内部照片，2011 年

图 2-39 德国汉堡的“欧洲 X 射线自由电子激光”（The European X-ray Free Electron Laser，XFEL）装置直线加速器隧道内部照片，2011 年

七、“大科学”的政治学

20世纪70年代和80年代，随着粒子物理学转型为“巨型科学”，一些美国国家实验室经历了深刻的任务危机，没有新的大型加速器装置在两个单一任务的粒子物理学实验室（即SLAC国家加速器实验室和费米国家加速器实验室）之外建造。欧洲也出现了类似情况，但由于欧洲的“科学”和“大科学”的双重政治，这种情况的发生有着（与美国）略微不同的逻辑，当时，西欧核子研究合作组织（和“德国电子同步加速器”机构）垄断欧洲各国对粒子物理学研究的资助，许多欧洲小国不得不关闭其国内的实验装置，并把资金转移到这两个热点机构（见下文）[389]。在美国，阿贡国家实验室、劳伦斯-伯克利国家实验室、布鲁克海文国家实验室和橡树岭国家实验室通过重组物资、资金和人力资源，为新的目标重构实验室组织等努力，设法在20世纪70年代生存下来。然而，正如第四章将作更详细讨论的那样，随着20世纪80年代的到来、“超导超级对撞机”装置项目上升到美国国家实验室体系的下一件大事，这四个国家实验室都处于严重的任务危机状态。

阿尔文·特里弗尔皮斯（Alvin Trivelpiece）是美国马里兰大学物理学教授，1981年至1987年期间任美国能源部能源研究办公室主任，1989年至2000年期间任橡树岭国家实验室主任，通常被认为是一项规划的策划者，这项规划使美国能源部与阿贡国家实验室、劳伦斯-伯克利国家实验室、布鲁克海文国家实验室和橡

389 如马丁和欧文在 1984 年发表的论文（相应杂志的第 188 页，见参考文献 [184]）、赫尔曼在 1986 年出版的著作（第 132 页，见参考文献 [145]）中所阐述的。

树岭国家实验室的“四个主任团伙”之间在1984年至1985年期间达成了拯救这些实验室的高层政治协议。特里弗尔皮斯在2005年出版的《美国物理学会物理学史通信》发表了一篇简要的回忆文章，他写道自己“非常痛苦地”认识到，“如果我们保持在现有轨道上走下去，我们最终将拥有一批实验室和装置，在这些实验室里，一切都是安全的，一切都被清理干净，没有人在做任何有用的事情”[390]。这份规划，无论是“四个主任团伙”之间密谋策划的结果，或者确实是特里弗尔皮斯自己的总体规划，都符合“美国能源部平衡国家实验室能力的文化”[391]，尽管有人声称制定这份规划的真正原因是确保“超导超级对撞机”装置项目的未来（从长周期看，这个装置项目没有取得成功），但这份规划产生了一个长期（发展）模式、一个美国能源部新的装置项目如何实现的“蓝图”[392]。在1993年“超导超级对撞机”装置项目被取消的时候，“特里弗尔皮斯规划”的四分之三装置项目已经启动，其中包括布鲁克海文国家实验室的“相对论重离子对撞机”装置项目（见图2-40）、劳伦斯-伯克利国家实验室的“先进光源”装置项目和阿贡国家实验室的“先进光子源”装置项目，后两者是先进的同步辐射装置项目，具有互补的性能目标和合适的科学定位（见第四章）。“特里弗尔皮斯规划”的第四个项目是拟在橡树岭国家实验室建造的基于核反应堆中子源装置项目，这个项目被推迟了，随着时间推移，它被“散裂中子源”装置项目所取代，“散裂中子源”装置最终在几个实验室的大力帮助下建成（见下文）[393]。

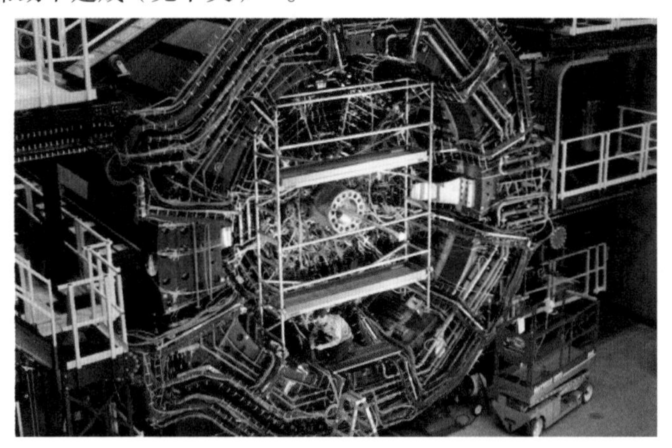

图2-40 美国布鲁克海文国家实验室的“相对论重离子对撞机”（Relativistic Heavy Ion Collider, RHIC）装置对撞部件照片

390 如特里弗尔皮斯在2005年发表的论文（相应杂志的第14页，见参考文献[351]）中所阐述的。
391 如拉什在2015年发表的论文（相应杂志的第145页，见参考文献[309]）中所阐述的。
392 如韦斯特福尔在2008年发表的论文（相应杂志的第606页至第607页，见参考文献[371]）中所阐述的。
393 如韦斯特福尔在2010年发表的论文（相应杂志的第392页至第393页，见参考文献[372]）中所阐述的。

图2-41给出了根据美国能源部1984年至2014年三十年期间向美国国会提交的预算申请中关于基础能源科学部门资金投入的数据绘制的图表，这个部门负责美国国家实验室体系内的中子散射装置、同步辐射装置和自由电子激光装置（的建造与运行）。该图给出的不是资金投入申请数据，而是实际支出数据，并经过图形化编辑，以通过在时间系列中的标识装置及其投入成本来显示“特里弗尔皮斯规划”的长期结果。这里出现了几种模式。“散裂中子源”装置项目是相关时间段内（美国能源部的）最大项目（除“超导超级对撞机”装置项目之外，但该项目不是基础能源科学部门的项目），直至“先进光源”装置项目和“先进光子源”装置项目完成之后才启动，而SLAC国家加速器实验室的“直线加速器相干光源”装置项目直至2004年至2005年对“散裂中子源”装置项目的拨款减少才开始建造。与此同时，在投资量大的“散裂中子源”装置项目和“直线加速器相干光源”装置项目之间似乎有一个机会窗口，几个小项目在这个机会窗口里启动，其中包括阿贡国家实验室的“纳米尺度材料中心”项目、橡树岭国家实验室的“纳米相材料科学中心”项目、劳伦斯-伯克利国家实验室的“分子工厂”项目和布鲁克海文国家实验室的“功能纳米材料中心”项目。

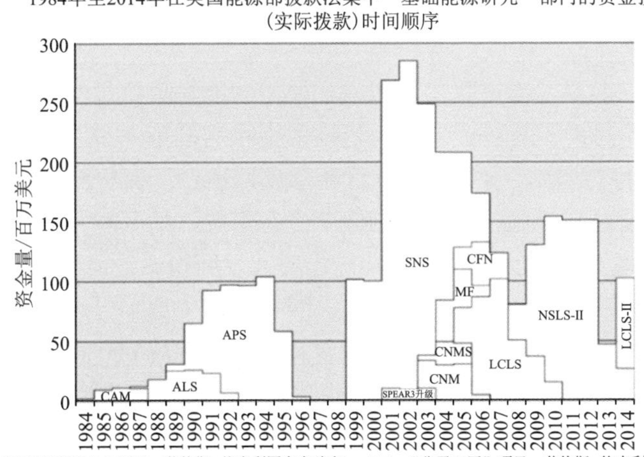

- CAM：“先进材料中心”项目，劳伦斯–伯克利国家实验室
- ALS：“先进光源”装置项目，劳伦斯–伯克利国家实验室
- APS：“先进光子源”装置项目，阿贡国家实验室
- SNS：“散裂中子源”装置项目，橡树岭国家实验室
- SPEAR 3升级：“斯坦福正电子加速器环3”装置升级项目，SLAC国家加速器实验室
- CNM：“纳米尺度材料中心”项目，阿贡国家实验室
- CNMS：“纳米相材料科学中心”项目，橡树岭国家实验室
- MF：“分子工厂”项目，劳伦斯–伯克利国家实验室
- CFN：“功能纳米材料中心”项目，布鲁克海文国家实验室
- LCLS：“直线加速器相干光源”装置项目，SLAC国家加速器实验室
- NSLS Ⅱ：“国家同步加速器光源Ⅱ”装置项目，布鲁克海文国家实验室
- LCLS Ⅱ：“直线加速器相干光源Ⅱ”装置项目，SLAC国家加速器实验室

图2-41 1984年至2014年美国能源部拨款法案中基础能源科学部门的资金投入（实际拨款）时间顺序，图中重大项目被标注

总的来说，很显然，“特里弗尔皮斯规划”所包含的这四个国家实验室装置项目，加上SLAC国家加速器实验室的“直线加速器相干光源”装置项目（和“直线加速器相干光源Ⅱ”装置项目），在美国能源部的预算中相互接替，同时，这四个国家实验室按照某种约定俗成的顺序被安排大型装置项目，美国能源部对同一个国家实验室的重大投入很少重叠。在“先进光子源”装置项目之后，这段历史出现了一个短暂的“断裂”（这可能是由于这个时期有不少于三个大型核物理学/高能物理学装置项目的建造被纳入美国能源部预算之内，但在基础能源科学部门预算之外，因此这些装置项目没有在图2-41中显示），但从“散裂中子源”等装置项目来看，大型装置项目在基础能源科学研究部门预算中相互接替。当“散裂中子源”装置项目在2004年至2005年收尾的时候，“直线加速器相干光源”装置项目被加速推进。当2008年“直线加速器相干光源”装置项目开始收尾的时候，“国家同步加速器光源Ⅱ”装置项目是接续的项目；在2013年至2014年“国家同步加速器光源Ⅱ”装置项目收尾的时候，“直线加速器相干光源Ⅱ”装置项目又被加速推进。若干小型项目，如“先进光源”装置项目、“斯坦福正负电子加速器环3”装置升级项目和多个纳米技术中心（包括“纳米尺度材料中心”、“纳米相材料科学中心”、“分子工厂”和“功能纳米材料中心”）项目等，都是在其他重大项目实施期间启动和完成的，尽管很明显这些项目直至“散裂中子源”装置项目在2002年渡过拨款峰值才得以启动。

没有任何迹象表明，特里弗尔皮斯或其他美国能源部官员在20世纪80年代中期推出这个规划的时候，打算使它成为延续数十年的政策学说。但是，得益于回顾性分析，图2-41清楚地表明类似“特里弗尔皮斯遗产”这样的事情在美国“大科学”的决策中已被制度化，并成为相应“生态系统”的基本元素（见第四章），在这个生态系统里，转型“大科学”在美国出现并发展得十分显眼。在查看图2-41的图形并将其与欧洲情况加以比较的时候，两者的反差似乎再大不过了。在某种程度上夸大点说，美国的“大科学”遵循着一个清晰的规划，美国的国家实验室据此通过依次获得新的大型装置项目得以生存下来。欧洲的情况则显得更为混乱，这是因为欧洲的“大科学”有着两个层面，即国家的层面和（政府间）合作的层面，也是因为（政府间）合作领域的无序状态。但是，欧洲也有自己的优势。

欧洲的“大科学”始于西欧核子研究合作组织，这个组织是欧洲在科学领域首个跨政府合作项目，或许是马歇尔计划在科学领域的最显著体现[394]，马歇尔计划是“冷战初期欧洲和美国政治利益集团合作产生的工具”[395]。西欧核子研究合作组

394 如克里格在 2003 年发表的论文（相应论文集的第 902 页，见参考文献 [195]）中所阐述的。
395 如克里格在 2006 年出版的著作（第 57 页，见参考文献 [196] ）中所阐述的。

织位于瑞士的日内瓦，是一个成立于1954年并得到相当慷慨资助的国际条约组织。它最初是欧洲应对“智力外流”的一个手段，并开始在日益重要的核研究领域里建立与美国竞争的能力。1959年末，西欧核子研究合作组织第一台大型装置即“质子同步加速器”装置（见图2-42）开始运行，并“接管”了全球粒子物理学研究领导者的位置[396]。有这样一个原则被写入西欧核子研究合作组织创始文件：这个组织将不与欧洲国家在粒子物理学或其他领域中的努力进行竞争，同时，至20世纪60年代，粒子物理加速器实验室在英国、法国、意大利、德国和瑞典投入运行或正在计划之中[397]，这些实验室是对该组织的补充，在许多情况下又与该组织协同合作。但是，为跟上国际竞争和“巨型科学”发展的要求，加速器系统的规模和成本急剧增大，这很快通过迫使西欧核子研究合作组织大幅度增加预算而改变了环境，其中一部分是以牺牲该组织成员国的国内粒子物理学研究项目作为代价的，从而导致一些成员国重新评估对该组织的承诺，改变了它们对欧洲“大科学”合作的态度。20世纪60年代初，西欧核子研究合作组织规划的下一个大型机器是“超级质子同步加速器”装置，这个装置规模足够大，（建造）成本足够高[398]，表明建立一个独立实验室才能够容纳它，这个实验室很快被称为“CERN Ⅱ”。这个装置的规模使其对所有成员国寻求成为东道主有很大吸引力（参见第一章关于“猪肉桶政治”的讨论），因为它将带来大量的国外资本和高技能劳动力。一些欧洲国家提出了自己的选址方案，联邦德国和英国甚至发出了最后通牒，除非新的实验室位于其领土上，否则它们将完全退出相关合作[399]。这个问题只是通过关于在西欧核子研究合作组织的日内瓦现址上建造这个新实验室并使其成为该组织的一部分的决定形成之后才得以解决[400]。但是，一些欧洲国家依然在是否支持“CERN Ⅱ”带来的成本大幅增加上犹豫不决，尤其是联邦德国、瑞典和英国，它们只是在巨大的外交压力下才作出了让步[401]。1972年，所有西欧国家参加了“超级质子同步加速器”装置项目合作，这个装置项目具有牢固的资金基础。1976年，“超级质子同步加速器”装置达到了它的目标性能。

396 如佩斯特和克里格在1992年发表的论文（相应论文集的第80页，见参考文献[289]）中所阐述的。

397 如欧文和马丁在1984年发表的论文（见参考文献[169]）中所阐述的。

398 原书脚注2-8：1974年，“超级质子同步加速器”装置项目建造达到了高峰，当年西欧核子研究合作组织的预算是其1964年预算的近六倍。1964年，“超级质子同步加速器”装置仅处于规划阶段，而“质子同步加速器”装置是西欧核子研究合作组织的“旗舰”装置（见西欧核子研究合作组织的《年报》）。

399 见本书作者2014年发表的论文（相应论文集的第36页，见参考文献[126]）。

400 如佩斯特在1996年发表的论文（相应论文集的第73页、第77页至第78页，见参考文献[285]）中所阐述的。

401 如克里格在2003年发表的论文（相应论文集的第905页，见参考文献[195]）中所阐述的。

图 2-42 1959 年投入运行的西欧核子研究合作组织"质子同步加速器"（Proton Synchrotron，PS）装置隧道内部照片

在20世纪50年代中期西欧核子研究合作组织初建的时候，国家利益与公共物品之间的平衡也是一个重要因素，但随着"CERN Ⅱ"的出现，这种平衡又被提升到另一个层面。欧洲在"大科学"领域的合作"不是以自身利益为代价的，而是通过其他方式来追求这种利益"[402]。这个平衡及其实践的复杂性构成了迄今为止贯穿欧洲"大科学"合作的整个政治历史的两条红线之一。另一条红线是欧洲一体化的政治总体循环的映射（如20世纪60年代英国与法国的紧张关系、70年代和80年代的法-德轴心、21世纪俄罗斯与西欧国家之间的冷漠气氛等），这根主线最终依赖于欧盟内部科学政策框架的缺乏，这使得欧洲在"大科学"领域的合作容易受到各种形式政治变化的伤害[403]。自"CERN Ⅱ"问题得到解决之后，欧洲各国政府在"大科学"合作中严格捍卫自己国家的利益，努力成为装置的东道主，实施（货币和知识产权）投资回报方案和规定，试图以尽可能低的成本退出融资份额谈判。高层政治往往完全脱离"大科学"合作的主题，又经常直接决定了"大科学"合作的命运。"欧洲南方天文台"项目（见图2-43）被搁置了许多年，原因是英国的"欧洲怀疑论"（即反对欧盟政治一体化及英国加入欧盟的主张和论调）和20世纪60年代初法国和英国之间的紧张关系[404]。非常成功的劳厄·朗之万研究所最初是一个三方合作项目，但英国的参与在很大程度上因为同样的英国"欧洲怀疑论"而推迟，这股思潮在20世纪70年代初有所减退，使得英国参与这个合作项

402 如克里格在 2003 年发表的论文（相应论文集的第 900 页，见参考文献 [195]）中所阐述的。

403 见本书作者 2014 年发表的论文（见参考文献 [126]）。

404 见本书作者 2014 年发表的论文（相应论文集的第 37 页，见参考文献 [126]）。

目，并在1973年加入了欧洲共同体[405]。一些作者指出，在法国与德国之间关系中形成新的合作精神有助于劳厄·朗之万研究所的创立[406]，这个法-德轴心在20世纪70年代才变得更加强大，成为新的“欧洲发动机”，最终推动欧洲共同体合作朝着今天的欧盟方向发展[407]。尽管上述的欧洲共同体/欧盟的合作在科学技术方面没有作出授权（直至“框架项目”的启动，这个项目主要集中在应用性研发方面），但法-德轴心和重新兴起的“欧洲主义”延伸到科学领域，导致在20世纪70年代及以后几个合作项目的实施[408]，尤其是“欧洲同步辐射装置”项目，它也许是继西欧核子研究合作组织之后最成功的欧洲科学合作项目。今天，这个装置被认为是全球领先的同步辐射装置[409]，它诞生于20世纪70年代中后期同步辐射（技术）第一波扩张和西欧国家科学界之间的多边讨论之中，从而创立了一个规模很大、具有补充和取代西欧国家在同步辐射上所作努力的能力的同步辐射实验室[410]。在几乎没有先例的情况下，创建“欧洲同步辐射装置”的政治进程不得不依赖于科学兴趣和政治意愿方面的临时动员，在1984年法国和德国共同宣布决定在法国格勒诺布尔建造这个装置之前，这个政治进程才有实质性进展。到这个时候，这个装置项目的选址程序已进行了一段时间，有几个国家作为该装置项目东道主的竞争者认真尝试对选址方案进行客观评估。但是，由于选址问题与对装置项目资助问题有关，在1984年法国和德国宣布它们同意在法国格勒诺布尔建造这个装置、承担至少50%的建设资金并邀请其他欧洲国家参与合作之前，选址问题没有被报道有任何实质性进展。法国和德国的宣布在该装置项目的其他潜在成员国，尤其在那些有着自己选址方案的欧洲国家中引起了惊讶和强烈反感，但可能对该装置项目的实施起了决定性作用。此后数个月里，大部分欧洲国家接受了法国和德国的方案，并加入到装置项目的合作之中。显然，“欧洲同步辐射装置”项目是法国和德国之间一揽子交易的一部分，根据这项交易，用于航天技术的“低温风洞”合作项目将落户德国科隆[411]。在1984年法德两国的决定宣布之后，一个双规发展计划

405 见本书作者 2014 年发表的论文（相应论文集的第 38 页，见参考文献 [126]）。

406 如夏普和希尔曼在 1987 年出版的著作（第 79 页，见参考文献 [320]）、佩斯特在 1997 年发表的论文（相应论文集的第 141 页，见参考文献 [286]）以及阿特金森在 1997 年发表的论文（相应论文集的第 145 页，见参考文献 [11]）中所阐述的。

407 如米德尔马斯在 1995 年出版的著作（见参考文献 [253]）中所阐述的。

408 原书脚注 2-9：这些合作包括 1973 年的“欧洲科学基金会”和“欧洲分子生物学实验室”、1975 年的“欧洲航天局”、1997 年的欧洲共同体“联合聚变研究中心”等，如赫尔曼在 1986 年出版的著作（第 150 页至第 159 页，见参考文献 [145]）和克里格在 2003 年发表的论文（相应论文集的第 899 页，见参考文献 [195]）中所阐述的。

409 见本书作者 2013 年发表的论文（见参考文献 [124]）。

410 见本书作者 2014 年发表的论文（相应杂志的第 39 页，见参考文献 [126]）。

411 如帕蓬在 2004 年发表的论文（相应杂志的第 64 页，见参考文献 [281]）中所阐述的。

紧接其后，这个计划一方面包括“欧洲同步辐射装置”的科学案例研究和技术设计，另一方面包括关于资金份额和未来实验室组织的政治谈判。科学技术方面的工作是在法国、意大利、西班牙、联邦德国和英国的研究机构与大学之间合作下进行的，关于资金份额的谈判则遵循着不同的路径，也有着不同的逻辑，主要是闭门进行，规则是随着谈判的进行而制定的。

图 2-43 欧洲南方天文台（The European Southern Observatory，ESO）是成立于 1962 年的天体物理研究组织，其活动由欧洲 14 国组成的财团提供财务支持和进行管理。它的总部位于德国慕尼黑附近的加尔兴，它的科学研究活动在智利的三个地方开展，包括海拔 2400m 的拉西拉天文台（La Silla Observatory）、海拔 2600m 的帕拉纳尔天文台（Paranal Observatory）和海拔 5000m 的阿塔卡马大型毫米 / 亚毫米阵列（Atacama Large Millimeter/Submillimeter Array，ALMA）。图为拉西拉天文台观测装置照片

如前所述，欧洲共同体/欧盟及其前身在（基础）科学方面没有作出授权，直至最近才成为合作研发活动的积极组织者。因此，尽管西欧国家在西欧核子研究合作组织、欧洲南方天文台、劳厄・朗之万研究所、“欧洲同步辐射装置”及少数其他项目上取得了相当大的成功，并通过建立在政府间协议基础上的合作组织在国际科学技术领域保持着竞争地位，但这一切都是在没有连续的政策框架和完全脱离欧洲共同体/欧盟架构的情况下实现的。根据一些分析家的认识，这种情况可使合作项目免受欧盟官僚主义的影响，让欧洲的科学界和科学政策体系在给定时间内对每个特定项目进行组织、科学与技术方面的优化，从而有助于一些合作取得成功[412]。但是，缺乏先例和连贯的政策框架也导致了一些合作项目的严重拖延，使得科学政策领域变得极其复杂，因为所有的合作项目不得不依赖临时的解决方案，也不得不依赖欧洲一体化政治和各国政府在其构想的具体时间内的统治

---

412 见本书作者 2014 年发表的论文（相应杂志的第 35 页，见参考文献 [126]）；如霍尔伯（T. C. Hoerber）在 2009 年发表的论文（相应杂志的第 410 页，见参考文献 [160]）、高伯特与勒博在 2009 年发表的论文（相应杂志的第 38 页，见参考文献 [98]）以及帕蓬在 2004 年发表的论文（见参考文献 [281]）中所阐述的。

环境。组织形式和法律框架在不同合作项目之间有很大差异（具体的组织形式既可是国际条约组织，像西欧核子研究合作组织那样；也可是私人公司，像“欧洲同步辐射装置”那样）。启动与推进合作项目的程序，以及关于资金和组织的双边谈判，都难以照搬。一些常见的陷阱似乎无法避免，装置建造和运行成本的最终分摊可反映各国代表团的谈判技巧，而不是资金份额的公平分配，但是分摊结果可能在数十年里保持不变，几乎没有或根本没有调整的机会。谈判的不可预测性也可能严重延迟合作项目的实施，而谈判在现有框架外进行的事实使得很难揭示此类延迟的原因和谈判的其他细节。然而，显而易见的是启动与推进合作项目的程序缺乏既定结构映射出欧洲政治一体化的周期[413]。欧洲近期在转型“大科学”上的两项合作分别是位于德国汉堡的“欧洲X射线自由电子激光”装置项目和位于瑞典隆德的“散裂中子源”装置项目，这两个装置项目都在建造之中，有着略为不同的时间框架。这两个装置项目都经历了因谈判陷入僵局带来的延迟和困难，虽然有着不同的形式：“欧洲X射线自由电子激光”装置项目是一个其他国家被邀请参与的全德国项目，这造成了该装置项目从潜在成员国募集财政捐款的困难，这个困难通过俄罗斯的重大捐赠才得到真正解决，俄罗斯的捐款不仅拯救了该装置项目，而且明显改变了项目的治理结构[414]。“散裂中子源”装置项目是在20世纪90年代初首次被提出的，花费大约四分之一的时间才达成资金解决方案，该装置项目得以破土动工，主要原因似乎是大国的犹豫不决[415]。然而，值得注意的是，尽管在欧洲国家层面达成协议的程序既棘手又耗时，但协议一旦达成，欧洲就具有了美国科学体系几乎完全缺乏的可预测性和可靠性。欧洲国家之间关于建造和运行大型合作装置的有约束力协议确定了该装置在建造和运行阶段的资金水平，参加国政府很少或几乎从不退出协议，而在美国，联邦预算是按年度编制（和谈判）的，这意味着联邦预算几乎不具有可预测性。如果华盛顿的政治多数发生变化，“大科学”装置的建造和运行的预算可能被大幅削减，或者国会的政治僵局可能产生所谓的“持续解决方案”而不是预算，或者最糟糕的情况，产生“政府关门”的局面（最近的一次发生在2013年10月上半个月），所有这些都会对用户装置的建造和运行产生毁灭性影响，也会通过长期规划（的执行）变得困难而导致效率低下[416]。显然，欧洲的“大科学”合作看似非常令人厌烦和杂乱无章，但也有自己的

413 关于这个主题的深入讨论见本书作者 2013 年、2014 年和 2015 年发表的论文（分别见参考文献 [125]、[126] 和 [130]）。

414 见本书作者 2014 年发表的论文（相应杂志的第 40 页，见参考文献 [126]）。

415 见本书作者 2015 年发表的论文（相应杂志的第 417 页，见参考文献 [130]）。

416 原书脚注 2-10：SLAC 国家加速器实验室的“直线加速器相关光源”装置项目受到美国国会 2007 年至 2008 年的“持续解决方案”的伤害，这个事件发生在该装置项目建造的关键阶段，造成一些重要建设部分延迟，见本书作者 2009 年提交的博士论文（第 147 页，见参考文献 [119]）。

比较优势。

除了与资金密切相关的选址麻烦之外，国家利益与公共物品之间的平衡或张力已以某些特定方式表现出来，其中大部分都与成为一个国际研究装置东道主的国家和地区对（社会）经济效益的普遍期望有关（另见第六章），当然，也与当地研究群体对科学收益的期望有关。公平回报政策是为将东道国部分经济收益在其他成员国中进行分配而设计的一种机制，通常被用于采购，有时也（以改良的形式）用来平衡装置使用与相关国家对其装置运行成本的相对贡献。采购的公平回报政策是欧洲核子研究组织发明的，并在以上提及的所有欧洲合作装置项目中使用，虽有小的变化，但总体上是有组织的，以使得给予成员国供应商的采购和服务合同（有时包括员工的聘用）的份额从长期看与该国在装置运行成本中的分摊份额相当[417]。另一个让投资惠及所有成员国而不是仅让东道国收益的方案是在装置建造阶段（以及此后的升级阶段）使用实物捐赠，这个原则是"德国电子同步加速器"机构在20世纪80年代发明的，以允许外国对大型"强子–电子环加速器"装置（见图2-44）投资，同时又保持德国对该装置的完整所有权。近年来，通过"欧洲X射线自由电子激光"和"散裂中子源"装置项目的实施，实物捐赠已被广泛用于让成员国通过交付组件来替代其对装置项目的部分现金投资，这样，既可使这些国家能够在其国内支付它们的资金，又可让它们国内的能力用于装置的建造。据估计，"散裂中子源"装置项目将依靠占其总投资一半的实物捐赠[418]。

图2-44 1992年投入运行的"德国电子同步加速器"机构"强子–电子环加速器"（Hadron-Electron Ring Accelerator，HERA）装置加速器隧道内部照片

417 见本书作者2014年发表的论文（相应杂志的第43页至第44页，见参考文献[126]）。

418 见本书作者2014年发表的论文（相应杂志的第44页，见参考文献[126]）。

公平回报政策的改良版本也已在部分“大科学”实验室中实施，以根据成员国的预算分摊份额在相关国家研究群体中分配（装置的）科学访问权限。这种想法违背了装置基于竞争的开放与自由访问的原则，这种竞争又是以基于同行评议的对访问申请进行纯粹科学技术方面评估来体现的，但是，科学的公平回报原则在劳厄·朗之万研究所和“欧洲同步辐射装置”中得到采用，两者都使用了复杂的算法，在通过竞争获得的科学访问权限的最低等级应用中重新分配实验时间，以在各国对装置的相对使用和它们的预算分摊份额之间的不平等中找到平衡。

八、转型“大科学”的政治学

对比前两节概述的美国和欧洲合作层面的例子，美国的科学体系似乎主要通过在作者称之为“生态系统”中的物质、智力、组织和政治的资产重组进化过程，实现了自我更新并产生了转型“大科学”（见下文和第四章）。相比之下，在欧洲“大科学”合作层面上，那些取得具体成果的案例后来都因资源集聚而产生了巨大的效能（如劳厄·朗之万研究所和“欧洲同步辐射装置”）。但是，由于这些合作成果取决于政治“运气”，因此它们也受到政治上“运气不好”的威胁，政治上“运气不好”能够延迟装置项目数年（如“欧洲散裂中子源”装置项目）并彻底毁掉该项目的前景。在美国“大科学”的“生态系统”中，装置项目必须得到相关科学群体和政治的支持才能变得可行。提出装置项目建议的实验室组织必须在用户装置的技术、科学和组织方面拥有强大的内部能力，然后，该装置项目必须在涉及实验室内部时间表、路线图以及美国能源部大致遵循“特里弗尔皮斯遗产”的总体时间表方面有正确的时间安排。在欧洲，大型装置项目要么停留在国家层面，要么必须在试图从政治上“飞越”之前建立强大的跨国科学技术信誉。一旦决定形成（如果决定形成），该装置项目的管理层需要回到科学群体，在那些就资助该装置项目开展跨政府协议谈判的政治家的直接帮助下完成相关工作，并对谈判所达成的投资分摊份额和回报协议保持忠诚。

当然，此前很少有段落只涉及欧洲的“大科学”合作项目。几个中子散射、同步辐射和自由电子激光实验室是在这个范围以外，如欧洲国家的国家实验室（见附录2）。其中许多实验室也已取得了显著的科学成就，尤其是在引入了一些大幅度提高装置性能并同时降低装置成本的技术之后[419]。

通过20世纪70年代向“巨型科学”的发展，旧“大科学”几乎成为大国专有

419 如本书作者和海因茨在2015年发表的论文（相应杂志的第845页至846页，见参考文献[133]）中所阐述的。

的东西。在西欧核子研究合作组织着手以“CERN Ⅱ”为标志的升级并仅在十年之内使其预算翻两番之后，唯一能够独立承担粒子物理实验项目的欧洲国家是德意志联邦共和国，它在位于汉堡的“德国电子同步加速器”机构建造了另外两台大型加速器系统（即1975年至1978年期间建造的“质子-电子串列环形加速器”装置；1984年至1991年期间建造的“强子-电子环加速器”装置），“德国电子同步加速器”机构是全球倒数第三个终结其粒子物理实验的组织，它在2007年关闭了“强子-电子环加速器”装置（美国SLAC国家加速器实验室在2008年、费米国家加速器实验室在2011年关闭了粒子物理实验装置），留下了欧洲核子研究组织这个全球粒子物理学大剧的“孤星”[420]。转型“大科学”的情况并非如此，虽然似乎只有像德国、英国、美国这样的大国才有能力成为国家级最先进“散裂中子源”装置的东道主，但同步辐射领域已发展到这样的状态：不仅大国和跨政府合作可占据主导地位（如美国“先进光子源”装置和“欧洲同步辐射装置”），而且事实上的小国也可具有竞争力，装置及其能力现已扩展到新的地区[421]。

这并不是说成本可以忽略不计。建造成本相对适中但设计一流的装置，如2016年向用户开放的瑞典隆德“MAX Ⅳ”装置，对东道主国家的资助体系提出了要求，并引发了有关适当优先顺序的问题。这个问题与当前全球化知识经济竞争日益加剧的论调有关，根据这些论调，小国被迫在某些战略领域里动员起来，以留在全球化知识经济竞争这场博弈之中。这个主题不完全是新的，尽管全球化（或关于全球化的看法）可能强化了这个主题。小国总是面对着它们如何组织其研发活动、如何在两种尝试中作出选择的政策窘境，一种尝试是将资源分散在广泛的科学领域，以最大程度提高自己的吸收能力，希望从国外取得的进步中获益，另一种尝试则相反地是专业化，为提高国际竞争力和特定领域显示度作出有针对性的努力，几乎完全忽视其他科学领域。这个问题如采用不同的措辞，或者更具体地说就是小国是否应当尝试建造自己的中子散射、同步辐射或自由电子激光装置，是否应当尝试最大程度地参与国际“大科学”合作项目。如果转移到具体的面向用户的“大科学”案例，优先权的博弈有一个特别转折点，即建造这个装置的投入和确保装置的使用及促进科学产出的投入是不相同的。在特定国家建造一个技术先进、性能优异的中子散射、同步辐射或自由电子激光装置，并由这个国家的研发预算承担费用，并不保证相关科学收益是由这个国家获得的，除非这个国家拥有为使用这些装置所提供实验资源做好准备的成熟的世界级科学群体，或者这个国家已为推动现有科学群体的特定部分成为这样的世界级科学群体作出了

---

420 如罗尔曼（E. Lohrmann）和泽丁（P. Söding）在 2013 年出版的著作（第 322 页，见参考文献 [218]）、赖尔顿等在 2015 年出版的著作（第 285 页，见参考文献 [305]）中所阐述的。

421 如本书作者和海因茨在 2015 年发表的论文（相应杂志的第 845 页，见参考文献 [133]）中所阐述的。

及时和有针对性的努力。此外，成功是短暂的，需要在基础设施方面作出持久努力，以保持基础设施的性能并在过程中进行必要的升级，也需要在用户群体方面作出持久努力，以激励本国科学群体在装置的科学使用上取得进一步进展。忽略这些问题的风险是显而易见的：一个世界级用户装置原则上只在科学价值基础上向任何人开放，很容易成为世界上其他人的资源，除非东道主国家用户群体的近距离优势与让用户在实验室内外忙个不停的资助项目相匹配。美国并不能完全幸免于这个潜在挑战，尽管其庞大的科学群体肯定有临界质量，联邦科学政策体系可以依赖国家实验室体系、科学“生态系统”、政治支持和科学、技术及科学政策的交叉资源经济，以确保装置长时间使用。像“欧洲同步辐射装置”和劳厄·朗之万研究所那样的欧洲“大科学”合作装置从它们与全欧洲科学界相联系的事实中汲取了大量的科学力量（亦见上节关于劳厄·朗之万研究所迅速上升为中子散射领域世界领导者的讨论），它们的总体能力（和财政支持）足以保证其科学产出的质量，这尤其体现在它们的实验时间竞争上[422]。然而，对于小国来说，这个问题可能是很严重的。

瑞典确实是个小国，自1987年起，“MAX-lab”同步辐射实验室在这里运行，并在近40年历史中的重要时点进行了数次重大升级，最后一次升级是2016年向用户开放的大型“MAX Ⅳ”装置。在多年来的几次评审中，“MAX-lab”同步辐射实验室以其成本-效益和灵活性以及卓越的科学技术成就而倍受赞誉，尽管它的预算有限，而且实验室组织也很简陋。事实已经表明，“MAX-lab”同步辐射实验室的忠实用户在几乎没有资金的情况下，在20世纪80年代末设法取得了一些非常重要的成果，加速器运行、仪器开发和用户组织在其成本-效益上达到了极端[423]。有人认为，考虑到瑞典分散的和自下而上为导向的科学政策体系，这可能是“MAX-lab”同步辐射实验室能够生存的唯一途径。但是，从“MAX-lab”同步辐射装置的案例中可得出另外一个教训，虽然“MAX-lab”同步辐射实验室得到瑞典研究理事会的一系列拨款和来自私人基金会的大量额外资金，但这种资助模式使得它的管理缺乏工作的协调性。“MAX-lab”同步辐射实验室在缺乏装置应当如何被使用（和由谁来使用）的长期规划情况下开发仪器和对装置进行升级。瑞典“研究理事会愿意或渴望支持好的科学（研究活动），这是理事会的主要任务，但这些支持导致了‘MAX-lab’同步辐射实验室运行始终缺乏足够资源的自相矛盾局面”，这是一个“在理事会中得到承认”但“没有被视为理事会责任的一部分加以解决”的问题。因此，“MAX-lab”同步辐射实验室的长期用户已观察到，由

422 见本书作者 2013 年发表的论文（见参考文献 [124]）。
423 见本书作者 2011 年发表的论文（见参考文献 [120]）。

于应当有利于瑞典科学（发展）的对“MAX-lab”同步辐射实验室的投入没有得到确保装置维护或使用的足额资金的匹配，长期的影响可能是高级的仪器没有以其最大的能力运行和使用。瑞典的同步辐射用户群体显然一直很强大，致力于在常规竞争性资金计划中为他们的同步辐射实验争取资金，但人们担心，假如瑞典研究理事会在新的“MAX Ⅳ”装置上投入数亿美元没有与为使瑞典科学家增加对该装置使用的足额资金相匹配，怎样的事情将会发生[424]。

这个问题是普遍的。它远远超出了瑞典的范畴，给“大科学”的政治学增加了另一个维度，或者构成了“大科学”的政治转型的核心挑战。关于美国国家“大科学”生态系统及其在国家实验室更新中的作用、转型“大科学”逐渐在美国形成（第四章将对此作进一步讨论）的广泛描述，以及关于欧洲国家和它们在专业化与通用化之间、跨政府合作与国内努力之间进行选择所面临困境的广泛描述，都充分说明了这一点。

424 见本书作者 2011 年发表的论文（相应杂志的第 205 页至第 206 页，见参考文献 [120]）。

第三章

组　　织

一、广泛性与功能相互依赖

旧“大科学”和转型“大科学”的关键区别在于基本目标和认知意义上的不同，这可借助韦斯科夫[425]对密集型科学和广泛型科学的区分加以阐述。这个区分可被转化为对旧“大科学”和转型“大科学”的组织分析，并被用来揭示相关装置及其所服务的科学领域的一些附加关键特征。正如第二章中简短的历史概述所示，粒子物理学逐渐朝着“认知强化”（这也是被韦斯科夫[426]使用的例子）和“组织浓缩”方向发展，后者在20世纪70年代及以后粒子物理学向“巨型科学”转变中最为明显。在第四章里，这种发展趋势在美国的系统性结果，即它所引发的更新，将作进一步讨论。在欧洲，粒子物理学向“巨型科学”转变更明显地体现在小国层面上，这些国家的国内粒子物理学研究项目在20世纪70年代大部分都被取消了，资金被重新调整到日益昂贵的西欧核子研究合作组织相关合作之中[427]。近期，粒子物理学的“组织浓缩”仍在持续并转移到全球范围。自“德国电子同步加速器”机构、美国SLAC国家加速器实验室和费米国家加速器实验室分别在2007年、2008年和2011年关闭各自最后的粒子物理实验装置之后，欧洲和美国的实验粒子物理学只能在一个地方开展，这就是位于瑞士日内瓦的欧洲核子研究组织（此时“西欧核子研究合作组织”已改名为“欧洲核子研究组织”）。除了科学政策之外，“巨型科学”的一个社会学结果在大众科学领域受到了一些关注，这就是个体实际上淹没在大型粒子物理学合作之中：《物理快报 B》上刊登的宣布2012年在欧洲核子研究组织两个独立实验中同时发现希格斯玻色子的两篇论文，各自列出了2932名和2891名作者。

在转型“大科学”中，一篇论文有两千多名作者的情况不再存在[428]。与之相反，转型“大科学”的科学研究类型在认知上是“广泛的”，在组织上是分散的，这

425 见韦斯科夫 1967 发表的论文（见参考文献 [368]）。

426 见韦斯科夫 1967 发表的论文（见参考文献 [368]）。

427 如马丁和欧文在 1984 年发表的论文（相应杂志的第 188 页，见参考文献 [184]）、赫尔曼在 1986 年出版的著作（第 132 页，见参考文献 [145]）以及维德马尔姆在 1993 年发表的论文（相应论文集的第 125 页至第 126 页，见参考文献 [378]）中所阐述的。

428 原书脚注 3-1：在第五章里，“欧洲同步辐射装置”和劳厄·朗之万研究所联合出版物数据库中列出的 2014 所有学术期刊论文（总数超过 2000 篇论文）的样本、美国 SLAC 国家加速器实验室的“直线加速器相关光源”自由电子激光装置网站上列出的 2014 年出版物清单（总计 67 篇论文）被用来进行文献计量学分析，计算出若干个关键数字（见第五章的表 5-3 和表 5-4），其中包括基于装置工作的学术刊物论文平均作者数。对于“欧洲同步辐射装置”和劳厄·朗之万研究所，学术刊物论文平均作者数在 7 至 8 人之间，样本中少于六分之一的论文平均作者数超过 10 人。对于“直线加速器相关光源”装置，学术刊物论文平均作者数略有不同，但与在欧洲核子研究组织开展的实验相比，保持在中等水平：论文平均作者数略多于 20 人，三分之二论文的平均作者数多于 10 人。另外，没有一篇论文的作者数超过 60 人。

不仅是因为中子散射、同步辐射和自由电子激光装置在全球范围内的使用仍持续增长（见第二章），而且因为它们使用领域的广度似乎仍在增长，设备及其使用的专业化仍在继续。从历史上看，中子散射和同步辐射已从凝聚态物理领域的一些专业人员主要感兴趣的小型实验室珍品发展到现今包含生命科学及文化研究的极端广度，换言之，朝着扩展和分散方向发展。今天，欧洲和美国的中子散射装置、同步辐射装置和自由电子激光装置的用户群体是以千人为单位计算的（确切的数目难以编制，见下文），而且这些用户来自许多不同的研究领域，在大部分自然科学的大学和研究机构里都可找到他们的身影。有趣的是，如下所述，用户群体的学科复杂性足以使其规避直接的分类。

理查德·惠特利在其1984年初版、2000年增加新引言再版的经典著作中，为“科学的社会和智力组织”理论化作出了极大的努力。这部著作在关键部分突破了当时相对年轻的“科学与技术研究”领域[429]，该领域已偏离社会学路径，发展成为某种“后现代科学”理论，而不是作为一个社会学领域、一个社会体系[430]或一个体制[431]的“科学的社会学”。惠特利[432]的贡献在于（其著作）具有很强的分析性，通过基于基本社会组织的一些假设来考察学科领域之间的差异和共性，概述了公共资助科学领域中的工作组织和知识产出/传播。惠特利[433]写道，学科领域是“科学家发展独特能力和研究技能的社会环境，以便科学家在集体身份、目标与实践方面来理解自己的行为，这些行为是由聘用组织的领导人和其他重要社会影响调节的”。学科领域是“社会组织的重要形式，这类组织构成了这样的框架，主要面向公共智力目标的科学家团队日复一日在这个框架下进行决策、活动与解释”。回到第一章起始段落所讨论的“基本张力”，它是新颖性与传统性之间的持续相互作用，赋予了科学工作的基本原则及其基本的组织和制度框架。惠特利指出，这种相互作用也将科学工作与其他专业或有组织的人类活动区分开来：任务不确定性在科学工作中更为显著，虽然任务不确定性在学科内和学科之间有所不同，但总的来说它在持续增长，因为“技术和程序”在不断完善，“以至于科学领域从业者不得不频繁地改变他们的工作实践”[434]。

重要的是，对于当前的讨论，惠特利着重指出[435]，科学治理最终是训练有素

429 如布尔迪尔（P. Bourdieu）在 1975 年发表的论文（见参考文献 [28]）中所阐述的。

430 如罗尔曼在 1992 年出版的著作（见参考文献 [221]）中所阐述的。

431 如默顿在 1938 年、1942 年和 1957 年发表的论文（见参考文献 [245]、[246] 和 [248]）中所阐述的。

432 见惠特利在 1984 年出版、2000 年再版的著作（见参考文献 [375]）。

433 见惠特利在 1984 年出版、2000 年再版的著作（第 8 页至第 9 页，见参考文献 [375]）。

434 见惠特利在 1984 年初版、2000 年再版的著作（第 11 页，见参考文献 [375]），如齐曼在 1994 年出版的著作（见参考文献 [383]）中所阐述的。

435 见惠特利在 1984 年初版、2000 年再版的著作（第 14 页，见参考文献 [375]）。

的个体科学家的任务，因为任务不确定性使得权威的中央计划和官僚机构效率低下：(原因是)“公共科学领域的工作计划及执行被分散到个体工作者，这些人对低层次目标和特定程序的使用保持着相当大的控制”。惠特利的分析也有例外：旧“大科学”，尤其是二战及其以后核武器研发项目，还有“巨型科学”出现后的粒子物理学，都是中央计划的、官僚主义的和高度集权的。在这方面，转型“大科学”是对常规科学（即不再是“大”的科学）的回归：借助于中子散射、同步辐射和自由电子激光装置开展的科学只是常规科学，它们碰巧要某些机器的帮助，而这些机器需要不同的计划和工作方式或不同的组织模式来运行。

另一方面，如第一章所讨论的和惠特利所指出的[436]，科学、科学组织和科学政策在20世纪（下半叶）的总体发展是对公共研究组织的知识产出感兴趣的利益相关者数量增加（参见知识社会概念，如第一章和第六章所讨论的）。这意味着科学领域之间和科学与社会其他活动者及机构之间日益增强的功能依赖（见下文），也意味着大学中原则上仍由相同院系及机构组织的现有学科变得“内部高度分化”，改变了科学学科的工作模式和目标，达到了“院系的发展动向与员工追求的研究战略几乎没有关系”的程度[437]。转型“大科学”在这方面起了不小的作用：中子散射、同步辐射和自由电子激光装置的用户来自传统学科的次级学科，这些次级学科随着中子散射、同步辐射和自由电子激光装置的实验室技术和实验室组织的进化而发展，并且在一致性和互惠性上脱颖而出。这些装置吸引新的用户群体，部分原因是在他们的学科里的实验方法专业化。在常规科学的次级学科相应发展，开始使用中子散射、同步辐射或自由电子激光装置所提供的实验资源的时候，这些次级学科也改变了自己的工作模式，虽然在一般意义上它们依然受制于主学科、所在实验室、所在大学院系、学术期刊及其学科群体，尤其受它们提出并寻求答案的基础性研究问题的影响。自然科学领域在20世纪最后数十年里的重大发展之一是对仪器日益增长的依赖[438]，以及对因此平行或毗连发展的传统学科新的“仪器社区”的依赖[439]。转型“大科学”是这个发展的一部分，因为它组织了对太大或太复杂的仪器（装置）使用，大学相关院系甚至整个大学都无力负担（购建）和运行这些仪器（装置）。但是，这类仪器的用户是大学和研究机构的普通科学家、常规学科的成员及专业群体。

为了描述这些常规研究者、研究群体与他们所使用的转型“大科学”装置之

436 见惠特利在 1984 年初版、2000 年再版的著作（第 54 页至第 55 页，见参考文献 [375]）。

437 见惠特利在 1984 年初版、2000 年再版的著作（第 56 页，见参考文献 [375]）中所阐述的。

438 如齐曼在 1994 年出版的著作（第 43 页，见参考文献 [383]）和沙宾（S. Shapin）在 2008 年出版的著作（第 165 页，见参考文献 [319]）中所阐述的。

439 如莫迪在 2011 年出版的著作（第 10 页至第 19 页，见参考文献 [257]）、希恩和约尔吉斯在 2002 年发表的论文（见参考文献 [323]）中所阐述的。

间的关系，惠特利提出的“相互依赖”概念很有用[440]。这个概念有两个含义：“功能依赖”指“研究者必须使用同行专家的特定结果、思想和程序，以构建被视为有能力和有用贡献的知识主张所达到的程度”；“战略依赖”指“研究者必须说服同事们认识到自己提出的问题和方法的可关注性和重要性，以从同事们那里获得很高信誉所达到的程度”。科学家与装置之间的相互依赖是两者的共同点：科学家在功能上依赖于装置，因为他们需要使用装置提供的仪器；科学家在战略上也依赖于装置，因为他们为了获得仪器的使用权，需要使同行评议小组相信自己研究项目的原创性和可行性（见下文）。然而，值得注意的是，科学家与装置之间的“相互依赖”确实是相互的：装置在功能和战略上依赖于它们的用户群体，因为对于所有用户装置来说，用户群体是最重要的。用户装置需要外部用户，还需要外部用户有出色表现并给装置带来信誉，因为这是装置科学运行的方式（见下文和第五章）。

中子散射、同步辐射和自由电子激光装置用户群体的学科广度逐渐增加，这意味着用户群体所代表的学科之间日益增强的功能依赖。物理学是第一位的，在中子散射和同步辐射方面，最初的实验工作都是在固体物理学及其前导学科中开展的。核反应堆、加速器等基本的基础设施以及实际利用中子和X射线所需要的真空技术与光学技术都源自物理学。用户群体的逐渐扩大（见第二章）给装置带来了化学家、生物学家和地球科学家，也带来了这些学科和物理学之间边界区域的若干次领域。表述这种发展的一个方法是认为化学、生物学及其他研究领域在功能上更加依赖物理学的理论和技术，这也与整个20世纪期间这些领域之间的功能依赖普遍增强相一致[441]。今天，转型“大科学”装置已很少由物理学家单独拥有，在这些装置上开展的科学活动相反已超越了（传统的）学科类别，占据了希恩和约尔吉斯[442]所称的学科之间和科学技术之间的“间隙”竞技场。

从长远看，研究领域之间日益增强的功能依赖和战略依赖降低了领域之间知识和组织边界的强度，“跨学科技术和程序”应运而生，这导致了“以特定问题和为特定问题组织的技能组合为基础的次级群体的形成”[443]。这将出现碎片化，剩下并将科学所代表的东西统一起来的是基础设施、仪器和实验机会这些值得合作加以产生的公共物品（见下节）。转型“大科学”以及中子散射、同步辐射和自由电子激光装置不断扩大的学科范围，是这种发展的重要案例。因此，转型“大科学”装置、相关仪器和它们提供的技术，在一个经历碎片化和分化的研究机构里起着“统一者”的作用[444]。

---

440 见惠特利在 1984 年初版、2000 年再版的著作（第 88 页，见参考文献 [375]）。

441 见惠特利在 1984 年初版、2000 年再版的著作（第 268 页，见参考文献 [375]）。

442 如希恩和约尔吉斯在 2002 年发表的论文（相应杂志的第 213 页，见参考文献 [323]）中所阐述的。

443 见惠特利在 1984 年初版、2000 年再版的著作（第 269 页和第 273 页，见参考文献 [375]）。

444 如哈金在 1996 年发表的论文（相应论文集的第 69 页，见参考文献 [117]）中所阐述的。

在旧“大科学”中，粒子物理学在“光荣孤立”中发展[445]，持续朝着密集型方向演进[446]，并在理论、实验和仪器“亚文化”之间相互持续强化[447]，这切断了粒子物理学在科学和社会方面此前构成的功能依赖和战略依赖。在转型“大科学”中，中子散射、同步辐射和自由电子激光装置所提供的实验资源，在与使用这些装置的科学学科的持续战略依赖和功能依赖中发展，并通过持续朝认知广泛性方向的演进来扩大自己的用户基础[448]，当然也与自身环境中的其他研究机构和行动者（如资助机构和政客等，以及更广泛的“生态系统”，见第四章）共生。因此，解释这些装置技术的用户数量和使用领域增长的方式如下：一方面是中子散射、同步辐射和自由电子激光的资源的增长，另一方面是科学领域对使用这些资源的增长，两者之间的功能依赖也在增长。

但是，用户群体的学科扩展不总是顺利与简单的，一些用户群体需要被说服和“改变信仰”。惠特利[449]提出这样的警告：如果某些科学领域在功能上过于依赖其他科学领域或由其他科学领域控制的资源（如仪器的使用权），它们的“身份”和声誉地位可能（或担心）受到威胁。在同步辐射和中子散射的案例中，生命科学家在很大程度上认为核反应堆和加速器是由物理学家控制并归他们所有，这是毫不奇怪的事情，并且只有对同步辐射和中子散射的技术和组织作出广泛改进之后（见下文和第二章、第四章），生命科学家才成为感到完全舒心的用户。此外，当中子散射和同步辐射（及后来的自由电子激光）提供的机会在生物学和化学中显然可能实现惊人的实验跨越的时候（见下文），转型“大科学”实验室及其基础设施与物理学（当然也包括军事–产业综合体）联系太过紧密，以至于生物学和化学家认为它们不欢迎自己的学科文化。打破这个（似乎主要是精神上的）障碍花了数年的积极努力。如果没有这些背景知识，生物学用户很晚进入同步辐射用户群体似乎令人费解：20世纪70年代中期就已获得并发表的研究结果显示，与生命科学直接相关的测量和实验的性能总体上显著提升，（生物）大分子结构测定尤为如此[450]。然而，直至20世纪90年代初期，同步辐射在生命科学中的应用才真正起步（如附录1的图A-6所示），这是代表同步辐射实验室的全职科学家和科学主管的数年多方位的目标导向工作的结果。

445 见惠特利在 1984 年初版、2000 年再版的著作（第 268 页，见参考文献 [375]）。

446 如韦斯科夫在 1967 年所发表论文（相应杂志的第 24 页，见参考文献 [368]）中所阐述的。

447 如加利森在 1997 年出版的著作（见参考文献 [94]）中所阐述的。

448 如韦斯科夫在 1967 年所发表论文（相应杂志的第 24 页，见参考文献 [368]）中所阐述的。

449 见惠特利在 1984 年初版、2000 年再版的著作（第 268 页，见参考文献 [375]）。

450 原书脚注 3-2：早在 1974 年，在“斯坦福同步辐射项目”刚刚投入运行的时候，一群斯坦福大学的化学家就获得了实验时间，开展了一些非常初步的衍射研究。相关结果发表在 1976 年《美国国家科学院院刊》上，表明所获衍射图像的分辨率是此前获得的衍射图像分辨率的 60 倍。见菲利普等人 1976 年发表的论文（见参考文献 [293]）。

同样重要的是，要认识到这个障碍以及转型“大科学”装置的新用户克服这个障碍的过程，是上文和第一章讨论的库恩“基本张力”的许多实践或组织规则之一。有一个社会分工深植于用户群体与装置之间的战略依赖和功能依赖之中，这个社会分工可以用有些理想化（和模式化）的方式加以描述：在技术和科学上有可能突破边界的有远见者主要是仪器开发者，而从学科角度出发确保科学连续性的传统主义者主要是用户。也有例外情况，尤其是用户有时会参与突破边界的仪器开发和全新技术设计，而且用户在转型“大科学”实验室中担任全职科学家或出任发展新概念和新思想的领导职务也不鲜见，反之亦然，这类实验室的雇员和仪器开发者临时或永久进入用户群体也是常有的事情。

二、用户装置的组织

对一个异质研究实验室[451]的社会组织分析可从对“公共物品”和“群体团结”感兴趣的社会学家的概念性工作中汲取很多力量，在异质研究实验室或异质组织中，若干个有着不同（有时可能存在冲突）利益的行动者群体共存，共同产生每个行动者群体和行动者群体中的每个个体都重视的资源。一个基于理性选择的观点是，行动者为了实现一个共同目标而参加集体活动[452]，或者更具体地说，行动者为了获得他们单独无法获得，至少无法像通过合作那样有效率获得的公共物品而参加集体活动。从广义上说，这意味着合作需要可共享的利益的存在，需要确定利益分享的基本手段，也需要组织合作的一些方法。但是，公共物品的产生总是涉及选择、协调和分配，这意味着它将必须依赖于某些规则，或者至少依赖于从根本上管理合作的各方议定（和制度化的）实践[453]。对于按这样的功能运行并实现其目标的组织来说，所有相关方都必须遵守规则。但是，在“大科学”装置的具体案例中，相关方是利益迥异的行动者群体，他们都需要公共物品，因此他们出于自身利益自愿地合作和遵守规则，虽然自身利益的本质在行动者群体之间有很大差别。因此，这样的异质组织是“合作的博弈”，而不是“非合作的博弈”。经典的“搭便车问题”，即理性个体除非受到胁迫否则不会对共同目标作出贡献的基本前提[454]，以及“囚徒窘境”博弈的结果，即个体在非合作博弈中有着不合作的理性动机[455]，通常不能用于“合作博弈”的分析之中，两者是分析“群体团结”

451 译者注：“异质研究实验室”的英文原文是“heterogeneous research laboratory”。
452 如赫克特在 1987 年出版的著作（第 33 页，见参考文献 [135]）中所阐述的。
453 如赫克特在 1987 年出版的著作（第 33 页至第 34 页，见参考文献 [135]）中所阐述的。
454 如奥尔森（M. Olson）在 1965 年首版、1971 年再版的著作（见参考文献 [274]）中所阐述的。
455 如奥斯特罗姆（E. Ostrom）在 1990 年出版的著作（见参考文献 [277]）中所阐述的。

和“公共物品”产生和分配的关键概念。然而，真正适用于“合作博弈”的是协调、委托和分配的必要性。同样重要的是，合作需要建立在一个共同协议的基础之上，以追求不同行动者群体的专业知识和技能的最佳使用；合作也需要为这些专业知识和技能的最佳使用和行动者群体相互调节利益而组织起来，所有这些都是合作的重要基本原理[456]。其中当然包括委托-代理关系的信息不对称问题（见第一章），这个问题在微观层面上影响着异质合作中行动者群体之间的所有相互依赖关系。为了实现其他方式无法获得的公共物品，基于任务异质性的社会分工和互补性专家能力的利用，将涉及委托和基本的相互信任关系。在这些基础上的合作是理性的，即使行动者试图通过合作实现的目标是完全自私的，例如被命名的科学发现、获得享有盛誉实验室的领导职位等。同样明显的是，机构通过建立互信、降低交易成本来促进合作，从而有助于参与者从合作产生的公共物品中受益。

转型“大科学”实验室是高度异质性的组织，也是如何通过合作产生“公共物品”来很好追求个人主义利益的最适合案例。这类实验室组织必须被理解为：它们没有中央计划的目标或者集体的目标，除了为实现大量由行动者各自制定的目标提供可能的最好条件之外，这些行动者来来去去，对彼此的目标可能知之甚少或者一无所知，部分原因是他们不必了解其他行动者的目标，部分原因是他们在认知（科学）和实践（在专业任务方面）上过于专业化。

同步辐射实验室的基本组织结构能够被概念化为通过两种重要力量的相互作用而创建与维持的：其中一个力量是由处于中心位置的物理基础设施（如加速器）及其运行提供的统一性；另一个力量是主要由进出实验室的外部用户所涉及的动态多样科学项目的非统一性[457]。对两种相互作用（但共生的）力量作出这样的区分有些过于简化，但有一些明确的解释价值。这种区分原则上对中子散射和自由电子激光装置是有效的，因此在这里可作为一个有用的起点。

大多数中子散射、同步辐射和自由电子激光实验室都有一个“机器部门”或“加速器部门”，其职责是操作装置，使装置以可能的最高性能状态运行，从而将中子束或光辐射传输到实验站（有时被称为“束线”）[458]。在通常情况下，这个部门需要执行被描述为“工业型”的工作模式[459]，与科学研究项目相比较，装置正常运

---

456 如阿罗（K. Arrow）在 1974 年出版的著作（见参考文献 [10]）中所阐述的。

457 见本书作者 2009 年提交的博士学位论文（第 101 页至第 107 页，第 257 页至第 261 页，见参考文献 [119]）。

458 原书脚注 3-3：实验站位于加速器（同步辐射实验室）、核反应堆或目标区域（中子散射实验室）的周围，中子束 /X 射线通过中子导向装置 / 束线被传输到实验站。自由电子激光装置使用直线加速器，相应的实验站都被放置在直线加速器的尾端。从技术上说，一个束线只是一根真空管，同步辐射通过它从加速器传输到一个实验站，但在“beamliane”这个词的通俗用法中，它有时指实验站，这不仅在中子散射实验室中如此，而且在同步辐射和自由电子激光实验室里也是如此。有关更全面的技术说明见附录 1。

459 见本书作者 2009 年提交的博士学位论文（第 257 页至第 258 页，见参考文献 [119]）。

行时间的高数值是这类实验室质量的指标之一[460]。也有例外，与一所大学联系更密切的小型装置实验室可能设有一个机器部门，这个部门也从事学术目标为导向的加速器研发工作和博士研究生的培养工作，这些实验室可能不得不在加速器系统运行中承担一些风险，这可能略为减少装置的正常运行时间（参见图3-1）。对于大型装置，如位于法国格勒诺布尔的“欧洲同步辐射装置”，位于美国田纳西州的橡树岭国家实验室的“散裂中子源”装置，或位于美国加利福尼亚州的SLAC国家加速器实验室的“直线加速器相干光源”装置，它们的任务完全集中到满足其（外部）用户群体的需求，装置正常运行时间所占比例达到98%至99%[461]。与动态研究项目相比较，大型装置实验室的机器部门有着完全不同的组织文化，研究项目面向外部用户，使其具有高度的瞬时性和动态性[462]。但是，不管装置实验室的性质和规模以及它的机器部门的任务有什么不同，机器部门和实验项目之间的关键区别在于设计、建造、运行、维护和升级加速器系统本身就是一门学科，这就是“加速器物理”，它与20世纪50年代、60年代和70年代粒子物理学的演进协调发展，至今留有当时为完成“巨型项目”而创建的大型组织的痕迹。另一方面，在一个转型“大科学”实验室里，实验项目代表了从固

图 3-1 2014 年 3 月 7 日，美国威斯康星大学麦迪逊分校的“同步辐射中心”（Synchrotron Radiation Center，SRC）的灯光最后一次熄灭。这个装置是用于研究的红外、紫外和 X 射线光源，1986 年开始运行，现因失去资助而被关闭

460 见本书作者 2013 年发表的论文（见参考文献 [124]）和本书第五章。

461 见本书作者 2013 年发表的论文（见参考文献 [124]）。

462 见本书作者 2009 年提交的博士学位论文（第 259 页至第 261 页，见参考文献 [119]）。

体物理学到结构生物学的广泛学科范围，甚至超越了一所大学典型的自然科学、医学和工程科学院系。

三、学科广度和复杂性

因此，很难对装置实验室各实验部门的任务作出一般性陈述，除了说明其任务是宽泛的，可描述的一个责任是运行和维护实验设备，并根据竞争性时间分配方案向用户提供实验机会。当然，这里几乎没有涉及装置实验室中的全职科学家和科学主管的实际工作。转型“大科学”装置的实验项目在形式（学科）和实践（任务的异质性）方面基本是不统一的，这些装置实验室的用户群体和实验项目的学科广度可能是巨大的。2014年，“欧洲同步辐射装置”在“科学网”数据库索引的学术期刊上共计发表了1669篇学术论文，其中92%分布在422种学术期刊上，代表了由“科学网”定义并分配给被索引期刊的不少于103个学科主题类别[463]。劳厄·朗之万研究所中子散射装置的数据是类似的：在其2014年的出版物成果中，约88%发表在被“科学网站”数据库索引的学术期刊上，这146种期刊代表了50个学科主题类别。美国SLAC国家加速器实验室的“直线加速器相干光源”自由电子激光装置的出版物成果数明显较小，2014年的约90%出版物发表在23个被“科学网站”数据库索引的学术期刊上，这些期刊代表了18个学科主题类别。在这三个案例里，学科主题类别是很广泛的：“欧洲同步辐射装置”的学科主题类别涵盖了从“神经科学”和“肿瘤学”到“微生物学”和“植物科学”，再到“冶金学与冶金工程学”和“凝聚态物理学”的范畴；劳厄·朗之万研究所的学科主题类别涵盖了从“物理化学”和“高分子科学”到“地球化学与地球物理学”，再到“生物化学和分子生物学”的范畴；“直线加速器相干光源”装置的学科主题类别涵盖了从“细胞生物学”和“生物化学研究方法学”到“多学科材料科学”，再到“原子、分子与化学物理学”的范畴[464]。

这些装置实验室的实验项目受不同学科主题分类方法的影响，如果不是出于管理和宣传之外的其他原因，学科主题分类事实上能够很好地说明用户群体的多样性和分散性。表3-1综合了在“欧洲同步辐射装置”2014年《年报》（“亮点”）中列出的三种不同学科主题分类，并展示了在转型“大科学”实验室中的科学活动可被分类的多样性。

---

463 原书脚注 3-4：一份学术期刊最多可获得 6 个学科主题类别标志，但大部分只有一个。

464 原书脚注 3-5：亦见附录 1 的表 A-1。关于这些文献计量学数据及其广泛与深刻含义的全面分析见第五章，在本章里，文献计量学数据也以更为综合的形式予以表示。

表 3-1 “欧洲同步辐射装置”实验（科学）项目（学科）主题分类的不同方法
来源：“欧洲同步辐射装置”2014 年《年报》（“亮点”）

“欧洲同步辐射装置”2014 年《年报》（“亮点”）的章节标题
软凝聚态物质（Soft Condensed Matter）
结构生物学（Structural Biology）
电子结构和磁性（Electronic Structure and Magnetism）
材料的结构（Structure of Materials）
动力学和极端条件（Dynamics and Extreme Conditions）
X 射线成像学（X-ray Imaging）
“欧洲同步辐射装置”2014 年《年报》（“亮点”）用于实验时间统计的学科主题类别
软凝聚态物质（Soft Condensed Matter）
药物（Medicine）
结构生物学（Structural Biology）
生命科学（Life Sciences）
化学（Chemistry）
地球科学（Earth Sciences）
硬凝聚态物质科学（Hard Condensed Matter Science）
应用材料科学（Applied Materials Science）
工程学（Engineering）
环境（Environment）
文化遗产（Cultural Heritage）
方法和仪器（Methods and Instrumentation）
2015 年 1 月“欧洲同步辐射装置”实验部门的束线组
软物质结构（Structure of Soft Matter）
结构生物学（Structural Biology）
电子结构和磁性（Electronic Structure and Magnetism）
材料的结构（Structure of Materials）
动力学和极端条件（Dynamics and Extreme Conditions）
X 射线成像学（X-ray Imaging）

虽然近些年来“欧洲同步辐射装置”《年报》（“亮点”）的章节标题没有太大变化，但由于报道的原因，用于实验时间统计报道的学科主题类别则随着不同领域之间的平衡变化而反复变化。在“欧洲同步辐射装置”在1994年向用户开放的时候，仅有六个学科主题类别得到使用，随着用户数量增长和新领域变得更为重

要，这些学科主题类别此后在《年报》中被拆分和改变。最近，“欧洲同步辐射装置”2013年《年报》的学科主题类别被重新调整，以使它们代表学科或科学领域而不是技术，例如，“高分子晶体学”连同“表面和界面”一起被废除，作为替代，“生命科学”、“结构生物学”、“地球科学”等被引入。2012年，“欧洲同步辐射装置”负责评估实验时间申请的提案审查小组作出了相反的改变。在2012年之前，提案申请是按科学领域组织的（大致是这样，但不绝对如此，这些科学领域与表3-1所示用于实验时间统计的学科主题类别相对应），但2012年每个提案审查小组在一个特定束线上分配实验时间，这些束线被取名为C01、C02、C03等。这个变化可能有组织的原因：如果每个提案审查小组负责一个特定束线（的实验时间分配），实验时间分配和安排可能被认为更有效率。

在表3-1的三个方框中，没有多少学科主题类别与可在大学院系名称或高等教育项目中找到的现有科学学科相对应，有一些学科主题类别很可能与学术期刊的名称、卓越中心的名称和大学与研究机构类似的跨学科实体的名称相重叠，但很显然，转型“大科学”实验室的实验项目并不适合按现有学科界限进行的简单分类。

在这方面，当观察近期开放和目前正在建造中的自由电子激光和散裂中子装置的时候，整个图景将变得更加复杂，这两类装置似乎正在进一步推动跨学科发展。一个很好的例子是美国SLAC国家加速器实验室的“直线加速器相干光源”装置规划。这份规划源自证明技术概念可行性的一个原型装置设计，但在出资人即美国能源部的要求下，它发展成一个用户装置的概念（见第四章）。SLAC国家加速器实验室和自由电子激光的潜在或未来用户群体似乎都没有对使“直线加速器相干光源”装置成为用户装置的工作做好准备，在科学案例必须被开发的时候，两个装置项目咨询委员会开展了这项工作，并在2000年9月发表了题为《直线加速器相干光源：第一次实验》的报告，列出了五种实验类别，它们与该装置的规划性能参数和新兴自由电子激光用户群体非常初步的兴趣相对应。这五种实验类别分别是“原子物理学实验”、“等离子体和暖稠密物质研究”、“单粒子和生物分子的结构研究”、“飞秒化学”和“凝聚态物理学中纳米尺度动力学研究”，此外还有更多依赖于实验方法和仪器的“X射线激光物理学”[465]。这五个实验类别与表3-1所列的“欧洲同步辐射装置”学科主题类别相似，与现有学科并不相符，只是部分与近期（2015年底）在“直线加速器相干光源”装置上运行的仪器（实验站）名称相重叠，它们分别被称为“原子、分子和光科学”（见图3-2）、“相干X射线成像”、“极端条件下物质”、“软X射线材料科学”（见图3-3）、

465 见谢诺伊（G. Shenoy）和施特尔（J. Stöhr）2000 年提交的报告（见参考文献 [321]）。

“X射线相关光谱学”和“X射线泵浦探测仪”（第七种仪器被称为“大分子飞秒结晶学”，计划于2016年开始运行）。然而，在公开的信息资料中，“直线加速器相干光源”装置用户被划分为几个相当传统的类别，包括“原子、分子和光学”、“生物学”、“化学”、“软材料和硬材料”、“实验方法和仪器”和“极端条件下的物质”[466]。

图 3-2　美国 SLAC 国家加速器实验室“直线加速器相干光源”（Linac Coherent Light Source，LCLS）的“原子、分子和光科学”（Atomic，Molecular & Optical Science，AMO）实验站照片

图 3-3　美国 SLAC 国家加速器实验室“直线加速器相干光源”（Linac Coherent Light Source，LCLS）的“软 X 射线材料科学”（Soft X-ray Research Instrument for Materials Science，SXR）实验站照片

除了支持此前关于在转型“大科学”实验室中对科学活动进行分类的困难性的论点之外，“直线加速器相干光源”装置的例子还表明，很难对这里的实验项目内容和类别进行事先预测，下文将对这个问题再作讨论。如第一章所述，粒子加速器是“通用仪器”的主要例子[467]：加速器从二战期间及战后为核武器

466 见美国 SLAC 国家加速器实验室“直线加速器相干光源”装置网站，2016 年。

467 如希恩和约尔吉斯在 2002 年发表的论文（见参考文献 [323]）及罗森博格在 1992 年发表的论文（见参考文献 [308]）中所阐述的。

生产核材料和为医学研究生产放射性同位素的相当有限的应用，到20世纪50年代及以后成为粒子物理学探索亚原子世界的工具，再到20世纪末几乎完全转变为极其广泛（难以定义学科主题类别）的自然科学研究活动的“仆人”，这些研究活动使用中子散射、同步辐射和自由电子激光。因此，转型“大科学”实验室在非常普遍的层面上都是通用的，而且在更细节的意义上也是通用的：这类装置或多或少同时运行着一定数量的不同仪器（详见附录1），它们是高度精密和复杂的技术设施，需要专业化能力和丰富经验来设计、建造和运行。

中子散射、同步辐射和自由电子激光装置实验室经过一个长期过程已在科学领域里确立了自己作为他处无法获取的实验机会的可靠提供者地位。这个过程导致一个行动者群体的出现和成熟，他们非常像建造、运行和推广“通用仪器”的“研究技术专家”[468]。这些行动者不仅成为特定仪器的设计专家，而且非常了解相关科学领域，并与构成特定仪器用户范畴的科学界有联系。通常，他们被称为“束线科学家”、“全职科学家”或“仪器科学家”（为简便起见，他们在下文中被称为“全职科学家”）。作为制度的构造者，全职科学家在仪器的技术能力与用户的科学目标之间起着非常重要的中介作用，在加速器系统和特定仪器的性能与运行之间也起着非常重要的中介作用，并在更广泛的科学群体中推销仪器，推广仪器的使用。如加利森[469]所述，全职科学家是所谓“交易区”的主人，在交易区里，装置实验室的“亚文化”为科学研究而碰撞和相互作用。全职科学家通常在一个实验站工作，负责这个实验站的运行，或者是具有这个责任的团队的成员，他们的角色是维护技术设施、用户支撑和开展研究。全职科学家通过培训而具有学科基础，他们频繁地作为作者出现在与外部用户合作撰写的出版物上，既报道仪器的开发，也报道仪器的科学使用（见第五章）。全职科学家是仪器和技术的倡导者，他们的角色是“网络蜘蛛”和“经纪人”。

随着仪器和用这些仪器进行的研究工作的技术复杂度日益增长，对技能（专业知识）高度专业化的需求驱动团队组成朝着异质性不断增加的方向发展，这可能表明这些装置不仅在技术意义上而且在社会意义上为科学工作创造了独特的条件。在一般的情况下，团队的异质性已被证明可提高合作的效率[470]与创造性[471]。然而，在中子散射、同步辐射和自由电子激光装

468 如希恩和约尔吉斯在2002年发表的论文（相应杂志的第207页，见参考文献[323]）中所阐述的。

469 如加利森在1997年出版的著作（见参考文献[94]）中所阐述的。

470 如达林（K. B. Dahlin）等在2005年发表的论文（见参考文献[60]）和纽特博姆（B. Nooteboom）等在2007年发表的论文（见参考文献[271]）中所阐述的。

471 如海因茨与鲍尔（G. Bauer）在2007年发表的论文（见参考文献[138]）和海因茨等在2009年发表的论文（见参考文献[140]）中所阐述的。

置上进行的实验工作案例里，团队的异质构成是必要而不是一个选择的问题，这意味着在所引用研究中建立起来的因果关系不一定能够转化为这种情况。

这些异质合作团队如何形成和为什么形成是一个重要的问题。一个解释是，这些装置实验室汇聚了高技能研究人员，他们是在其技能基础上并通过实验时间分配的竞争过程（见下文）被挑选出来的，这使得这些装置实验室成为创造性蓬勃发展的“熔炉”。另一个解释是，研究者A在项目X中进行的研究需要使用装置实验室Z的仪器Y提供的实验机会，仪器Y只能由具有多种技能的团队进行操作和成功使用，这个团队包含真空技术、探测器和数据采集、适当制备样品等方面的专家。在后一个解释中，当代科学研究及创新政策与管理中如此流行的协同增效效应，不如从上述分析中得出的一个主要结论那样明确：“熔炉”是一种必需品（不能排除的是，在某些情况下，它甚至是一种必要的“邪恶”），而不是在高技能专业人员组成的异质团队中自愿合作的结果。在合作中，始终存在潜在的协调挑战和高交易成本的风险（参见上述公共物品的产出），团队的异质性可能会抬高此类风险。因此，从根本上说，合作构成了对机会与交易成本之间的权衡。上文简要讨论了全职科学家作为合作经纪人的作用，值得注意的是，此前研究已经表明，经纪活动促进知识的产出，同时可能阻碍知识的传播[472]，也可能在个体层面和群体层面上阻碍创造性的培育[473]。在中子散射、同步辐射和自由电子激光实验室，无论异质组成的团队，还是全职科学家作为合作经纪人的角色，都不是选择的问题，相反是必需品，很难直接得出关于中子散射、同步辐射和自由电子激光实验的组织特征实际意味着什么的结论。在可以得出的极少数明确结论中，一个结论是仪器越先进，合作经纪人科学家的作用可能就越关键。

四、用户和成果

转型“大科学”装置主要是用户装置，其全部的存在理由是这些装置为外部科学群体提供服务，当然必须被添加到科学组合之中。一种体制化的社

---

472 如弗莱明（L. Fleming）等在 2007 年发表的论文（见参考文献 [89]）和菲尔普斯（C. Phelps）等在 2012 年发表的论文（见参考文献 [292]）中所阐述的。

473 如海因茨与鲍尔在 2007 年发表的论文（见参考文献 [138]）和海因茨等在 2009 年发表的论文（见参考文献 [140]）中所阐述的。

会分工直接影响了装置和用户群体的组织：稍作简化，装置实验室把所有的工作集中到为外部用户群体使用装置提供最好的技术（和科学）条件。用户带着自己的项目来到这里，这些项目是在装置实验室外部和普通研究组织里构想和设计的，得到来自最初那个大学的资助、第三方赠款或企业的投资。外部用户的能力和知识对他们自己的科学工作来说是至关重要的，也直接或间接地被装置实验室用于仪器设计、建造与升级（见下文）。

企业用户和公共科学领域用户都会周游世界，为他们近期计划的实验工作寻找最佳实验机会。关键的资源或“商品”是实验时间，即在装置实验室里使用某种仪器的时间。绝大部分实验时间是在一个有组织的同行评议程序中被授予的，这是一个形式化体系，其确切结构当然在（尤其在规模上）不同装置实验室之间有所不同，但是，在绝大多数情况里，这个体系涉及以下组成部分[474]。征集实验提案的通知通常每年发布一至两次，有着确定截止日期，在此期限之后，实验时间申请书（或“实验提案”）由提案审查小组（或提案审查委员会，名称不尽相同）进行审查和评分，提案审查小组或按特定领域设置，或按特定仪器群设置（在规模最大的装置实验室里，还会有若干专门小组），也可由来自装置实验室提供服务的学科代表组成。提案审查小组成员都是专家，他们进行标准的同行评审评估，除了评审提案的科学质量和实验潜力之外，还考虑技术可行性，以及在某些情况下所提实验是否符合装置实验室的长期战略性科学路线图。在一些国际合作装置实验室里，如“欧洲同步辐射装置”、劳厄・朗之万研究所等，对实验时间分配进行事后调整，以确保实验时段大致按照装置运行预算的分摊份额分配给不同国籍的研究者（体现公平回报政策）[475]。所有装置实验室通常在它们的网站上发布关于特定仪器的非常详细的信息，根据这些信息，这些仪器的潜在用户能够仔细地规划自己的实验提案。在同一个装置实验室里，不同仪器的受欢迎程度可能有很大差异，这反映在特定仪器的超额申请率，即这种仪器的实验时间需求与供给之间的比率，这个比率是对某种仪器配置或实验机会在相关科学群体中受欢迎程度的公平测量（参见图3-4，亦见第五章）。不同仪器和不同装置之间的竞争是变化的[476]。

---

474 原书脚注 3-6：关于用户申请使用装置的政策和程序通常可在装置的网站上找到。例如，“散裂中子源”装置的网站，网址：http://neutrons.ornl.gov/users；“欧洲同步辐射装置”的网站，网址：http://www.esrf.eu/UsersAndScience；运行散裂中子源装置和同步辐射光源装置的瑞士保罗・舍勒研究所的网站，网址：https://www.psi.ch/science/psi-user-labs。

475 见本书作者 2014 年发表的论文（相应论文集的第 44 页，见参考文献 [122]）。

476 见本书作者 2013 年发表的论文（见参考文献 [124]）。

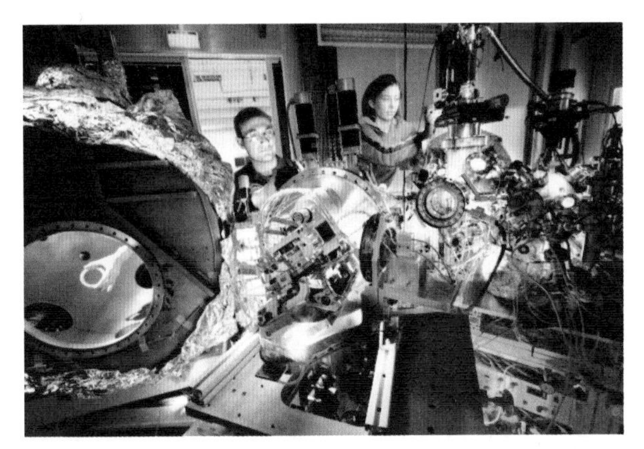

图 3-4 “欧洲同步辐射装置”的一个研究超高真空条件下物质磁性和电子结构的实验站

报道在中子散射、同步辐射和自由电子激光装置上进行的实验工作的学术出版物是分析装置实验室科学活动（学科与组织方面）异质性的主要来源之一（见第五章）。出版物产出本身是在这些装置实验室的用户群体中存在巨大学科多样性的证据，但必须注意的是，尽管由装置实验室自己发布的出版物列表是记录它们科学产出率的唯一综合性集合，也是高度模糊的。虽然一份出版物报道了在特定装置上、借助其中一个实验站的仪器开展的工作，但这份出版物通常不报道装置本身运行的实验结果，而是报道来自中子散射、同步辐射或自由电子激光装置的使用作出贡献的研究工作的更广泛结果。即使通过阅读该份出版物的全文，也无法确定装置的使用对结果有多么重要：尽管一些作者标注了特定的实验站和所用的技术，以及使用这项技术进行的具体分析或测量，但同一出版物标注多个装置实验站的情况并不罕见。关于所用单个装置或多个装置的信息可在学术论文的“致谢”部分或实验方法部分中被找到的情况也是常见的事情。这意味着装置通常不容易在出版物列表和学术期刊目录中加以识别，这样的列表和目录可公开访问，仅注明标题、作者姓名及隶属关系、学术期刊名称、摘要和关键词。此外，这意味着对一份出版物进行全文阅读足以查明装置、实验站、实验/测量、研究和出版物之间的确切关系，查明装置及其实验装备在出版物所报道特定结果中扮演怎样的角色，查明装置的作用是否被认为是重要的或是决定性的。在一些罕见的情况下，报道部分在中子散射、同步辐射或自由电子激光装置上获得的结果的出版物根本没有提及这个装置[477]。最重要的含义是本书反复提到的一点，这就是中子散射、同步辐射和自由电子激光装置本身不会产生任何科学，而是使用装置的用户产生科学。

477 原书脚注 3-7：第五章进一步讨论了这个现象，并对文献计量学数据进行综合分析，以支持相关论点。

五、异质性和组织复杂性

标志这些转型“大科学”实验室的差异性、多样性及其内在技术灵活性在技术和管理方面对实验室组织提出了很高的要求，这里的内在技术灵活性指随着科学需求的变化，装置的一些实验站可被拆除，其他实验站可在原处再建立起来（参见图3-5，亦见附录1）。转型“大科学”实验室雇用科学、技术与管理骨干来管理实验时间分配过程，给用户提供工作空间并满足他们的需求，并尽可能保持整个装置及其所有高精密部件处于最佳状态，以便为在该装置上开展的科学工作取得最有利的条件。除了组织复杂性之外，转型“大科学”实验室运行着高度复杂的技术系统。为了让加速器或核反应堆全时运行并达到可能的最好性能水平，转型“大科学”实验室在技术和科学上的严谨性和权威性是必要的。通过束线被传输给用户的中子或X射线的品质取决于若干因素，但最终是由加速器或核反应堆的性能决定的，尤其是它们的运行可靠性，所谓可靠性指加速器或核反应堆的不可避免故障被保持在最低程度。因此，装置正常运行时间是衡量转型“大科学”实验室表现的最直接和最基本指标之一，它可用装置向用户实际提供的实验时间占预定实验时间的百分比来表示（见第五章）。

图3-5 美国阿贡国家实验室“先进光子源”装置的纳米尺度材料研究实验站照片

不同的用户以不同方式、在不同程度上与实验装备相互作用，也与装置实验室的人员相互作用。这种相互作用体现在用户对装置实验室事务的参与程度以及他们的工作模式上。一些用户改装和定制实验装备，以团队形式与装置实验室人员一起工作，另一些用户进行或多或少自动化的实验，把装置实验室的全职科学家作为顾问或助手，显然在这两类用户之间存在着差异。在前一种情况里，更恰当的说法是“实验”，而在后一种情况里，更适当的说法也许是“测量”，在装置的相关实验站上，材料科学的大部分研究工作通常需要更长的实验时间，以允许样品的原位制备、改进和迭代实验工作（参见图3-6）。与材料科学的实验工作相反的是自动化晶体学测量，被测样品被预先准备好，并被置于样品交换部件中，甚至被寄至装置实验室，或进行远程访问和数据采集，或由全职科学家进行测量（参见图3-7）。显然，在这两者之间，还存在着许多种实验方式。然而，显而易见的是这些差异既有技术/科学原因，也有历史/组织原因。在同步辐射研究的早期，正是物理学家为实验发展铺平了道路并参与了仪器的开发[478]，生命科学用户只是在同步辐射装置的性能稳定性达到了一定水平和（一些）实验站的定制化与自动化完成之后才广泛地进入这个领域[479]。

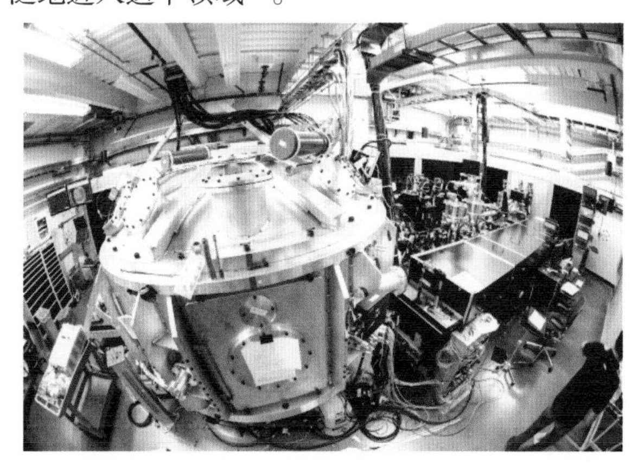

图 3-6 美国 SLAC 国家加速器实验室“直线加速器相干光源”（Linac Coherent Light Source，LCLS）的“极端条件下物质”（Matter in Extreme Conditions，MEC）实验站照片

图 3-7 美国 SLAC 国家加速器实验室“直线加速器相干光源”（Linac Coherent Light Source，LCLS）的“X 射线泵浦探测”（X-ray Pump Probe，XPP）实验站照片

478 见本书作者 2014 年、2015 年发表的论文（见参考文献 [120]、[129] 和 [130]）和海因茨等在 2015 年发表的论文（见参考文献 [142]）。

479 见本书作者和海因茨 2015 年发表的论文（见参考文献 [133]）。

早期也是如此，有必要让用户直接参与中子散射和同步辐射装置的实验站设计、建造和运行[480]。这有两个主要原因：一是使用这些技术的首次探索活动自然受制于装置实验室的内部能力，在建立实验中需要使用（正在形成的）用户群体的专业知识；二是资金的限制使得装置实验室有必要从外部获得人力和物质资本。在一些装置实验室，用户团体与其签署了建造、运行和维护整个实验站的合同，这既是从外部引入专业知识的一个方式，也是从外部为设备和装置运行部分募集资金的一个手段。近些年来，这样的解决方案在很大程度上已被废除，取而代之的是确保用户投入和使用他们的专业能力，同时保持对装置和设备的总体控制的方式，主要原因是包括这种用户过度参与形式的一些实践已导致装置实验室的极端分隔[481]。一个有助于成员国从国际合作装置中的投资中获取回报的相对新现象是使用实物捐赠而不是现金捐助，这意味着（稍作简化）一个国家可以用一件设备或一个装置模块来对一个装置的建造作出贡献，从而让这个国家的资金留在其国内经济活动之中，吸引当地的能力参与开发工作，这项政策也确保了在装置设计和建造中可从更大的地理区域获得宝贵的专业知识[482]。这项政策正在在德国汉堡建造的“欧洲X射线自由电子激光”装置和在瑞典隆德建造的“欧洲散裂中子源”装置中被广泛使用。

如第二章所述，中子散射和同步辐射装置发展史的关键主题是扩展和多样化。在技术、科学应用和装置实验室组织方面的发展逐渐但极大地扩展了装置的范围，并使其能够容纳越来越多具有不同偏好的用户群体。这些发展已在全球范围内[483]也在各装置实验室内部发生[484]。中子散射、同步辐射和自由电子激光装置具有内在的动态性和不可预测性，原因是随着需求变化和技术发展，这些装置的用户群体和技术设置将随时间推移而变化。虽然装置的原始设计和科学案例在进行决策和开始建造之前就已形成并被提交给资助者，但两者很少甚至没有涵盖装置未来的所有能力和用途。在装置实验室里，对设备进行增量升级，为提高性能改变技术配置，整个实验站的替代和对装置部件进行间断的升级，都是经常发生的事情。新的装置通常是逐步建造的，以便使加速器在实验站开始建造之前就投入初始运行，并且实验站不是同时而是分步骤建造的。“欧洲同步辐射装置”在1994年向用户开放时仅有9个实验站，在接下来的三年里，该装置每年开放6个新的实验站，

---

480 见本书作者 2015 年发表的论文（见参考文献 [129]）和沙尔 1986 年发表的论文（见参考文献 [325]）。

481 如霍尔在 1997 年出版的著作（第 473 页，见参考文献 [161]）中所阐述的。

482 见本书作者 2014 年发表的论文（相应论文集的第 43 页至第 44 页，见参考文献 [122]）。

483 见本书作者和海因茨 2015 年发表的论文（相应杂志的第 848 页至第 852 页，见参考文献 [133]）和培根 1986 年发表的论文（见参考文献 [13]）。

484 如本书作者 2015 年发表的论文（见参考文献 [129]）、海因茨等 2015 年发表的论文（见参考文献 [142]）和都因（Doing）2015 年发表的论文（见参考文献 [71]）。

在其运行的第4年，该装置又开放了另外3个实验站，这样，至1998年底，所有计划的30个实验站都投入运行[485]。“欧洲散裂中子源”装置的目标是至2019年通过散裂过程开始产生中子，但没有所计划的22个实验站投入运行的确定时间，2025年被设定为其中16个实验站预计完工的年份[486]。

事实上，整个装置可被视为“通用仪器”，这使得对装置进行递增改进和改造的机会几乎没有穷尽，但是，只有在技术可能性、用户需求、组织能力与个体能动性正确结合起来的情况下，装置这样的发展才可能实现。产生一定发展的共同努力把技术、科学抱负和“合作博弈”中的组织能力结合在一起，在这个博弈中，所有卷入的行动者都有合理的理由参与并作贡献：他们将产生一个公共物品，或者实现一个以其他方式无法实现的、使所有人受益的目标。如果一个或几个行动者群体在长期或短期内没有受益，即总体上或在其专业活动的特定元素方面没有受益，他们不会作出成为（转型）“大科学”活动一部分的选择，而是在其他地方、在另一种集体环境中或在“光荣孤立”中追寻自己的兴趣[487]。

从物质上说，转型“大科学”实验室因其空间划分和核心基础设施（加速器或核反应堆）而统一起来，又因其服务的科学活动的多样性而不统一，而这正是其存在的主要理由。在很大程度上，转型“大科学”实验室拥有的实验设备在其他地方罕见或不可使用，在某些情况下是全球独一无二的。作为导出概念框架并定义本书分析的核心概念工作的一部分，第一章详细叙述了旧“大科学”与转型“大科学”在三个维度上的关键差别，这三个维度分别是“大组织”、“大机器”和“大政治”。本章阐述了旧“大科学”与转型“大科学”之间的一个关键区别在于“大组织”的含义。虽然旧“大科学”主要与从事单一实验的“大组织”有关，在许多情况下，加速器的运行和实验工作是同一件事情，至少两者在组织或专业上非常紧密地联系在一起，但转型“大科学”中的“大组织”主要指为各种科学活动提供服务和支撑的组织。转型“大科学”是使用“大机器”的小科学，“大组织”的最重要工作是使这门小小的科学得以发展和维续。科学本身，以及它的产出，都是异质和复杂的，临近难以理解的边缘。

因此，转型“大科学”实验室的治理有着强烈的自下而上的一面，其根源在于其异质性和固有的动态用户群体，在于其组成活动者群体的专业规范、文化和活动，也在于由实验室聘用的个体的科学抱负。这种自下而上的治理有助于创造

---

485 见“欧洲同步辐射装置”《亮点 1994 ～ 1999》（见参考文献 [81]）。

486 见“欧洲散裂中子源”2015 年发表的报告（见参考文献 [83]）。

487 如惠特利在 1984 年首版、2000 年再版的著作（第 61 页和第 268 页，见参考文献 [375]）中所阐述的。

一种连续变化的状态，反映了科学[488]和技术系统[489]的进化本质。对科学思想和行动方案进行分类、排序、“押注”或放弃的实际过程通常是一个集体行为，涉及转型“大科学”实验室组织的不同部门、外部专家、决策者、行政管理人员和大量用户。除了技术设计工作和科学案例的创建之外，上述工作的很多内容与建立围绕装置项目提案的信誉有关，这就是说，既要证明装置的技术可行性，又要通过足以证明装置项目得到来自相关用户群体支持的形式来说明装置的实用性。研讨会是例行的程序，具有某种形式的制定规则甚至实施规则的功能，用户和装置实验室的雇员在全体会议或小型会议上会面，协调他们的优先事项。但是，用户的持续参与，以及这种参与和装置实验室的能力与议程的持续协调，同样发生在装置实验室日常的科学工作和用户的进出之中。在这方面，装置在某种意义上是自我维持或“自我创制”的[490]（见第一章），即装置在其自身要素的基础上实现更新、重振和持续优化，此处的自身要素包括技术、用户、全职科学家、实验室主任、资金等。装置实验室的自我再生形成了资源经济或生态系统，它们为更新和适应提供了基本的前提条件，更新和适应既产生了转型“大科学”，又通过持续优化和调整使转型“大科学”存续下去。

488 如霍尔（D. Hull）在1988年出版的著作（见参考文献[166]）和基切尔（P. Kitcher）在1993年出版的著作（见参考文献[186]）中所阐述的。

489 如休斯（T. P. Hughes）在1987年发表的论文（见参考文献[165]）中所阐述的。

490 如罗尔曼在1995年出版的著作（见参考文献[222]）中所阐述的。

第四章

适应能力和更新

一、美国国家实验室生态系统的更新

科学史学家凯瑟琳·韦斯特福尔和罗伯特·克雷斯在记述和分析20世纪70年代、80年代和90年代美国阿贡国家实验室、布鲁克海文国家实验室和劳伦斯-伯克利国家实验室的历史中作出了巨大努力。他们在学术期刊文章和著作中讲述了各种大型核反应堆和基于加速器的基础设施在这些实验室里被规划、建造和运行（后者在完工前未被撤销的情况下），构成了与此处有很大相关性的强大二级资料库。虽然这些分析完全局限于美国及其国家实验室，但这些分析揭示了关于（转型）“大科学”装置在组织和政治上如何诞生和成长的许多关键见解，也揭示了这些装置需要及如何整合和重组哪些有形与无形资源，使得装置项目变得可行并在科学、技术、组织和政治意义上取得成功。韦斯特福尔是非常有说服力的“生态系统”比喻说法的提出者，“生态系统”被用来描述大型装置项目在美国国家实验室体系中构思、推动和（有时）实现的环境。这个概念在她2010年发表的关于阿贡国家实验室的中子散射装置即“强脉冲中子源”装置的论文中得到了最好的阐述，这个装置“在多种环境的连接处产生并存续”，这里的“多种环境”包括阿贡国家实验室的“科学思想和创新的多学科组合”、预期的用户群体，以及实验室和美国科学政策体系内的一些管理者和官员[491]。这个生态系统的“资源经济”不仅包括阿贡国家实验室组织及其各种各样的物质、社会和智力资产，包括此前更新和重整的基础设施，而且包括美国国内在模糊但广阔的材料科学领域里的科学群体，当然在更广泛的意义上还包括政治、经济和社会。

第二章概述了美国国家实验室体系的起源，其中还指出美国国家实验室（和它们构成的体系）似乎体现了“问题发生变化,但解决方案保持不变”的逻辑（亦见第一章），这个逻辑在“大科学”的更新和转型中发挥了作用：由评审委员会主席戴维·帕卡德作出的令人寒心的表述即“保护实验室不是一项任务”[492]已被证明是错误的。尽管许多国家实验室相当巧妙地实现了自我更新，但它们中没有一个被关闭也是确凿的事实[493]，当然除非“超导超级对撞机”装置项目被计算在内，在1993年该装置的建设被停止、整个装置项目被终止之前，它曾正式是一个新创立的国家实验室。

---

491 见韦斯特福尔 2010 年发表的论文（相应杂志的第 394 页，见参考文献 [372]）。

492 如霍尔在 1997 年出版的著作（第 401 页，见参考文献 [161]）中所阐述的。

493 见本书作者和海因茨 2012 年和 2016 年发表的论文（见参考文献 [131]、[134]）。

控制重要资产并雇佣数百人的大型组织具有内在的惯性和适应能力[494]。单一项目和特定基础设施更容易受到政治和社会潮流的影响[495]。在美国国家实验室近70年历史的某些例子里，研究领域的衰落和任务的减少威胁着整个国家实验室的存在，这些国家实验室似乎只有通过全面更新、资产重组和建造新装置、开展新研究的努力才可使自己免遭关闭。机构自主性、公共资助的大型基础设施和人力资源的不同寻常结合（见第二章）似乎已使得国家实验室成为通过重组实现更新的"天然港湾"，这似乎也已使得更新的努力一旦完成后变得更加强劲。

美国国家实验室体系科学史学家彼得·韦斯特威克（Peter Westwick）[496]曾提出美国国家实验室应当主要作为"一个机构而不是一个技术的系统"加以分析，每个国家实验室在功能上与其他国家实验室相互依存，并与美国整个研发体系保持进化协调。韦斯特福尔批评了这个建议[497],声称把每个国家实验室视为一个"处于单一和固定的更大体系之中的主体"妨碍了对国家实验室内部复杂性的适当关注，也妨碍了对国家实验室如何与外部环境的复杂性联系的适当关注，国家实验室是相互交织的资源经济体，共同构成了更广泛的"生态系统"。这种观点上的差异可能与所选择的分析层面有关。美国国家实验室体系层面的更新可通过体系层面的分析得到令人信服的证明[498],但为了从更深刻的意义上理解更新，必须绘制和分析单个国家实验室的内部更新过程及其机制。

位于美国伊利诺伊州芝加哥郊外的阿贡国家实验室是1946年至1947年期间创立的最初五个多任务国家实验室之一。阿贡国家实验室主要作为一个民用核反

494 如格林伯格在 2001 年出版的著作（第 15 页，见参考文献 [110]）、库尔斯（J. R. Kurth）在 1973 年发表的论文（相应论文集的第 139 页至第 145 页，见参考文献 [201]）、泰希（A. H. Teich）和兰布赖特（W. H. Lambright）在 1976 年发表的论文（相应杂志的第 447 页，见参考文献 [345]）中所阐述的。

495 如古斯特森（H. Gusterson）在 1996 年出版的著作（第 227 页，见参考文献 [112]）、霍尔在 1997 年出版的著作（第 446 页，见参考文献 [161]）和韦斯特福尔在 2008 年发表的论文（见参考文献 [370]）中所阐述的。

496 见韦斯特威克 2003 年出版的著作（第 7 页，见参考文献 [374]）。译者注：彼得·韦斯特威克，1989 年获得美国加利福尼亚大学伯克利分校物理学学士学位，1993 年获得历史学硕士学位，1999 年获得历史学博士学位，现为美国南加利福尼亚大学教授。他的主要著作包括 2003 年出版的《国家实验室：美国体系中的科学，1947 ～ 1974》（*The National Labs: Science in an American System, 1947-1974*）、《走进黑暗：喷气推进实验室与美国太空计划，1976 ～ 2004》（*Into the Black: JPL and the American Space Program, 1976-2004*），2012 年出版的《蓝天都市：南加州的航空航天世纪》（*Blue Sky Metropolis: The Aerospace Century in Southern California*），2013 年出版的《卷曲中的世界：一部非传统的冲浪史》（*The World in the Curl: An Unconventional History of Surfing*），以及 2020 年出版的《隐形：发明隐形飞机的秘密竞赛》（*Stealth: The Secret Contest to Invent Invisible Aircraft*）。引自：https://pressroom.usc.edu/peter-westwick/，访问时间：2022 年 2 月 20 日。

497 见韦斯特福尔 2010 年发表的论文（相应杂志的第 355 页，见参考文献 [372]）。

498 见韦斯特威克 2003 年出版的著作（见参考文献 [374]）、本书作者与海因茨 2012 年发表的论文（见参考文献 [131]）和赛德尔 1986 年发表的论文（见参考文献 [314]）。

应堆研发实验室的定位很快就形成了，这个领域连同最初对应用方面的强调主导了这个国家实验室40多年间的活动。直至20世纪50年代中期，阿贡国家实验室通过全面努力，以一台用于粒子物理学研究的大型加速器装置即“零梯度同步加速器”装置为核心，在基础研究方面勾画出一个更显著的轮廓，这个装置是美国原子能委员会在1957年出资2700万美元建造的，1963年投入使用（最终建造成本为5000万美元）[499]。但是，阿贡国家实验室本质上仍然是一个多学科的国家实验室，它的材料科学项目似乎已足够强大，能够调集实验室内部资源来设计和规划这个领域的一个大型装置。提案是建造一个按产生世界上最高中子通量并使阿贡国家实验室成为美国国家实验室中子散射领导者来设计的核反应堆[500]。这个核反应堆被命名为“阿贡先进研究反应堆”（缩写为A^2R^2），与“零梯度同步加速器”装置一起成为阿贡国家实验室的“旗舰”项目，但这两个装置在美国国家层面上遭受了很大的争议，“零梯度同步加速器”装置受质疑的主要原因似乎是其无法与之匹敌的（来自斯坦福大学直线加速器中心和西欧核子研究合作组织）竞争，“阿贡先进研究反应堆”装置受质疑的主要原因似乎是该实验室和美国原子能委员会之间的管理冲突，这些冲突与建造成本超支和对设计选择不信任有关。“零梯度同步加速器”装置被允许继续运行，直至后来成为费米国家加速器实验室的起端（位于芝加哥郊区），但是，“阿贡先进研究反应堆”装置项目在1968年4月开始建造前被取消[501]。“强脉冲中子源”装置似乎是在“阿贡先进研究反应堆”装置的“灰烬”中产生的，这是阿贡国家实验室“在与其他国家实验室的竞争中获胜”的一种手段，也是阿贡国家实验室“在国家实验室环境变得严酷和不友好时证明自己存在理由”的一个方式[502]。然而，“强脉冲中子源”装置项目本身既是机缘巧合的结果，也是阿贡国家实验室为获得新的功能定位而周密规划的结果。1968年1月，为了发展当时未被取消的“阿贡先进研究反应堆”装置新的用途，阿贡国家实验室成立了一个由中子散射专家组成的委员会，正是这个委员会“最终促成了一种新型加速器的设计”[503]。潜在的用户参与了这项工作，目标很快就被确定为（建造）基于加速器的脉冲散裂中子源。一个涉及与“零梯度同步加速器”装置分享加速器模块和功能、使两个装置都受益的概念形成了，但因难以获得资助而被推迟[504]。与此同时，美国原子能

499 见韦斯特福尔2010年发表的论文（相应杂志的第357页，见参考文献[372]）。
500 见韦斯特福尔2010年发表的论文（相应杂志的第358页至第359页，见参考文献[372]）。
501 见韦斯特福尔2010年发表的论文（相应杂志的第359页至第360页，见参考文献[372]）。
502 见韦斯特福尔2010年发表的论文（相应杂志的第361页，见参考文献[372]）。
503 见韦斯特福尔2010年发表的论文（相应杂志的第361页，见参考文献[372]）。
504 见韦斯特福尔2010年发表的论文（相应杂志的第363页至第364页，见参考文献[372]）。

委员会提高了自身对材料科学和中子散射潜在能力的认识，开始鼓励阿贡国家实验室在更大的范围里进行思考：从华盛顿的角度看，所建议的“强脉冲中子源”装置显然被认为过于“温和”[505]。

开发更强大中子源的工作把阿贡国家实验室的一系列资源和内部能力组织起来，还包括一场针对美国国内材料科学界的宣传活动，以动员潜在的用户，获得必要的支持[506]。1978年，“强脉冲中子源”装置项目得到美国国会的批准，并开始建造[507]。1977年，“零梯度同步加速器”装置被关闭，这意味着“强脉冲中子源”装置的许多部件可从“零梯度同步加速器”装置和此前核反应堆装置的现场“捡拾”。“零梯度同步加速器”装置的组织安排也被引入到“强脉冲中子源”装置中，其中包括一个接纳大量外部用户的系统，这是“赢得政治支持所需的选民和大型装置所需的资助的关键”[508]。

然而，韦斯特福尔认为[509]，阿贡国家实验室并不擅长应对同一时期不断增强的外部政治压力上，而且发现自己缺少一个“B计划”，因此，假如“强脉冲中子源”装置项目失败了，它的前途渺茫。1979年，即将上任的阿贡国家实验室主任沃尔特·梅西（Walter Massey）[510]宣布“强脉冲中子源”装置项目是“他和实验室最高优先事项”，从而在这个装置项目上“押上了更大的赌注”[511]。这个策略似乎奏效了：数年后，“强脉冲中子源”装置项目在评审中受到了称赞，被认为是“（美国国家实验室）体系中最可靠的材料科学机器”[512]。但是，成功只是昙花一现：1981年，布鲁克海文国家实验室的“国家同步加速器光源”装置项目走上了正轨，在阿贡国家实验室，一个新的令人激动的光源装置项目（即“先进光子源”装置项目，见下文）出现在设计阶段，这似乎再次改变了美国国家实验室体系的优先事项顺序。到了20世纪80年代，几个装置项目的优先级都高于“强脉冲中子源”装置项目，1987年启动并于1996年向用户开放的“先进光子源”装置将成为阿贡国家实验室

---

505 见韦斯特福尔 2010 年发表的论文（相应杂志的第 368 页，见参考文献 [372]）。

506 见韦斯特福尔 2010 年发表的论文（相应杂志的第 365 页至第 374 页，见参考文献 [372]）。

507 见韦斯特福尔 2010 年发表的论文（相应杂志的第 372 页至第 375 页，见参考文献 [372]）。

508 见韦斯特福尔 2010 年发表的论文（相应杂志的第 374 页，见参考文献 [372]）。

509 见韦斯特福尔 2010 年发表的论文（相应杂志的第 381 页，见参考文献 [372]）中所阐述的。

510 译者注：沃尔特·梅西（1938 ～），美国物理学家。他在 1958 年获得莫尔豪斯学院理学学士学位，1966 年获得华盛顿大学物理学博士学位。毕业后，在阿贡国家实验室短暂工作之后，他成为伊利诺伊大学香槟分校物理学教授，随后到布朗大学任教，1979 年起担任阿贡国家实验室主任，1991 年至 1993 年担任美国国家科学基金会主任，1993 年起担任加利福尼亚大学系统的教务长和负责研究事务的副主席，1995 年至 2007 年担任莫尔豪斯学院院长，2010 年起担任芝加哥大学艺术学院院长。引自：https://www.thehistorymakers.org/biography/walter-e-massey-39，访问时间：2022 年 2 月 22 日。

511 见韦斯特福尔 2010 年发表的论文（相应杂志的第 381 页至第 382 页，见参考文献 [372]）。

512 见韦斯特福尔 2010 年发表的论文（相应杂志的第 385 页至第 386 页，见参考文献 [372]）。

新的旗舰装置（见下文）。

通过获取必要物质资源和政治/组织支持来维持"强脉冲中子源"装置项目的工作"是阿贡国家实验室、美国能源部官员和材料科学家共同努力的结果"，但这个装置项目的长期命运"似乎是由一个联盟综合体决定的，这个联盟综合体在与不断变化的条件持续作用中发生变化"[513]。一个多任务国家实验室的物质资源和组织资源或多或少是可以通用的，但为了使更新能够发生，这些资源必须根据享有一定影响力或能够通过有目的工作来获得影响力的行动者和行动者群体的决心，积极地重新定向和调整用途（重点参见本章第二部分对SLAC国家加速器实验室更深入的案例研究）。国家实验室内部和更广泛国家背景下的利益竞争也可能有助于增强成功希望和激励支持，虽然往往不可避免地以牺牲其他装置项目为代价。"猪肉桶政治"、对专业群体的忠诚和地域性的"爱国主义"（的影响）也不应被低估。

位于纽约长岛的布鲁克海文国家实验室在1946年至1947年期间创建，也是美国最初的五个国家实验室之一。在阿贡国家实验室早年在民用核反应堆研发上找到自己定位的时候，布鲁克海文国家实验室借助大型加速器在核物理学和粒子物理学领域中发展出自己的特长。1952年，布鲁克海文国家实验室的"Cosmotron"装置投入运行[514]，1960年，"交变梯度同步加速器"装置投入运行，两者在运行之初都是当时最先进的粒子物理实验装置[515]。布鲁克海文国家实验室用来发展其粒子物理实验项目的主要逻辑来自克雷斯所说的美国能源部、这个国家实验室及主要竞争对手、位于加利福尼亚州的劳伦斯-伯克利国家实验室之间的"君子协议"，这个协议是为了"以一种亲密友好的方式安排新加速器的建造顺序（……），按照这个顺序，位于美国东西海岸的这两个国家实验室将轮流跨过新的前沿加速器装置项目"，这是20世纪80年代"特里弗尔皮斯规划"早年的微型版本（见第二章和下文）。因此，劳伦斯-伯克利国家实验室的"Cosmotron"装置于1956年被"Bevatron"装置所取代；在1960年布鲁克海文国家实验室的"交变梯度同步加速器"装置刚向用户开放的时候，劳伦斯-伯克利国家实验室被认为是下一个大型

---

513 见韦斯特福尔 2010 年发表的论文（相应杂志的第 353 页和第 355 页，见参考文献 [372]）。

514 原书脚注 4-1：自 20 世纪 30 年代第一台环形粒子加速器发明并被命名为"回旋加速器"之后，美国国家实验室体系中的数个加速器装置项目被赋予了富有想象力的名称，并使用后缀"-tron"。"Cosmotron"加速器装置是按照获得与宇宙射线能量相当的粒子能量（见附录 A.1）设计的；劳伦斯－伯克利国家实验室的"Bevatron"加速器装置是按照达到十亿电子伏特（BeV）能量目标设计的，因此分别有了上述的名称。"超导超级对撞机"装置在早期设计阶段也有类似的名称，由于其规模巨大，被普遍认为只可能处于沙漠之中，因此被口语化称为"Desertron"（沙漠加速器）。

515 如尼德尔在 1983 年发表的论文（相应杂志的第 93 页，见参考文献 [267]）和克雷斯在 1999 年出版的著作（见参考文献 [51]）中所阐述的。

装置项目的候选地。20世纪60年代中叶，这个大型装置项目最终未落在劳伦斯-伯克利国家实验室，给这个实验室带来了第一个任务真空期（见下文），但在此之前，这两个国家实验室在粒子物理学领域进行了“一场刺激性竞争”，使得两者都处在该领域发展的前沿[516]。劳伦斯-伯克利国家实验室错过了自己建造下一个大型装置的机会，没有阻止这个国家实验室在20世纪60年代末提出它该轮到获得一个新的大型加速器装置项目的资助了[517]。劳伦斯-伯克利国家实验室的主要理由取决于以下这一点，但并非全部：布鲁克海文国家实验室已有另一个大型装置在运行，即名为“高通量束流核反应堆”的基于核反应堆的中子源装置，这个装置是第一个并不为“普通用途”设计而是为优化中子散射技术的研究型核反应堆[518]。

布鲁克海文国家实验室的装置项目与阿贡国家实验室、劳伦斯-伯克利国家实验室的装置项目略有不同，因为它们都不必成为这个任务不断减少的国家实验室雇员所有希望的中心。20世纪70年代和80年代，布鲁克海文国家实验室的装置项目在时间上是重叠的，在技术和科学上是相互补充的，尽管这个国家实验室在粒子物理学里拥有一席之地，但它是真正的多任务实验室，平行地推进几个重大项目。因此，当1983年“ISABELLE”装置项目被取消的时候（见下文），这个结果并没有使这个国家实验室的整体存在遭受怀疑，但是，“国家同步加速器光源”装置似乎不足以成为这个国家实验室在20世纪80年代和90年代建造的大型装置的接替者，而必须由“相对论重离子对撞机”装置（现仍在运行）加以补充。

布鲁克海文国家实验室的“高通量束流核反应堆”装置在1962年春天开工建造，1966年开始运行，并实现其第一个设计性能目标。和阿贡国家实验室的“阿贡先进研究反应堆”装置项目一样，“高通量束流核反应堆”装置项目利用了材料科学在美国国家实验室体系中日益被重视，虽然这个装置是按照“传统核物理研究”的要求设计的，但为了探索中子散射应用的潜力，它的优先级被逐渐重新确定。这使得“高通量束流核反应堆”装置成为“为一个目的建造又为另一个目的使用的装置的经典案例”（见第一章）[519]。但是，重新调整用途也造成了该装置项目被延迟，直至1982年，核反应堆才产生计划中的中子束流。由于1982年也是“国家同步加速器光源”装置启用的一年，这两个装置提升了布鲁克海文国家实验室

---

516 如赛德尔在 2001 年发表的论文（相应杂志的第 150 页，见参考文献 [316]）中所阐述的。

517 见克雷斯 2005 年发表的论文（相应杂志的第 332 页，见参考文献 [53]）。

518 见克雷斯 2001 年发表的论文（相应杂志的第 42 页，见参考文献 [52]）。

519 见克雷斯 2001 年发表的论文（相应杂志的第 42 页，见参考文献 [52]），如希恩和约尔吉斯在 2001 年发表的论文（见参考文献 [323]）中所阐述的。

作为材料科学实验室的形象，并为使用X射线和中子的交叉实验项目开辟了道路。为了从这两个装置中长期受益，组织规则也从“国家同步加速器光源”装置被复制到“高通量束流核反应堆”装置，例如，用户团队参与实验设备的建造和运行（见第三章）、为向用户提供实验时间的基于提案的同行评议体系等[520]。在20世纪80年代末一项雄心勃勃的“高通量束流核反应堆”装置升级计划被提出的时候，美国国家层面的科学优先事项顺序已发生变化，布鲁克海文国家实验室无法为这个使该装置更具竞争力的计划动员起更多的政治支持。两个新型同步辐射装置项目（此后将成为“先进光子源”装置和“先进光源”装置，见下文）和橡树岭国家实验室的基于新型核反应堆的中子源装置项目获得了更高的优先级，对“高通量束流核反应堆”装置升级计划的资助被推迟了几年。1997年，布鲁克海文国家实验室的一个核反应堆池发生泄漏，这本身是微不足道的事件，但足以打破平衡，迫使这个核反应堆被关闭。在地方和国家层面的政治激进主义、媒体风暴及接踵而至的政治干预尘埃落定之后，“高通量束流核反应堆”装置运行的最佳时间已经流逝。该装置的用户群体不但规模相对很小，而且不统一，装置的实验项目几乎不关注与工业界有关的应用研发[521]。1999年11月，美国能源部决定永久关闭“高通量束流核反应堆”装置。克雷斯给出的结论[522]是，像“高通量束流核反应堆”装置这样“与其环境不相协调”的复杂项目可能由“一个细小的、显得无关紧要的事件”而被带到“从崩溃到终止”的境地。

“ISABELLE”（“交叉存储加速器”（ISA）装置加上“由负电子与正电子对撞产生B介子的贝尔实验”（BELLE）装置）是布鲁克海文国家实验室提出的最后一个粒子物理实验装置项目，这个装置项目在1978年被批准建造，但在1983年由于美国国家实验室的相互残杀而被撤销，其中最主要原因是“超导超级对撞机”装置项目“吸干”了所有可用于新粒子物理实验装置项目的可用资源[523]。但是，布鲁克海文国家实验室的多任务实力就是为了再次展现自己：在1983年10月“ISABELLE”装置项目的终止被正式宣布的时候，该实验室的任务变化一个月后才在一份新的“体制计划”文件中宣布，在这份文件里，用于核物理实验的“相对论重离子对撞机”装置项目和“国家同步加速器光源”装置项目被宣布为这个国家实验室的优先项目[524]。“相对论重离子对撞机”装置项目在1984年被正式提出，在1991年获得资助，是真正的重组项目，也是布鲁克海文国家实验室内部优先等

520 见克雷斯 2001 年发表的论文（相应杂志的第 46 页，见参考文献 [52]）。
521 见克雷斯 2001 年发表的论文（相应杂志的第 53 页至第 55 页，见参考文献 [52]）。
522 见克雷斯 2001 年发表的论文（相应杂志的第 54 页，见参考文献 [52]）。
523 见克雷斯 2005 年发表的论文（相应杂志的第 440 页至第 449 页，见参考文献 [54]）。
524 见克雷斯 2008 年发表的论文（相应杂志的第 565 页至第 566 页，见参考文献 [56]）。

级被重新确定和各种资源为目标重新调整的结果，包括重新使用“ISABELLE”装置的许多部件[525]。就“国家同步加速器光源”装置而言，它在20世纪70年代就已处于“科学思想”阶段，并在该实验室“化学家和固态物理学家的一系列非正式午餐聚会”背景下被构思和发展为一个真正的装置项目[526]。但几年之后，布鲁克海文国家实验室才向美国能源部递交了一份正式的提案。这个装置所涉及的技术是新的，并未经过验证，而且同步辐射的使用在美国仍很有限，这使得建造一台专用同步辐射装置的理由不那么容易“兜售”[527]。但最终，来自“斯坦福同步辐射项目”和它在“斯坦福正负电子加速器环”装置上寄生运行的实践（见下文）[528]表明了这种寄生行为是多么容易受到伤害，并证明了国家专用同步辐射装置的必要性[529]。1978年，“国家同步加速器光源”装置项目获得了2400万美元的资助，并开工建造。“ISABELLE”装置项目在1983年被撤销，释放了布鲁克海文国家实验室内部资金和人力资源[530]，外部潜在用户也参与了设备制造，负责特定束线和实验站，这给这个国家实验室带来了专业技能和资金，并把这个装置项目锚定在相关的科学群体之中[531]。克雷斯总结道[532]，“国家同步加速器光源”装置的故事充满了关于大型装置项目如何在美国国家实验室环境中发展的情节，也充满了关于项目支持者和管理层必须走过的所有“钢丝”。

位于伯克利的欧内斯特·劳伦斯实验室起初被称为“辐射实验室”，是二战前加速器发展的热点之一（见图4-1），也是第一个建造和运行加速器的实验室，其规模和成本超出了主办大学的预算[533]。1939年度诺贝尔物理学奖授予劳伦斯，提高了这个实验室的名声和威望，在1941年战时原子武器计划启动的时候，伯克利加速器实验室被用于铀的浓缩[534]。1945年，劳伦斯获得了联邦拨款，以在后“曼哈顿计划”模式下继续它的研究工作[535]，1946年末，劳伦斯-伯克利国家实验室成为美国最初的五个国家实验室之一。

---

525 见克雷斯 2008 年发表的论文（相应杂志的第 536 页至第 537 页，见参考文献 [56]）。
526 见克雷斯 2008 年发表的论文（相应杂志的第 442 页，见参考文献 [55]）。
527 见克雷斯 2008 年发表的论文（相应杂志的第 447 页至第 448 页，见参考文献 [55]）。
528 见本书作者 2015 年发表的论文（相应杂志的第 240 页，见参考文献 [129]）。
529 见克雷斯 2008 年发表的论文（相应杂志的第 452 页，见参考文献 [55]）。
530 见克雷斯 2009 年发表的论文（相应杂志的第 38 页，见参考文献 [57]）。
531 见克雷斯 2009 年发表的论文（相应杂志的第 30 页，见参考文献 [57]）。
532 见克雷斯 2009 年发表的论文（相应杂志的第 43 页，见参考文献 [57]）。
533 如赛德尔在 1992 年发表的论文（相应论文集的第 28 页，见参考文献 [315]）中所阐述的。
534 如海尔布伦在 1981 年出版的著作（第 30 页至第 32 页，见参考文献 [137]）中所阐述的。
535 如韦斯特威克在 2003 年出版的著作（第 36 页，见参考文献 [374]）中所阐述的。

图 4-1 1934 年：朝着原子能迈出的一大步。欧内斯特·劳伦斯（左下方）和他的助手唐纳德·库克西（Donald Cooksey）在加利福尼亚大学“辐射实验室”准备回旋加速器的最后一次测试

劳伦斯-伯克利国家实验室与布鲁克海文国家实验室一起，在粒子物理学领域扮演了领导者的角色，至少在20世纪50年代末之前成为美国西海岸这个领域的研究中心[536]。20世纪60年代初，在布鲁克海文国家实验室启用当时最强大的粒子物理实验装置即“交变梯度同步加速器”装置的时候，劳伦斯-伯克利国家实验室开始了下一个规模更大的粒子物理实验装置的设计。然而，在该装置的设计过程中，若干个巧合促使美国原子能委员会作出了将该装置建造地点提交公开竞争的决定，从而最终创建了一个新的国家实验室，这就是位于芝加哥郊外的费米国家加速器实验室，并由它来建造和运行这个新的粒子物理实验装置[537]。作为这个事态发展的结果，以及丢失另一个大型装置项目（“Omnitron”装置项目，建造用于核科学和生物医学研究的离子加速器），劳伦斯-伯克利国家实验室重新安排了内部优先级和能力，提出了一种将粒子物理学和核物理学/生物医学研究结合起来的装置设计。由此产生的“Bevalac”装置[538]项目足够聪明和及时，以相对较低的成本巧妙地把这个国家实验室现有能力结合在一起，从而把整个国家实验室团结起来，该装置项目在“毫无争议”的情况下以“闪电般速度”获得批准（见图4-2）[539]。这个故事是美国多任务国家实验室的内部生态系统如何以关键方式与国家政治层面及科学界的更大的机构和行动者生态系统相连接的早期主要例子，它催生了一

536 如赛德尔 1983 年发表的论文（相应杂志的第 377 页至第 379 页，见参考文献 [313]）中所阐述的。

537 见韦斯特福尔 2003 年发表的论文（相应杂志的第 37 页，见参考文献 [369]）。

538 原书脚注 4-2：“Bevalac”这个名称是“Bevatron”和“HILAC（“Heavy Ion Linear Accelerator”的缩写，译为“重离子直线加速器”）的结合，“HILAC”装置先于“Omnitron”装置在劳伦斯－伯克利国家实验室建造，它的一部分被用于“Bevalac”装置的建造。（见韦斯特福尔在 2003 年发表的论文，相应杂志的第 40 页，见参考文献 [369]）

539 见韦斯特福尔 2003 年发表的论文（相应杂志的第 39 页至第 40 页，见参考文献 [369]）。

个新的重组行动，以在规模越来越大的加速器复合体的主导逻辑之外建立新的定位[540]。但是，“Bevalac”装置并没有完全确保劳伦斯-伯克利国家实验室的未来。当戴维·雪利（David Shirley）[541]在1980年担任实验室主任的时候，这个国家实验室的未来还“悬而未决”：二战结束后，它第一次没有“为实验室定义并赋予使命”的建造新型大型加速器的计划。雪利的回应是建议建造一个第三代同步辐射光源装置，以从长远来“重组”实验室，使用内部强大的加速器研发能力，发挥实验室的材料和分子研究部作用，这个部门的员工在其他国家实验室里使用同步辐射装置，尤为重要的是，这个同步辐射光源装置建立在由这个国家实验室的加速器物理学家克劳斯·哈尔巴赫（Klaus Halbach）[542]近期发明的新型插入件（它是目前同步辐射装置的重要技术部件，见附录1）基础之上[543]。为了加强内部同步辐射研发及应用能力，这个国家实验室与在旧金山湾不远处的SLAC国家加速器实验室的同步辐射装置结成了伙伴。虽然雪利显然设法赢得了美国总统科学顾问乔治·凯沃斯（George Keyworth）[544]对建造新装置计划的支持，但他没有赢得美国材料科学界的支持[545]，该装置项目没有按计划启动。韦斯特福尔总结道[546]，“在20世纪80年代启动一个材料科学项目需要建立比过去数十年间启动核物理学和高能物理学项目所需要的多得多的关系”，实验室主任雪利显然没有确保来自有权势的美国能

---

540 见韦斯特福尔 2003 年发表的论文（相应杂志的第 49 页，见参考文献 [369]）。

541 译者注：戴维·雪利（1934 ～ 2021），美国化学家。他在 1955 年获得美国缅因大学化学学士学位，1959 年获得加利福尼亚大学伯克利分校化学博士学位，此后担任该校讲师，1968 年成为化学系主任，1975 年担任劳伦斯－伯克利国家实验室主任助理，1980 年至 1989 年担任该实验室主任，后担任加利福尼亚大学伯克利分校化学教授，直至 1996 年退休。引自：https://newscenter.lbl.gov/2021/04/02/memoriam-david-shirley/，访问时间：2022 年 2 月 25 日。

542 译者注：克劳斯·哈尔巴赫（1925 ～ 2000），德国裔美国物理学家，美国劳伦斯－伯克利国家实验室工程部全职科学家。他获得瑞士伯尼尔大学博士学位，1957 来到美国斯坦福大学，与核磁共振先驱者费利克斯·布洛赫（Felix Bloch）一起开展研究，1960 年进入劳伦斯－伯克利国家实验室。他与罗恩·霍尔辛格（Ron Holsinger）合作，发明了著名的磁系统设计用计算机代码“POISSON”模块，这个软件工具至今仍在使用。他是世界上最重要的、在同步辐射和自由电子激光装置中作为“插入件”得以广泛使用的周期性永磁体结构（扭摆器和波荡器）设计者和研发者之一。引自：https://www2.lbl.gov/Science-Articles/Archive/klaus-halbach.html，访问时间：2022 年 2 月 14 日。

543 见韦斯特福尔 2008 年发表的论文（相应杂志的第 570 页至第 572 页，见参考文献 [371]）。

544 译者注：乔治·凯沃斯（1939 ～），1963 年获得美国耶鲁大学学士学位；1968 年任美国杜克大学研究助理，同年在该大学获得博士学位；1974 年至 1978 年在美国杜克大学任研究组负责人；1978 年至 1980 年在美国洛斯阿拉莫斯国家实验室任激光聚变部主任；1981 年至 1985 年在美国总统科学和技术政策办公室、总统办公厅任职，任科学和技术政策办公室主任和总统科学顾问；1986 年至 2006 年任 HP 公司技术和计算机外围设备主任。引自：https://history.aip.org/phn/11603011.html，访问时间：2022 年 2 月 20 日。

545 见韦斯特福尔 2008 年发表的论文（相应杂志的第 575 页，见参考文献 [371]）。

546 见韦斯特福尔 2012 年发表的论文（相应杂志的第 442 页，见参考文献 [373]）。

源部中层管理者的支持，或者没有在相关科学界中建立起足够的支持。根据批判者的说法，"劳伦斯-伯克利国家实验室（关于建造第三代同步辐射光源装置）的提案不过是一个让这个实验室活下去的昂贵伎俩"[547]。这个后来被称为"先进光源"的装置项目只有通过"特里弗尔皮斯规划"才被拯救下来（见第二章），根据这项规划，所有四个面临使命危机的国家实验室都被赋予了新的重大任务，在未来数十年里一直活下去[548]。

图 4-2 美国劳伦斯－伯克利国家实验室的"Bevalac"装置建筑物鸟瞰图和运行路径示意，如图中虚线及箭头所示，在"超级重离子直线加速器"装置（位于图上方）产生的重元素离子被送入束管，然后在"Bevatron"装置中进行加速和开展实验工作

换句话说，劳伦斯-伯克利国家实验室并不是唯一需要救助的实验室。随着20世纪80年代的发展，中子散射装置即"强脉冲中子源"装置（见上）展示令人怀疑的科学成功，阿贡国家实验室成为"美国能源部实验室体系的病夫"[549]，急迫需要一项新的任务。20世纪70年代末，欧洲科学界开始评估合作建造同步辐射装置的前景，这个装置在性能上将超越现有的全部装置（它后来成为"欧洲同步辐射装置"），同时，美国SLAC加速器国家实验室也有建造类似装置的计划[550]。有趣的是，对劳伦斯-伯克利国家实验室的"先进光源"装置项目显示犹豫不决的同一个材料科学界却团结在建造新的大型同步辐射装置项目计划的周围，评审委员

547 见韦斯特福尔 2012 年发表的论文（相应杂志的第 442 页，见参考文献 [373]）。
548 见韦斯特福尔 2008 年发表的论文（相应杂志的第 599 页至第 600 页，见参考文献 [371]）。
549 见韦斯特福尔 2012 年发表的论文（相应杂志的第 443 页，见参考文献 [373]）。
550 见本书作者 2015 年发表的论文（相应杂志的第 257 页，见参考文献 [129]）。

会随后把它置于最高优先级[551]。尽管SLAC国家加速器实验室和劳伦斯-伯克利国家实验室的建造装置提案遭到拒绝[552]，但当阿贡国家实验室对此表现出兴趣和“特里弗尔皮斯规划”轮廓出现在华盛顿的时候，这场谁来建造这个装置的比赛看起来很完美。与SLAC国家加速器实验室和布鲁克海文国家实验室相比较，这两个国家实验室的同步辐射倡导者都支持建造这个装置，阿贡国家实验室却拥有没有正在执行令人瞩目的粒子物理项目的“优势”，这意味着新的同步辐射装置的未来用户“不必担心在阿贡国家实验室被降至二等地位”[553]。到1984年夏天，阿贡国家实验室已成为这个装置项目的有力竞争者，建立起用户支持和内部能力，并开发了一个科学案例。1989年，在科学界和华盛顿进行了数年关于建立联盟的紧张工作之后，阿贡国家实验室开始获得资金。在1995年阿贡国家实验室“先进光子源”装置开始运行的时候，这个基础研究装置一直保持着美国国家实验室体系中规模最大和最昂贵装置的地位，直至2006年橡树岭国家实验室的“散裂中子源”装置向用户开放[554]（在“特里弗尔皮斯规划”中，这个装置项目被许诺给橡树岭国家实验室），这个地位才被后者取代。“散裂中子源”装置项目最初在阿贡国家实验室、布鲁克海文国家实验室、洛斯阿拉莫斯国家实验室和橡树岭国家实验室之间引发了激烈竞争，尽管人们普遍认为阿贡国家实验室和布鲁克海文国家实验室拥有建造下一代中子源装置的更好且更相关的科学技术能力和经验，但最终是橡树岭国家实验室干了这件事。拉什认为[555]，美国能源部将“散裂中子源”装置项目交给橡树岭国家实验室的决定是因为它“轮到”了获得一个大型装置项目，为了弥补橡树岭国家实验室在加速器设计和制造经验方面的不足，美国能源部把相关研发任务分配给了四个最初的竞争者及劳伦斯-伯克利国家实验室，使得这五个国家实验室分享了预计14亿美元的资金。尽管如此，橡树岭国家实验室在建造“散裂中子源”装置数年之后仍因管理不善受到美国国会的批评。在这个装置建成之前，它的投资总额上涨到了20亿美元[556]。

韦斯特福尔[557]在总结她对“先进光子源”装置项目历史的分析时指出，阿贡国家实验室通过“向美国能源部证明它最有资格提供必要的资源，包括创新思想、系列专业知识、设备储备和各种利益相关者的赞同”，成功赢得了这个装置项目，从而确保了这个国家实验室的未来。就像与本书讲述历史的装置项目那样，新的装置项目是在一个由过程、决策和资源交换构成的极为复杂的网络中产生并取得

551 见韦斯特福尔 2012 年发表的论文（相应杂志的第 443 页，见参考文献 [373]）。
552 见韦斯特福尔 2012 年发表的论文（相应杂志的第 444 页，见参考文献 [373]）。
553 见韦斯特福尔 2012 年发表的论文（相应杂志的第 445 页至第 446 页，见参考文献 [373]）。
554 见韦斯特福尔 2012 年发表的论文（相应杂志的第 447 页至第 448 页，见参考文献 [373]）。
555 如拉什在 2015 年发表的论文（相应杂志的第 147 页，见参考文献 [309]）中所阐述的。
556 如拉什在 2015 年发表的论文（相应杂志的第 149 页，见参考文献 [309]）中所阐述的。
557 见韦斯特福尔 2012 年发表的论文（相应杂志的第 440 页，见参考文献 [373]）。

成功，或者遭遇失败，这个网络涉及利益迥异的行动者和行动者群体，而过程、决策和资源交换都是在实验室组织、科学群体、专业领域、政治与经济发展和长期社会变迁的制度背景下运作。

上述这些故事证明了转型“大科学”装置项目的变化无常，但这些故事也表明多任务国家实验室如何通过重组实现更新和适应，而重组的方式又极其复杂和不可预测。装置项目对所有的事情都很敏感，并与多个不同的资源经济体相关联，只有在装置项目的支持者设法掌握相关生态系统并调集相关资源的情况下，装置项目才能够在技术、科学、组织与政治方面取得成功。当然，高层政治本身也是一场博弈，国家实验室自上而下过程、内部优先级及资源重组工作所涉及的高层政治有时对装置项目不产生影响，或者与其没有相关性。无法确切说明“特里弗尔皮斯规划”在多大程度上依赖于“猪肉桶政治”，但很显然，这些故事在国家政治方面遵循着这样的逻辑，即保护国家实验室似乎是一个黯然失色的目标。然而，使保护国家实验室成为可能的更新显然是它们自己要完成的责任。

二、一个近乎完整的国家实验室转型案例的详细研究

在讨论美国国家实验室转型的时候，位于美国加利福尼亚州门罗公园的SLAC国家加速器实验室（其前身是“斯坦福直线加速器中心”）是一个很好的案例。经过四年的建设，“斯坦福直线加速器”装置在1966年投入运行，这个时候，斯坦福直线加速器中心是专门为粒子物理实验建立的单一任务实验室，在此后50年里，它实现了近乎完全的转型，今天已成为美国所谓的“光子科学”[558]中心之一（包括了使用同步辐射装置和自由电子激光装置的研究），也是被称为“直线加速器相干光源”的自由激光装置的所在地，这个装置是作为美国能源部目前的“旗舰”装置建造和运行的。斯坦福直线加速器中心的更新是循序渐进的，并在不同的相互关联层面和不同的维度上发生。在之前发表的分析中，这些层次和维度已被确认并概念化为实验室的组织维度、科学维度和基础设施维度[559]，同时，该分类方法

558 原书脚注 4-3：这里需要指出的是，“光子科学”（Photon Science）是一个略显特别的术语：SLAC国家加速器实验室是全球两个使用这个术语来描述其核心活动，即向用户提供同步辐射和自由电子激光的实验室之一（“光子科学”可作为同步辐射和自由电子激光的通用名称，两者都是光子束）；另一个实验室是位于汉堡的“德国电子同步加速器”机构，它经历了与 SLAC 国家加速器实验室非常相似的转型过程，可被认为是 SLAC 国家加速器实验室的德国孪生兄弟（见本书作者和海因茨 2013 年发表的论文，见参考文献 [132]）。本章使用“光子科学”这个术语是为了简单与一致，以与粒子物理学相区别。

559 见本书作者和海因茨 2013 年发表的论文（见参考文献 [132]）。

连同之前开发的理论框架也将在下文中使用，这个理论框架利用了组织通过逐步适应实现更新的概念化。以下分析使用了二手历史文献，广泛建立在之前一系列出版物的基础之上[560]。

上一节回顾了多任务国家实验室在美国国家实验室体系中更新的几个案例，但这几个国家实验室的转型如果作为从旧“大科学”向转型“大科学”的更新案例就不那么明晰。这主要是因为这几个国家实验室是按照多任务创建的，因此它们不像单一任务的SLAC国家加速器实验室（和费米国家实验室）那样可作为最受重视时期的粒子物理学的典型代表，当然，这几个国家实验室早年也在粒子物理学发展的前沿建造和运行了几个装置。有些自相矛盾的是，这几个多任务实验室的更新似乎不是通过一个连续和长期的过程实现的，而是通过在一个相对较短时间框架内再造实验室活动和任务特征实现的，主要通过重组和“清理”来完成，所有的更新都处于20世纪70年代至80年代初巨大政治压力之下进行[561]。另一方面，SLAC国家加速器实验室曾是单一任务的粒子物理实验室，今天几乎是单一任务的光子科学实验室。在超过30年的循序渐进过程中，它内生地并在与其周围一些小规模行动的紧密合作中实现了自我更新。作为对第二章历史叙述和以上历史回顾的补充，SLAC国家加速器实验室因此是一个需要深入挖掘的宝贵案例，因为它在其核心活动、任务和形象上都经历了从旧“大科学”向转型“大科学”的循序渐进更新，所有的更新都是在单一任务的粒子物理实验室的组织框架内发生的。

数十年来，SLAC国家加速器实验室通过再造其研究项目、坚守粒子物理学领域、着手可使其保持竞争地位的新装置项目等，设法跟上作为竞争对手的费米国家加速器实验室和其他国外研究机构的发展（见表4-1）。在粒子物理学向“巨型科学”转变、欧洲的粒子物理学活动向欧洲核子研究组织集中和美国的粒子物理学活动向费米国家加速器实验室集中之后，SLAC国家加速器实验室更是这样做的，直至2008年其最后的大型粒子物理实验装置被关闭。在这个时点上，它已相当成功地培育出一个光子科学的“B计划”，并能够围绕这个计划动员起来，使之成为自己新的主要活动。因此，SLAC国家加速器实验室的更新案例在某些方面是一个精心挑选的案例，其转型的深度和广度能够给出关于“大科学”更新和转型本质的一些重要见解，这超越了方法论考虑的重要性。此外，如第一章所述，每个案例研究都有其特有的缺点，这使得加以推广变得困难或不可能，尽管如此，每个案例必须以自己的方式加以研究，给出恰当的定性结论。

560 见本书作者 2015 年发表的论文（见参考文献 [129]）、本书作者与海因茨在 2012 年、2013 年和 2016 年发表的论文（分别见参考文献 [131]、[132] 和 [134]）。

561 如克雷斯在 2008 年发表的论文（见参考文献 [56]）和韦斯特福尔在 2008 年发表的两篇论文（分别见参考文献 [370] 和 [371]）、2012 年发表的论文（见参考文献 [373]）中所阐述的。

表 4-1 美国 SLAC 国家加速器实验室和主要竞争者的粒子物理实验装置，所示年份表示装置用于粒子物理实验的起始时间和停止时间，来源：本书作者和海因茨 2013 年发表的论文（见参考文献 [132]）、霍德森等 2008 年发表的论文（见参考文献 [159]）、克里格和佩斯特 1990 年发表的论文（见参考文献 [198]）

SLAC 国家加速器实验室	主要竞争者		
	欧洲核子研究组织	"德国电子同步加速器"机构	美国费米国家加速器实验室
最早的"斯坦福直线加速器"（Linac）装置 1966 ～ 1974	"质子同步加速器"PS 装置 1959 ～ 1976	"德国电子同步加速"（DEDY）装置 1962 ～ 1978	"费米实验室主环"（Fermilab Main Ring）装置 1972 ～ 1984
"斯坦福正负电子加速器环"（SPEAR）装置 1972 ～ 1990		"双储存环"（DORIS）装置 1974 ～ 1992	
"正负电子项目"PEP 装置 1980 ～ 1994	"超级质子同步加速器"（SPS）装置 1976 ～ 1984	"质子－电子串列环加速器"（PETRA）装置 1978 ～ 1986	"质子－反质子加速"（Tevatron）装置 1984 ～ 2011
"斯坦福直线对撞机"（SLC）装置 1989 ～ 1998	"大型正负电子对撞机"（LEP）装置 1989 ～ 2000	"强子－电子环加速器"（HERA）装置 1991 ～ 2007	
"正负电子项目"（PEP- Ⅱ）升级 1998 ～ 2008			

20世纪60年代将成为斯坦福直线加速器中心的粒子加速器装置项目源自斯坦福大学的物理系，一度是直线粒子加速器技术的关键部件的速调管是1937年在这里发明的，直线加速器研发在20世纪40年代和50年代成为这里的主要活动之一。在苏联人造地球卫星危机后美国联邦研究经费充裕的时期，斯坦福大学物理系主任沃尔夫冈·帕诺夫斯基（Wolfgang Panofsky）（见图4-3）领导的研究小组开始制定计划，为在斯坦福大学校园以西山丘上建造长度为3km的大型直线加速器装置项目寻求资助，这将使斯坦福大学的物理学家能够涉足"通过现在被认为可行的其他方式都无法进入的物理学前沿"，据报道，该装置的主任设计师罗伯特·霍夫斯塔特（Robert Hofstadter）[562]在这个时候向斯坦福大学校

562 译者注：罗伯特·霍夫斯塔特（1915 ～ 1990），美国物理学家，因对质子与中子的研究结果获得 1961 年诺贝尔物理学奖。他在 1938 年获得美国普林斯顿大学博士学位，二战期间在美国国家标准局为炮弹近炸引信的研制作出了重要贡献，1946 年起在普林斯顿大学从事红外物理、光电导及闪烁计数器领域研究，1950 年至 1985 年在美国斯坦福大学任教。他使用斯坦福大学直线电子加速器测量和探索了原子核的组成，提供了第一张关于原子核的"合理一致"结构图。引自：https://www.encyclopedia.com/.../historians-miscellaneous-biographies/robert-hofstadter，访问时间：2022 年 2 月 20 日。

长华莱士·斯特林（Wallace Sterling）[563]说了这番话[564]。1957年末，斯坦福大学提交了第一份总额为1亿美元的资助申请书，在获得资助的过程中，美国原子能委员会作出了这样的决定：如此规模的投资为建立一个新的国家实验室来管理这个装置提供了保证，而斯坦福大学显然是这个新国家实验室的运营承包者[565]。1959年，美国原子能委员会和艾森豪威尔政府宣布对“斯坦福直线加速器中心”项目的支持；1961年，美国国会批准了这个项目，估计投资为1.14亿美元[566]。1962年7月，“斯坦福直线加速器”装置项目破土动工；1966年11月，第一次粒子物理实验在这个装置上进行。帕诺夫斯基显然是斯坦福直线加速器中心主任的首选，他记得“在这个实验室初步建成之后经常被问及它能够有效运行多长时间”，并给出了自己的“标准答案”：“10年，除非有人提出了一个好主意”[567]。20世纪50年代末，伯顿·里希特加入了斯坦福大学的粒子物理学家行列，他与杰拉德·奥尼尔和W. C. 巴伯在储存环技术领域的工作成了使斯坦福直线加速器中心的研究活动超越最初装置确定的范围继续下去的“好主意”。“斯坦福正负电子加速器环”装置于1973年开始运行并开展粒子物理实验，这个装置不仅在粒子物理学领域取得了巨大成功，成为后来被称为“十一月革命”[568]的“1974年发现”的一部分[569]，而且为同步辐射的发展和这个实验室作为整体的长期更新和生存作出了贡献。

---

563 译者注：华莱士·斯特林（1906～1985），美国教育家，1949 年至 1968 年长期担任斯坦福大学校长，为这所大学的发展作出了重大贡献。他在 1927 年获得加拿大多伦多大学历史学学士学位，1928 年至 1930 年在艾伯塔大学任教，同时攻读研究生学位，1930 年进入斯坦福大学并在 1938 年获得博士学位，这期间担任斯坦福大学胡佛图书馆研究助理并在历史系任教，1938 年至 1948 年在加利福尼亚理工学院任教并在 1944 年被选为系主任。在任斯坦福大学校长之前，他还曾担任亨廷顿图书馆与美术馆馆长。引自：https://oac.cdlib.org/findaid/ark:/13030/kt587037x1/entire_text/，访问时间：2022 年 2 月 24 日。

564 如加利森等在 1992 年出版的著作（第 65 页，见参考文献 [96]）中所阐述的。

565 如洛温在 1997 年出版的著作（第 179 页，见参考文献 [219]）中所阐述的。

566 如帕诺夫斯基在 1992 年发表的论文（相应论文集的第 132 页，见参考文献 [279]）中所阐述的。

567 如帕诺夫斯基在 2007 年出版的著作（第 126 页，见参考文献 [280]）中所阐述的。

568 译者注：据记载，1974 年 11 月 11 日，美国康奈尔大学高能物理研究小组成员在午餐会上热烈讨论物理问题，听众中一位研究者站起来宣布了一个消息：分别位于美国东海岸和西海岸的大学和研究机构将宣布一个新粒子的发现，这将帮助人们接受粒子物理的基本模型，其中一项声明由麻省理工学院物理学家丁肇中（Sam Ting）领导的研究小组在纽约布鲁克海文国家实验室发布；另一项声明由 SLAC 国家加速器实验室物理学家伯顿·里希特、马丁·佩尔（Martin Perl）领导的研究小组和劳伦斯–伯克利国家实验室物理学家威廉·奇诺夫斯基（William Chinowsky）、格森·戈德哈伯（Gerson Goldhaber）、乔治·特里林（George Trilling）领导的研究小组共同发布。这个粒子被命名为“J/ψ 粒子”。

569 如霍德森等在 1997 年出版的著作（见参考文献 [158]）中所阐述的。

图 4-3 斯坦福大学物理系主任沃尔夫冈·帕诺夫斯基介绍"斯坦福直线加速器"装置的基本情况

20世纪70年代初，一批斯坦福大学应用物理学与工程学教授被允许使用"斯坦福正负电子加速器环"装置意外产生的同步辐射，以开发同步辐射在固体物理光谱实验中的潜力。在斯坦福直线加速器中心主任和斯坦福大学的赞许下，在美国国家科学基金会的小额经费资助下，这些教授成立了"斯坦福同步辐射项目"，其状态为斯坦福直线加速器中心的一个外部用户组（在斯坦福直线加速器中的粒子物理项目中，这是一个重复出现的外部用户组），并可在"斯坦福正负电子加速器环"装置上安装一些基本的仪器（见图4-4）。20世纪70年代中后期，基于相当惊人的科学成就和技术发明能力，"斯坦福同步辐射项目"不断发展，最大限度利用了其寄生[570]获得的同步辐射，证明了在该装置上花时间进行同步辐射研究的价值，尤其是为美国不断增加的同步辐射用户群体提供了服务。在斯坦福直线加速器中心启动下一个大型粒子物理装置并相应调整研究前沿的时候，"斯坦福同步辐射实验室"（这是该组织此时的名称，"实验室"取代"项目"意味着它不仅仅是斯坦福大学的一个外部资助的项目，而且是斯坦福大学工程学院的一个独立的实验室组织）被授予"斯坦福正负电子加速器环"装置50%机时数的权利，并通过增加更多仪器取得了物理上的发展，通过吸引更多用户取得了服务对象数量的增长。"斯坦福同步辐射实验室"与装置东道主的关系好坏参半："斯坦福同步辐射项目"/"斯坦福同步辐射实验室"的基本规则规定，只要它不以任何形式干扰斯坦福直线加速中心的粒子物理实验项目，后者将接受它在装置现场的存在。同时，同步辐射研究活动的重要性和知名度也在提高，这与美国和全球对其（科学）潜力的认识的提高相一致，并且随之在其他地方启动了多个同步辐射装置项

570 见本书作者 2015 年发表的论文（见参考文献 [129]）。

目，其中包括布鲁克海文国家实验室的“国家同步加速器光源”装置项目[571]。

图 4-4　安装在“斯坦福正负电子加速器环”装置的同步辐射部件照片，“1973 年 7 月 6 日，在斯坦福直线加速器中心技术部门制造和安装束线的一阵紧张工作之后，研究人员准备释放该装置的同步辐射能量。研究人员慢慢打开了为拦截从该装置产生辐射设计的插板，当看到出现在荧光板上的第一束光的时候，现场的每一个人都欢呼起来，这证明了能够从该装置中得到 X 射线，并能够在同步辐射部件中将其准直成一直线。”

此时的斯坦福直线加速器中心仍然是单一任务的粒子物理实验室，20世纪80年代是这个实验室与其不断发展的光子科学分支形成鲜明对比的十年。当粒子物理学在当地和美国的地位上升的时候，“斯坦福同步辐射实验室”只能在粒子物理学的阴影下逐步发展，把科学成就与对“斯坦福正负电子加速器环”装置运行稳定性及性能的极限日益不满混合在一起，这是因为该装置的优先级处于粒子物理实验项目和最近启动的“斯坦福直线对撞机”装置项目（见图4-5）之下的从属地位，这个装置项目（相当充分地）耗尽了该实验室的物质资源和组织资源。在1990年“斯坦福正负电子加速器环”装置被粒子物理学家彻底抛弃并完全用于同步辐射的时候，“斯坦福同步辐射实验室”的用户数量已增长至每年数百人，尽管存在着技术限制，同时，随着斯坦福直线加速器中心进入90年代，两个重要变化接踵而至：一个变化是“斯坦福正负电子加速器环”装置由“斯坦福同步辐射实验室”接管，并在物理上与该实验室的其他基础设施分离，从而使得“斯坦福正负电子加速器环”装置完全处于同步辐射实验项目的控制之下；另一个变化是斯坦福直线加速器中心取消了单一任务状态、成为粒子物理学和光子科学双任务

571 见本书作者 2015 年发表的论文（见参考文献 [129]）。

组织,从而把“斯坦福同步辐射实验室”纳入其中[572]。这个组织变化据称主要由斯坦福直线加速器中心主任伯顿·里希特、美国能源部(作为出资人)和斯坦福大学(“斯坦福同步辐射实验室”在组织上隶属于斯坦福大学)共同推动,“斯坦福同步辐射实验室”和斯坦福直线加速器中心的粒子物理学家对此都持相当怀疑的态度[573]。值得怀疑的是,组织合并的策划者在多大程度上把该实验室的任务多样性视为确保其长期生存的一种手段,但关于其成功的粒子物理实验项目在未来延续会受到严格限制的一些迹象已开始显现。最基本的是,该实验室的场地空间限制使得它不可能在全球粒子物理学领域中保持前沿竞争地位。无论当时正在得克萨斯州建造的“超导超级对撞机”装置,还是这个装置构想中的“续篇”即“下一代直线对撞机”装置都无法在该实验室的场地内建造。在1993年“超导超级对撞机”装置项目被终止后,SLAC国家加速器实验室设法获得了资金,将它的“正负电子项目”装置(见图4-6)翻修成一个用于所谓的“b-物理”实验的专用装置,“b-物理”是粒子物理学的一个子领域,该实验室在这个领域里长期保持全球领导者的地位[574]。然而,值得怀疑的是,从长远来看,美国有两个联邦资助的实验室(SLAC国家加速器实验室和费米国家加速器实验室)运行粒子物理实验装置且每年耗资7亿美元是否可持续和合乎情理。然而,尽管有这样的警示信号,粒子物理学在20世纪90年代初仍然是SLAC国家加速器实验室不容置疑的主要活动,在这十年里,由于继伯顿·里希特获得1976年诺贝尔物理学奖之后,该实验室的理查德·泰勒(Richard Taylor)[575]和马丁·佩尔(Martin Perl)[576]分别获得了1990年和1995年诺贝尔物理学奖,粒子物理学在该实验室的地位得到了加强。

572 见本书作者 2015 年发表的论文(相应杂志的第 267 页至第 269 页,见参考文献 [129])。

573 见本书作者 2015 年发表的论文(相应杂志的第 265 页至第 269 页,见参考文献 [129])。

574 如赖尔顿等在 2015 年出版的著作(第 262 页至第 263 页,见参考文献 [305])中所阐述的。

575 译者注:理查德·泰勒(1929 ~ 2018),加拿大物理学家,因与杰罗姆·弗里德曼(Jerome Friedman)和亨利·肯德尔(Henry Kendall)合作证明夸克的存在而分享 1990 年诺贝尔物理学奖。他在 1950 年获得艾伯塔大学理学学士学位,1952 年获得物理学硕士学位,1962 年获得斯坦福大学博士学位,此后在加利福尼亚大学的“劳伦斯–伯克利实验室”工作了一年,然后进入斯坦福大学的“斯坦福直线加速器中心”,1970 成为全职教授,2003 年被聘为名誉教授。引用:https://www.britannica.com/biography/Richard-E-Taylor,访问时间:2022 年 2 月 25 日。

576 译者注:马丁·佩尔(1927 ~ 2014),美国物理学家,因发现一个被其命名为“tau”的亚原子粒子获得 1995 年诺贝尔物理学奖。他在 1948 年获得布鲁克林理工学院化学工程学士学位。在作为化学工程师工作两年之后,他进入哥伦比亚大学学习核物理学,并于 1955 年获得博士学位。他在 1955 年至 1963 年担任密西根大学讲师和助理研究员,1963 年到斯坦福大学担任教职,直至 2004 年被聘为名誉教授。引自:https://www.britannica.com/biography/Martin-Lewis-Perl,访问时间:2022 年 2 月 25 日。

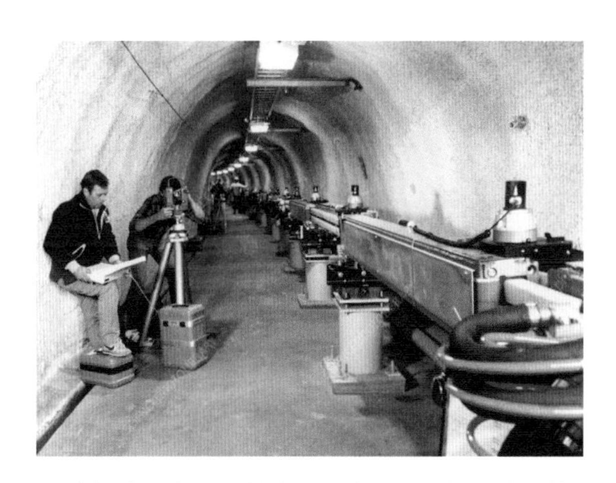

图 4-5 美国斯坦福直线加速器中心的技术人员在“斯坦福直线对撞机”（Stanford Linear Collider，SLC）装置隧道中进行最终的准直核查

图 4-6 1979 年完工的美国斯坦福直线加速器中心“正负电子项目”（Positron Electron Project，PEP）装置隧道内部照片

光子科学研究活动此时负责自己的装置，并是SLAC国家加速器实验室官方任务的一部分，在20世纪90年代整个十年里继续蓬勃发展，并通过开发新的装置概念、把实验机会首先扩展到生命科学若干领域等，参与了该领域在全球范围的演进（见第二章）。1998年前，旧的“斯坦福直线加速器”装置一直作为“斯坦福直线对撞机”装置的一部分使用，随着自由电子激光概念的成熟和变得可行，显示出成为下一代光源、可能开启新的重要实验机会的迹象，“斯坦福直线加速器”装置成为光子科学热衷者的关注焦点[577]。自由电子激光装置是以直线加速器作

577 如比尔根和沈在 1997 年为美国能源部起草的报告（第 91 页至第 95 页，见参考文献 [21]）、莱昂内（S. R. Leone）在 1999 年出版的著作（第 19 页至第 20 页，见参考文献 [213]）中所阐述的。

为核心部件构建的（见附录A.1，尤见图A-3），初步的计算结果表明，将旧的“斯坦福直线加速器”装置改造成自由电子激光装置的潜力巨大。这项计划的工作花了近十年的时间，直至21世纪初，该装置项目资金开始下拨，“直线加速器相干光源”装置项目得以启动。20世纪90年代，由SLAC国家加速器实验室提出的计划一直是建造一个原型装置，以验证自由电子激光概念的技术可行性。然而，在1997年关于美国同步辐射实验室的评估报告[578]和1999年关于下一代光源的后续评估报告[579]的支持下，美国能源部要求建造一个完全合格的用户装置，并为此提供资金。

在2009年“直线加速器相干光源”装置投入运行的时候，SLAC国家加速器实验室最后一个粒子物理实验装置（“正负电子项目Ⅱ”装置）已被（提前）关闭，这实际上意味着现在由该实验室运行的实验装置都专门服务于光子科学实验。此时，粒子物理学仍然是该实验室的官方任务的一部分，最重要的是作为粒子天体物理学领域的一部分，这个领域自20世纪90年代中期起就被纳入该实验室的科学组合之中。粒子天体物理学为该实验室的许多粒子物理学家（理论家和实验学家）提供了一个新的家园，他们现在为美国和国际粒子天体物理学和宇宙学研究项目工作，包括与美国国家航空航天局及其他机构合作使用基于卫星的望远镜的工作（见图4-7）。

图 4-7 美国国家航空航天局花费 100 亿美元建造的“詹姆斯·韦伯太空望远镜”（James Webb Space Telescope）在最近的一次测试中完全展开了主镜，这与它在太空中的姿态相同，2020 年 4 月 1 日

578 如比尔根和沈在 1997 年为美国能源部起草的报告（第 91 页至第 95 页、第 118 页，见参考文献 [21]）中所阐述的。

579 如莱昂内在 1999 年出版的著作（第 19 页至第 20 页，见参考文献 [213]）中所阐述的。

上述关于SLAC国家加速器实验室的发展简史表明，这个实验室的更新不但是循序渐进发生的，而且是通过在许多不同层面上的广泛行动实现的，有时平稳地跨过潜在的障碍，有时引起了冲突和不满。在下文中，这段历史将得到尽可能详细的分析，以解释SLAC国家加速器实验室是如何又是为什么能够实现自我更新。

三、“插入”层面的渐进更新

科学史学家彼得·加利森在其1997年出版的经典著作《图像和逻辑》中提出了一个“插入”模型，以及物理学不同“亚文化”之间的相互作用，以解释物理学这个宽泛的科学学科从19世纪中后期到今天的知识更新和制度更新。加利森写道[580]：“认为物理学和物理学家构成了一个单一的整体结构已变得不合时宜，作为历史学研究者，我们已习惯于把文化视为由具有不同动力的亚文化组成的。”加利森的认识与对关注不同层面和不同维度的有力论证说明，有必要深入到组成的“中观”和“微观”层面来寻找“宏观”层面过程的线索，并把宏观层面的变化概念化为由几个更低层面变化过程的集合或“插入”，这些低层面变化过程根据不同的但相关的逻辑运动。加利森的物理学科更新中的“插入”模型有着极其重要的认识论含义，他的基本思想可能转变为一个参与大型科学基础设施运行的复杂组织更新的概念化，尽管有一些关键的调整。

图4-8给出了加利森的“插入”模型，这样的表示似乎过于简单，而且严重失实，在某种意义上，这个模型可被称为过度的“库恩主义”，因为它似乎表示只有当一个理论完全被一个新理论取得的时候，更新和发展才会发生[581]。这肯定不是加利森模型的目的：加利森[582]写道,该模型的关键点是放弃了“重复周期化”的假设，把物理学亚文化（至少）分为“理论”、“实验”、“仪器制造”这三个准独立的分组，但三个分组不是绝对的，每个分组都可能在内部分裂成不同持续时间的“插入”片段（……），“关键是，一个分组内的分裂不必与另一个分组内的分裂同时发生”。

580 如加利森在 1997 年出版的著作（第 798 页，见参考文献 [94]）中所阐述的。

581 如库恩在 1962 年出版的著作（见参考文献 [199]）中所阐述的。

582 如加利森在 1997 年出版的著作（第 799 页，见参考文献 [94]）中所阐述的。

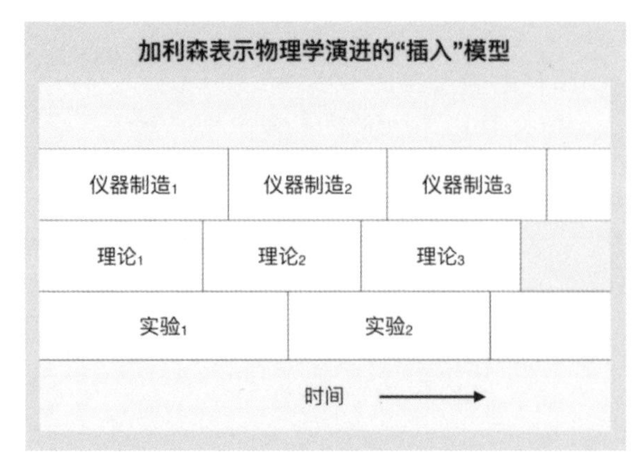

图 4-8 加利森表示物理学演进的“插入”模型，原书注：根据加利森在 1997 年出版的著作（第 799 页，见参考文献 [199]）中的论述绘制

可以对图4-8所示的“插入”模型作些调整，用“科学项目”、“装置”和“组织”分别取代“仪器制造”、“理论”和“实验”，并不仅允许这三者“在内部分裂成不同持续时间的插入片段”（见加利森的叙述，同前），而且还显示分裂发生的例子。这样的调整见图4-9。与加利森对“插入”模型的使用相似，这里的关键点是在三个维度中，一个维度的分裂或变化不一定与其他维度的分裂或变化同时发生，当然它们也可以同时发生。但重要的不在于不同维度的分裂或变化是否同时发生，而是分析这些分裂或变化，分析它们如何有助于“大科学”实验室的整体和长期更新，分析它们如何通过彼此往复作用来产生这样的更新，进一步说，分析这些分裂或变化发生的原因。

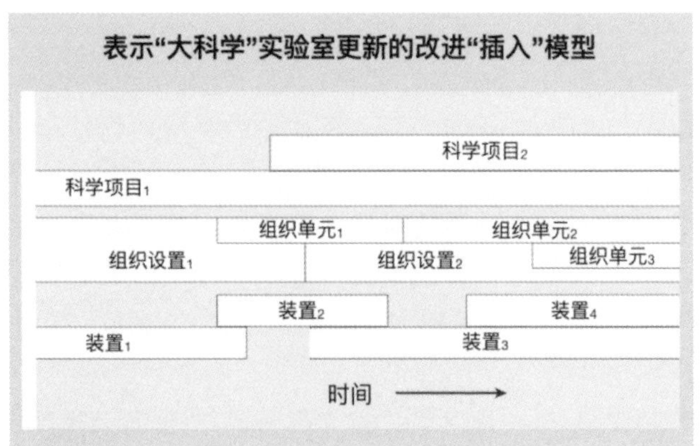

图 4-9 表示“大科学”实验室更新的改进“插入”模型

在近期的历史制度主义中，制度更新是一个核心话题，它批判了两个占主导的制度观，即通过长期稳定与正反馈机制得以持续和加强的制度，或者在激进变

化时期形成和增强的制度。与这两个制度观不同，有人认为，制度的长期和宏观层面的持续性能够通过循序渐进的适应与更新得到保障[583]。考虑到对现有组织通过在几个维度的“插入”发展实现更新进行分析的目标，对不同渐进转型过程进行类型学和概念架构分析在这里是有重要作用的，此处，一个维度的分裂或变化不一定与另一个维度的分裂或变化同时发生，而进一步的更新可能作为数个不同的内生和外生变化过程的结果而发生。

这样的概念架构是由海因茨和曼奇[584]两人提出的，本书作者和海因茨在系统和单个实验室层面的“大科学”更新分析中对该概念架构作了改变和使用[585]。如图4-10所示，这个概念架构是将移除现有能力的过程和建立新能力的过程交叉列表得出的结果，综合所述，这些过程正是处于图4-9所示三个维度的分裂或变化背后的可被预计的过程类型。这四个过程被定义如下。“分层”意味着在现有能力没有被改变或中断情况下新的能力被添加，从而新的元素根据先前存在的系统逻辑被容纳。“转化”意味着为一组目标设计的能力被重新调整为新的能力，这是一个特别有趣和重要的过程，因为这个过程既不添加新的能力，也不减少现有的能力，但尽管如此仍实现了变化。“取代”表示现有的能力被中断，由其他新的能力所取代，这也是一个重要的更新过程，因为它意味着整体的连续性但更低层面的不连续性。“废除”表示现有的能力被终止，但没有明显的其他能力取代它。

渐进制度变化过程的分类方法

建立新的研究能力？	现有研究能力的新用途/继续使用？是	现有研究能力的新用途/继续使用？否
是	分层(Layering)	取代(Displacement)
否	转化(Conversion)	废除(Dismantling)

图4-10　渐进制度变化过程的分类方法，原书注：根据海因茨和曼奇在2012年发表的论文（相应论文集的第20页，见参考文献[139]）中的论述改编

583 如斯特雷克和特伦在2005年出版的著作（见参考文献[343]）、特伦在2004年出版的著作（见参考文献[346]）和斯特雷克在2009年出版的著作（见参考文献[342]）中所阐述的。

584 如海因茨和曼奇在2012年发表的论文（见参考文献[139]）中所阐述的。

585 见本书作者和海因茨在2012年、2013年、2015年、2016年发表的论文（分别见参考文献[131]、[132]、[133]和[134]）。

上述概念架构的首个分析性使用处理了与本章重点讨论的完全相同的案例，即SLAC国家加速器实验室，并把这个分析与对该实验室的德国兄弟实验室即“德国电子同步加速器”机构的分析结合起来。这个分析产生了一些重要结论，这些结论对从经验上理解这些案例及这个概念架构本身都有影响。为了区别这四个变化过程，并以有效分析的方式使用这些类别，有必要制定一个明确的时间框架和分析层次。例如，短期变化可能表现为“废除”，然而从长期来看，同样的变化则表现为“取代”[586]。这意味着，即使在特定研究能力被终止时“废除”似乎正在发生，如果在经一段时间后之前用来维持被终止能力的物质和组织资产被用来维持另一种能力（如在上述例子中的重组），那么从长远来看，对这个变化过程的准确描述应是“取代”或者“转化”。

因此，至关重要的是，变化过程的描述取决于如何辨别变化过程的观点，认识在“组织”、“装置”、“科学领域”这三个维度上的变化是关键，这些变化以完全不同速度、通过在这些维度之间无法辨别的过程（“分层”、“转化”、“取代”和“废除”）发生[587]。换句话说，“插入”变化模型（见图4-9）已被证明是理解SLAC国家加速器实验室更新的功能性工具。

四、追溯和解释更新

前一节对美国SLAC国家加速器实验室发展史及它的语境嵌入作了概述，对这个案例为什么特别适合本章分析工作提供了背景。这个概述缺少的是一个简单但关键的细节，这就是这个实验室建立于1961年，它的任务是建造和运行一个直线加速器装置，这个任务本质上是有时间限制的。当这个装置为粒子物理实验作出贡献的能力被耗尽的时候，人们的期望是这个装置将被关闭，实验室也会关门。值得讨论的是，这是否在1961年美国国会批准该项投资时就是该装置和实验室的现实前景，也就是说，当时的美国政客是否真的准备仅在10至15年的时间范围里为装置的使用进行投资（参见上文对帕诺夫斯基关于“一个好思想”可延长这个实验室存在时间的引用）。尤其是，根据第一至二章及本章前文关于美国国家实验室通过重新定位、资源重组及组织生命支撑的政治行为而生存下来的分析和讨论，SLAC国家加速器实验室似乎不太可能在10至15年后就会关门。在这些章节分析的背景下，作为对此前讨论的观点的补充，重要的是要注意，实验室结构中固有的时间极限使得其科学任务的更新和重构成为组织

586 见本书作者和海因茨 2013 年发表的论文（相应杂志的第 599 页，见参考文献 [132]）。
587 见本书作者和海因茨 2013 年和 2016 年发表的论文（见参考文献 [132] 和 [134]）。

生存的必要条件。

SLAC国家加速器实验室科学任务的更新和重构持续了数十年。在其作为全球粒子物理学领域行动者的生存能力和产出效率受到严重质疑之前，SLAC国家加速器实验室还完成了另外三个大型粒子物理实验装置项目，它们的运行周期一直延续到20世纪90年代。表4-1给出了该实验室在最后一个粒子物理装置被关闭之前的同类主要装置，也给出了这些装置的全球主要竞争对手。

借助于图4-10所示的概念架构，SLAC国家加速器实验室50多年来整体的科学转型和组织转型可描述为（科学任务的）“分层”或（实验室组织的）“转化”。从最广义的角度和在尽可能长的时间范围里，该实验室的更新因此可采用图4-11的图解方式来表示。

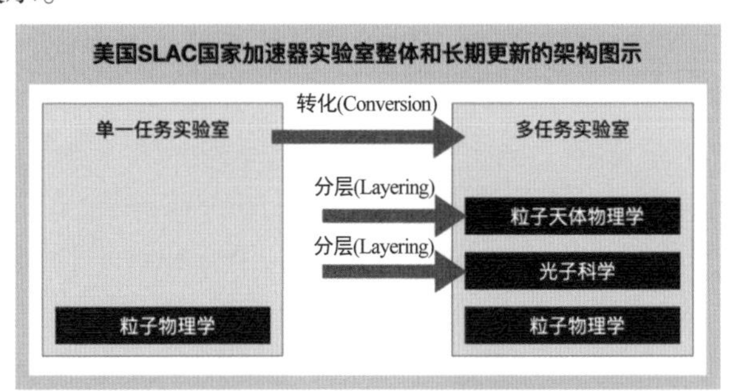

图 4-11　美国 SLAC 国家加速器实验室整体和长期更新的架构图示

值得注意的是，图4-11在细节层面进一步向下移动之前给出了两个更新过程，即“转化”和“分层”。作为现有粒子物理学研究项目顶端的科学活动，光子科学“分层”和粒子天体物理学“分层”相当于SLAC国家加速器实验室的整体“转化”，因为这个实验室在美国联邦研发体系中的正式组织、法律地位、物理位置、基本作用等方面都没有发生变化。

如上所述，SLAC国家加速器实验室的更新能够在几个不同层面上被观察到，它们从图4-11所示的顶部层面到由本书作者[588]（部分）论述的个体活动和协商的微观层面。解释所有可以想到的更新过程是不可能的，而这些过程结合在一起产生了图4-11所示的该实验室的整体更新，因此，有必要在上述确认的“组织”、“装置”、“科学领域”这三个变化维度中对一些重要变化进行先验选择，以作为本章分析的概念基础。

从某种意义上说，图4-11的图示概述考虑了“科学领域”的更新，虽然在仔细观察该实验室发展史时，在图4-11中添加缺失的元素，即添加将光子科学和

588 见本书作者 2015 年发表的论文（见参考文献 [129]）。

粒子天体物理学引入该实验室的“分层”过程的时间标识，成了一件非常困难的事情。该实验室首次以小型探索性项目为形式的光子科学研究活动始于1972年，二十年后，“斯坦福同步辐射实验室”被并入该实验室之中[589]。这两个日期无疑是重要的，但哪个都不是明确的光子科学在粒子物理学顶端“分层”的单一事件。1972年启动后的同步辐射研究活动在最初几年里是真正的寄生和小规模的，这项活动当然得到了该实验室主任和“斯坦福正负电子加速器环”装置负责人的赞同，但没有得到积极的支持，与该实验室主要粒子物理研究活动的地位相距甚远。这种状态在此后数十年里逐渐发生了变化，1978年“斯坦福同步辐射项目”改名为“斯坦福同步辐射实验室”标志着同步辐射研究活动在该实验室里的重要性有所增加，1978年至1980年“斯坦福正负电子加速器环”装置的50%机时数被同步辐射研究活动接管同样表明了这一点[590]。当该实验室的任务正式多样化在1992年发生的时候，“斯坦福同步辐射实验室”已经完全接管了“斯坦福正负电子加速器环”装置，并优化了该装置的同步辐射性能。尽管如此，由于SLAC国家加速器实验室保持着作为美国两大粒子物理实验装置实验室之一的官方地位，同步辐射研究活动在此后的几年里在这里仍处于相对次要的地位。尤其在“斯坦福同步辐射实验室”主任及科学家层面上，只是该实验室“二等公民”的感觉在整个90年代都很鲜明，虽然这种状况没有威胁到同步辐射活动的存在或健康发展。所有这些都清楚地表明，把1972年或1992年作为该实验室科学领域整体层面“分层”过程的时间标识是不充分的，延伸地说，在该实验室的案例中，光子科学在粒子物理学顶部的“分层”只能在长时间范围的回顾中加以确认。这里还可以注意到，在“直线加速器相干光源”装置项目启动、使用同步辐射和自由电子激光的研究项目需要一个通用名称之前，“光子科学”这个术语还没有被引入该实验室来描述它的一部分任务。对于粒子天体物理学领域来说，情况也是相似的，正式的组织单元是在世纪之交才被添加到该实验室的组织架构之中，但这个领域在更早的时候就被纳入了该实验室，这很可能是个体行动和微观层面协商的结果。

当然，“组织”和“装置”这两个维度在更新过程开始或结束的时间标识上提供了较少的模糊性。新组织单元和部门的“分层”，以及现有组织单元和部分的“废除”、“转化”或“取代”，可通过观察系列组织结构图加以追溯，类似地，装置开始运行和终止运行的日期在官方资料中也是容易被找到的。然而，就“组织”而言，必须注意的是，只有正式的组织单元和部门才会出现在组织结构图中，

589 见本书作者 2015 年发表的论文（见参考文献 [129]）。

590 见本书作者 2015 年发表的论文（相应杂志的第 243 页至第 246 页，见参考文献 [129]）。

这就是说，没有真正的方法来了解组织单元和部门多大程度上具有更新过程分析的现实重要性，或者仅是行政管理结构（参见第一章的讨论）。“斯坦福同步辐射项目”/“斯坦福同步辐射实验室”是斯坦福大学的一部分，它在被视为外部用户组的前提下才被斯坦福直线加速器中心管理层允许进入装置现场，在1978年从“项目”转变为“实验室”之前,它的内部组织也遵循斯坦福大学的“项目”标准，所有这些都是在斯坦福大学工程学院应用物理系范围之内发生的。然而，有趣的是，“斯坦福同步辐射项目”/“斯坦福同步辐射实验室”的科学家在斯坦福大学不同系科之间的联合任命，美国国家科学基金会及而后美国能源部的拨款及其他财政资金的流入，尤其是来自遍布全美的用户群体的时间和设备的“实物捐赠”，使得“斯坦福同步辐射项目”/“斯坦福同步辐射实验室”的组织严重依赖正式和非正式的协议，这些协议难以或者不可能被绘制成图，因为在官方文件中几乎没有或根本没有这些协议的痕迹，更不用说在斯坦福直线加速器中心的组织结构图中了。此外，“斯坦福同步辐射项目”/“斯坦福同步辐射实验室”与斯坦福直线加速器中心签署的大部分协议都是非正式的。除了1972年签署并于1978年和1982年续签的基本监管文件之外，几项关键协议是非正式达成的，如1976年由时任斯坦福直线加速器中心主任帕诺夫斯基作出的承诺，具体是一旦“正负电子项目”装置被用于粒子物理实验，“斯坦福同步辐射实验室”将获得“斯坦福正负电子加速器环”装置的50%机时数，或许这个承诺在20世纪80年代大部分时间里并没有得到遵守，这同样是重要的，因为违背这个承诺明显阻碍了“斯坦福同步辐射实验室”的运行[591]。对于如果这些或其他协议被写入正式的合同，上述状况和“斯坦福同步辐射实验室”与斯坦福直线加速器中心之间的关系是否会发生变化的问题，很难作出回答，从该实验室发展史中得出的总体印象是强权政治、可能性的艺术和机遇巧合在其长期演进中扮演着重要的角色。

然而，对于装置及其科学使用，之前的分析[592]已表明上述四个更新过程的概念架构可被有效地应用于一项分析之中，这项分析产生了关于“大科学”实验室复杂更新的丰富和微妙的知识，在细节上也很严谨。图4-12非常仔细地描绘了SLAC国家加速器实验室50年多来在“装置”及其科学使用方面变化和更新的类型，这些变化和更新是根据其连续建造的大型装置进行分类的。

591 见本书作者 2015 年发表的论文（相应杂志的第 243 页，见参考文献 [129]）。

592 见本书作者和海因茨 2013 年和 2016 年发表的论文（见参考文献 [132] 和 [134]）。

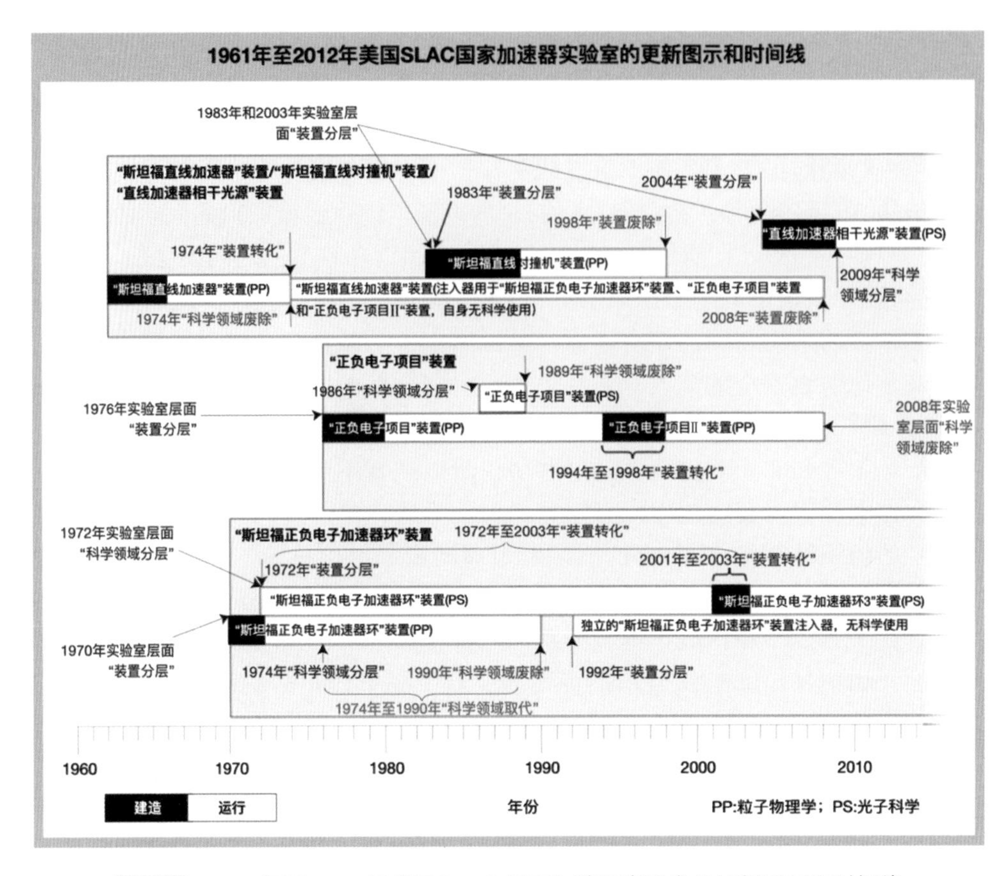

图4-12 1961年至2012年美国SLAC国家加速器实验室的更新图示和时间线

正如读者所见到的，图4-12确认了许多不同的更新过程。除了表示SLAC国家加速器实验室渐进更新的时间线之外，该图的重点是显示通过分析产生的结论有多么复杂，而这个分析借助于上述的概念架构和四个更新过程，同时说明这些结论如何有助于理解"大科学"实验室内的深刻更新并进行概念化。

在图4-12中，SLAC国家加速器实验室主要装置部分用大灰色方框来表示，装置的一些改进和变化用灰色方框中的黑色方框和白色方框来表示，其中黑色方框表示正在建造的装置，白色方框表示正在运行的装置。将一些装置组合在同一个灰色方框中部分出于分析便利的原因，但也是非常符合逻辑的：例如，"斯坦福直线加速器"装置、"斯坦福直线对撞机"装置和"直线加速器相干光源"装置（位于图4-12顶部的灰色方框）是三个截然不同的装置，促进了类型截然不同的研究活动，但它们确实分享了"斯坦福直线加速器"装置的基础部分。但是，为了区别这三个装置的不同用途和技术类型，在图中添加了一些较小的标签，以表示装置在其技术设置或科学使用方面何时经历了“分层”、“转化”、“取代”和“废除”这四种类型中的一种变化。此外，实验室层面的变化过程，即超出单个装置使用范围的变化过程，也会通过放置在灰色方框之外并用箭头表示变化发生的时间和位置的标签加以标示。SLAC国家加速器实验室在其发展史上增加的每个新装置被标注为“实验室层面装置分层”。例如，在图中，光子科学以首个同步辐射项目形式于1972年进入该实验室也以“实验室层面科学领域分层”作了标注。

从“斯坦福正负电子加速器环”装置的灰色方框起，对每个灰色方框进行了分析，图4-12显示这个装置是按粒子物理实验的单一用途建造的，并对已运行的“斯坦福直线加速器”装置作出补充，从而在该装置于20世纪70年代建造之初形成了“实验室层面装置分层”。当同步辐射研究活动在“斯坦福正负电子加速器环”装置于1972年完工后进入该实验室的时候，它是通过“装置层面分层”（在该装置上添加新的同步辐射或光子科学设备）和“实验室层面科学领域分层”实现的，因为这是该实验室首个光子科学研究案例。20年代70年代至80年代，“斯坦福正负电子加速器环”装置逐渐被同步辐射/光子科学研究活动接管，这是通过渐进的“科学领域取代”（停止粒子物理实验对装置的使用，继续光子科学对装置的使用）和“装置转化”（这个装置被重建，以完全符合光子科学项目的要求）实现的，这个装置在1990年结束了最后一次粒子物理实验是装置层面“科学领域废除”的例证。两年后，“斯坦福正负电子加速器环”装置与“斯坦福直线加速器”装置相分离，并连接到自己的注入器，这就构成了“装置分层”（通过添加注入器，但没有发生“科学领域分层”，因为装置的使用没有变化）；2001年至2003年，“斯坦福正负电子加速器环”装置升级为“斯坦福同步辐射光源”装置（见图4-13），其本身也是“装置转化”，在某种意义上完成了1974年至2003年的长期渐进“装置转化”过程，实现了该装置从一个完全的粒子物理实验装置向完全的光子科学装置的转变。该装置和它的注入器至今仍在运行，因此这里还没有发生最终的“装置废除”。

图 4-13　美国SLAC国家加速器实验室“斯坦福同步辐射光源”（Stanford Synchrotron Radiation Lightsource，SSRL）装置建筑物夜景照片，2016年

再讨论“正负电子项目”装置，它曾是该实验室在1976年至1979年期间建造的新的大型装置，因此是“实验室层面装置分层”的例子。这个装置在1986年至1989年期间被短暂地用于同步辐射实验（除常规的粒子物理研究项目之外），因此，在图4-12的中部灰色方框中,（1986年发生的）“科学领域分层”过程和（1989年发生的）“科学领域废除”过程被作了标注。1994年，该装置被关闭，1994年至1998年期间被重建成“正负电子项目Ⅱ”装置（见图4-14），这是一个“装置转化”过程（但没有发生“科学领域转化”或“科学领域取代”过程，因为该装置在“转化”之后仍用于粒子物理实验）。2008年，“正负电子项目Ⅱ”装置不再用于粒子物理实验，这并不等同于“装置废除”过程,因为这个装置没有被拆除,而是等待关于其命运的决定，这样，标示“正负电子项目Ⅱ”装置的白色方框在2008年终止，但更大的灰色方框仍在延伸。然而,“正负电子项目Ⅱ”装置的关闭构成了“实验室层面科学领域废除”，因为这意味着SLAC国家加速器实验室自此不再在其场地进行任何粒子物理实验。

图4-14 美国SLAC国家加速器实验室的粒子对撞机即“正负电子项目Ⅱ”(PEP-Ⅱ)装置照片，模拟的电子束（蓝色）和正电子束（粉色）在装置的环形管道中运动

图4-12上部灰色方框显示了原斯坦福直线加速器中心的“斯坦福直线加速器”装置在50多年时间里的重复循环使用。该装置于1962年开始建造，1966年投入运行，用于粒子物理实验。1974年，该装置停止了粒子物理实验（这是一个“装置层面科学领域废除”），仅被用作后续加速器的注入器（这是一个“装置转化”）。1983年，该装置的扩展始于增加两个大型加速器隧道，从而将整个装置转变为一个直线对撞机装置（即图4-12标示的“斯坦福直线对撞机”装置），这是装置层面和实验室层面的“装置分层”。“斯坦福直线对撞机”装置在1989年投入运行并不标志在科学领域方面发生了任何更新过程，因为它成为该实验室的“旗舰”粒子物理实验装置，类似地，1998年该装置被拆除并不意味着“实验室层面科学领域废除”，因为“正负电子项目Ⅱ”装置同时投入运行，并在另一个十年里延续着

实验室层面的粒子物理研究项目。在2004年“直线加速器相干光源”装置通过装置层面和实验室层面的“装置分层”开始建造的时候，该装置仅涉及“斯坦福直线加速器”装置的三分之一部分，其余三分之二部分仍被用作“正负电子项目Ⅱ”装置的注入器，“正负电子项目Ⅱ”装置曾被计划再运行几年，但在2008年（因预算消减）被提前关闭了（见图4-15）。2009年，“直线加速器相干光源”装置向用户开放，这表示“斯坦福直线加速器”装置层面上的“科学领域分层”，因为这是该装置首次被用于光子科学实验。

图 4-15 原斯坦福直线加速器中心的“斯坦福直线加速器”装置有一个长度为 2mi（3.22km）的加速器隧道，目前成为 X 射线隧道，连接着“直线加速器相干光源”装置的两个实验室，2017 年

“斯坦福正负电子非对称环”装置和“直线加速器相干光源”装置目前仍在运行之中，两者都是专用于光子科学的装置。SLAC国家加速器实验室曾有将“正负电子项目Ⅱ”装置改造成同步辐射光源从而成为光子科学装置的计划，因此必须对图4-12进行准确添加，以说明在不同层面上、在不同时间范围内的“分层”、“转化”和“取代”。被称为“直线加速器相干光源Ⅱ”的装置项目是“斯坦福直线加速器”装置的另一个扩展（“装置分层”），目前正在实施之中。

在本章的开头，借助于一些有充分文献证明的案例，美国国家实验室生态系统中的几个相互关联资源经济体在总体层面上得到了概述，转型“大科学”就是在这些资源经济体里形成并壮大。此处的分析采用了不同的观点，借助专门为此目的调整的理论工具，对一个“大科学”实验室的更新案例进行了放大。这些理论工具有可能在系统层面帮助解释“大科学”实验室更新，同时将整个资源经济体或生态系统考虑在内，虽然这样做在方法学和经验上都有很高要求。应该承认，这里分析的案例得益于有一个确定的整体变化方向，即从单一任务的粒子物理实验室转变为多重任务的光子科学实验室，这使得相应分析及结果不会那么凌乱。

在微观层面，这种变化总是始于一个人或一小群人，他们认识到某种特定技术的科学潜力，在所分析的案例里即是加速器产生的高强度辐射的科学潜力。斯坦福大学教授威廉·斯派塞（William Spicer）[593]于1968年6月18日写给时任斯坦福直线加速器中心主任帕诺夫斯基的信，被誉为首次给该实验室发展“装上轮子”的微观层面事件[594]，从这个事件起，该实验室的最初发展在其层次结构中逐渐向上移动，进入了发挥作用的过程可被称为“管理”、“组织”、“体制”、“结构”和“政治”的领域，在某些情况下也是巧合。对于实现斯派塞的计划来说，来自斯坦福直线加速器中心执行层的某种“赞同”是必要的，但斯派塞召集一批相对有影响力的斯坦福大学教授向帕诺夫斯基提出建议的能力似乎发挥了作用，据称帕诺夫斯基本人在认识同步辐射科学潜力上的远见卓识也发挥了作用。当然，人们有理由问，为什么这些早期同步辐射活动都被允许进入这个单一任务的粒子物理实验室的现场，这些活动承载着来自资助者、科学精英及其他利益相关者的巨大期望和要求，并处于激烈的国际竞争的情况下。一个可能的促成因素是该实验室在20世纪70年代初还在这样的体系中运行：这个体系赋予实验室主任层面比今天更多的管理自主权，如第二章及上文所述，此时美国的国家实验室体系仍然是由基本上精英统治的能源委员会监管，而且该实验室在美国联邦的“大科学”运行中享有关键资产的地位，这依然是美国重大国家利益所在。随后对美国国家实验室体系的管理改革显然创造了另一个层次的僵化，增加了繁文缛节，如果斯派塞的计划在十年后提出，这种管理状态可能会扼制该实验室任务的微观层面多样化（参见图4-16），阻碍它进入光子科学领域。

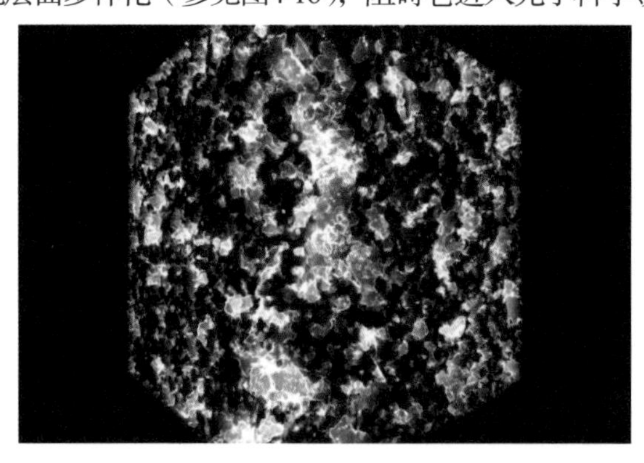

图 4-16　在 SLAC 国家加速器实验室的一台大型超级计算机上进行的计算模拟研究显示了宇宙在新恒星电离星际氢气爆炸输出时的形成阶段

593 译者注：威廉·斯派塞（1929 ～ 2004），美国物理学家，光电子谱学领域的开拓者。他在 1949 年获得美国威廉－玛丽学院物理学学士学位，1951 年获得麻省理工学院第二个物理学学士学位，1953 年获得密苏里大学哥伦比亚分校物理学硕士学位，1955 年获得该校物理学博士学位，1955 年至 1962 年在位于普林斯顿的“RCA 研究实验室”工作，1962 年加入斯坦福大学教师队伍，1978 年成为该校教授，直至 1992 年退休。引自：https://news.stanford.edu/news/2006/july12/memlspi-071206.html，访问时间：2022 年 2 月 27 日。

594 见本书作者 2015 年发表的论文（相应杂志的第 228 页至第 229 页，见参考文献 [129]）。

像斯派塞、“斯坦福同步辐射项目”/“斯坦福同步辐射实验室”最后几位负责人（如1974年至1978年担任负责人的塞巴斯蒂安·多尼亚奇（Sebastian Doniach）[595]和1978年至1998年担任负责人的亚瑟·比恩斯托克（Arthur Bienenstock）[596]、斯坦福直线加速器中心及而后的SLAC国家加速器实验室的主任（1962年至1984年担任主任的帕诺夫斯基和1984年至1998年担任主任的里希特）那些机构创建者的工作，似乎在变化的初期阶段是绝对关键的，这些个体似乎既在制度安排的帮助下又在不顾及制度安排的情况下取得了成功[597]。这表明，对于这些历史事件的分析者来说，绝对有必要对建立在承认个体（理性）行为重要性基础上的解释模型、来自制度理论的解释模型和来自政治学理论的解释模型保持开放的态度。虽然在该实验室发展史的早期阶段，（部分）出自自身利益行事的个体行动者被认为是关键的，但在该实验室发展史的后期阶段，制度环境和政治架构则显得尤为重要。“斯坦福同步辐射实验室”在1992年并入该实验室显然是出资人（美国能源部）代表、斯坦福大学代表和该实验室主任里希特有目的工作的结果，而且这个过程似乎（部分）违背了相关的领衔同步辐射科学家的意愿[598]。然而，最终的结果是加强了该实验室的同步辐射活动，开辟了一条通往光子科学的道路，光子科学成为该实验室的主要实验活动。

如果美国能源部不采取对装置项目有利的行动，该实验室的“直线加速器相干光源”装置项目是否能取得最后成功是值得怀疑的，美国能源部的行动是根据第二章中所称“特里弗尔皮斯遗产”，通过授予国家实验室大型装置项目来使它们生存下去的战略的一部分。在20世纪90年代SLAC国家加速器实验室提出该装置项目提案的时候，该装置被构想是按照为自由电子激光概念提供一些技术试验、为未来真正的用户装置作准备而设计的原型装置。此时，作为该装置项目的潜在出资者，美国能源部拒绝支持这样的装置，敦促该实验室在所提“直

---

595 译者注：塞巴斯蒂安·多尼亚奇（1934～），英国裔美国物理学家，斯坦福大学教授。他在1954年获得英国剑桥大学基督学院理学学士学位，1958年获得利物浦大学物理学博士学位。他是X射线同步辐射技术发展的先驱者之一，还曾担任斯坦福大学的“斯坦福同步辐射实验室”第一任主任。引自：https://wikimili.com/en/Sebastian_Doniach/，访问时间：2020年2月24日。

596 译者注：亚瑟·比恩斯托克，1955年和1957年分别获得布鲁克林理工学院的学士和硕士学位，1962年获得哈佛大学应用物理博士学位，曾任美国物理学会主席、美国总统联邦研究政策特别助理、斯坦福大学沃伦堡研究中心主任、“斯坦福同步辐射实验室”教授，2003年至2006年还任斯坦福大学副教务长，现为美国斯坦福大学名誉教授。引自：https://gender.stanford.edu/people/arthur-bienenstock，访问时间：2022年2月21日。

597 见本书作者2015年发表的论文（见参考文献[129]）、本书作者和海因茨2013年发表的论文（见参考文献[132]）。

598 见本书作者2015年发表的论文（相应杂志的第265页至第267页，见参考文献[129]）。

线加速器相干光源”装置基础上形成一个完整的用户装置概念，2004年，该实验室做到了这一点，该装置因此得到了美国能源部的资助[599]。

在这种背景下，认识上述分析能够揭示什么、不能揭示什么也是很有帮助的。虽然SLAC国家加速器实验室的更新过程肯定是通过许多个体周密考虑和行动实现的，但这个过程在体制上是根深蒂固的。图4-12给出了该实验室的装置更新时间线，在这个案例中，这意味着巨大的混凝土块、以数百米长管道为形式的真空室、超导磁体和其他一些大型但非常精密的部件等被组合在一起，在某些情况下，这些物质被置于数米深的地下，因此，图4-12也暗示了“结构决定论”，甚至“材料决定论”，它们成为解释该实验室更新过程的一个要素。此外，从图4-12还可看到，这些装置的适应能力似乎取代了机构的惯性，而机构的惯性得到了（组织）社会学家的重视，并被概念化为任何组织领域及现代社会本身的基础。但是，变化还是完成了，图4-12也设法表达了这一点。

因此，虽然对SLAC国家加速器实验室发展史的描述因片面聚焦于其数十年间运行的装置而显得过于简单，并且不能公正地对待所有微观层面的变化过程，而这些变化过程共同带来了该实验室的长期变化[600]，但在分析中使用装置的连续顺序作为一根红线是很自然的。装置成为SLAC国家加速器实验室的身份和文化的有力象征，但最重要的是，装置是该实验室科学项目的关键资源（参见图4-17和图4-18）。在本书的背景下，没有“大机器”，就没有“大科学”。

图 4-17 在名为“用于先进加速器实验检测的装置”(Facility for Advanced Accelerator Experimental Tests, FACET) 项目中，美国 SLAC 国家加速器实验室正在进行使用等离子体来加速电子的试验，等离子体是由原子及从其逃逸的电子组成的高能气体，可被用来加速电子，使电子的能量达到被常规加速器加速可达到能量的 1000 倍，图中的金属盒子本身就是一个强大的加速器。2017 年，该实验室开始将这个装置升级至“FACET-II”

599 见本书作者和海因茨 2013 年发表的论文（相应杂志的第 595 页，见参考文献 [132]）。

600 见本书作者 2015 年发表的论文（相应杂志的第 222 页至第 224 页，见参考文献 [129]）。

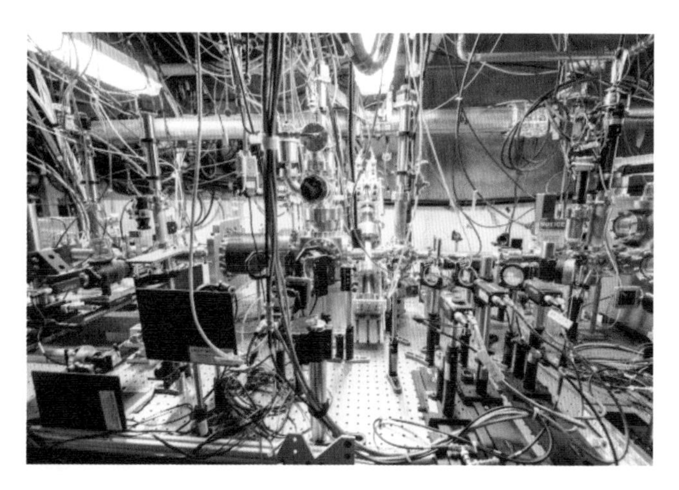

图 4-18　“FACET-II”装置项目的配有数据通信电缆的复杂设备系统

在更广泛的意义上，这与SLAC国家加速器实验室的机构惯性（类似于组织惯性）有关。20世纪70年代和80年代，该实验室制定了科学、组织与装置的长期计划，部分被编入了该实验室向其资助/监管机构（美国能源部）和运营承包者（斯坦福大学）递交的报告和文件之中，在这些报告和文件中，同步辐射研究充其量只是一种辅助活动，扮演着次要的角色。即使在“斯坦福同步辐射实验室”的年用户数超过了该实验室粒子物理研究项目的年用户数以及该实验室的单一任务状况被废除之后，这种状况仍持续了很长一段时间。事实上，直至2005年至2006年，该实验室从主要的粒子物理研究机构转变为主要的光子科学研究机构才在美国能源部和联邦研发支出层面的实验室预算层面上得到了反映：如图4-19所示，只是在2004年“直线加速器相干光源”装置项目启动之后，光子科学在该实验室预算中所占的份额才开始增大，逐渐追上粒子物理学活动在预算中所占的份额，也就是在2012年，即“正负电子项目Ⅱ”装置最后一次粒子物理实验结束后的第四年，光子科学的预算才显著高于这个科学领域的2004年预算。实验室支出预算构成的变化使人们认识到，该实验室（和一般概念上的“大科学”）的更新受到了普遍强大的机构在实验室组织、政治和科学群体层面上的抑制、延缓和阻止。考虑到组织社会学（和一般概念上的社会学）领域已确立了关于机构在社会生活几乎所有方面的影响、适应能力和惯性的学说，上述认识并不令人惊讶。

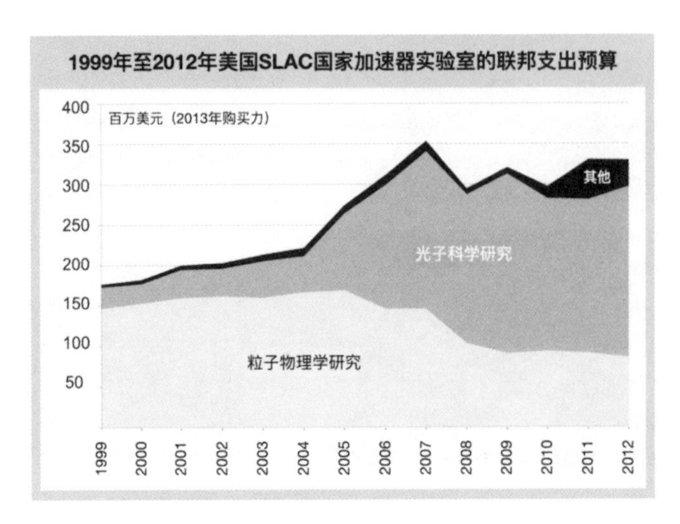

图 4-19　1999 年至 2012 年，美国 SLAC 国家加速器实验室按主要预算项目划分的联邦支出预算

来源：美国能源部向美国国会提出的年度预算申请中列出的实际拨款数

但重要的是，变化发生了。机构不仅阻碍变革，也促进变革。在这里研究的特定案例中，并从旧"大科学"转变为转型"大科学"的全球眼光看，显然，假如SLAC国家加速器实验室（和其他国家实验室）不能提供以完全用于其他用途的粒子物理加速器为形式的基本装置，同步辐射根本进不了该实验室（和其他国家实验室）。因此，虽然可以认为该实验室的单一任务状态从长远来看抑制了它的变化，但一个得到相当慷慨资助的单一任务粒子物理实验室的存在，也是变化过程开始发生的先决条件。这不应被视为一个悖论，而应当被视为复杂变化过程的自然特征。换言之，SLAC国家加速器实验室从单一任务粒子物理实验室转变为（几乎）单一任务光子科学实验室的长期更新过程的成功，归因于更新过程的渐进性、递增性和积累性的本质。这个更新过程让使用同步辐射装置及后来的自由电子激光装置的新型研究活动确实获得了关键的力量，因为这些研究活动是在一个缓慢的过程中建立起来的，这样的过程使得建立关键同盟和赢得重要支持，或者说建立社会合法性成为可能，制度理论已有力地证明社会合法性是组织生存的一个普遍关键因素。因此，虽然旧"大科学"被转型"大科学"的部分取代也许是框架条件发生根本变化的结果，而许多框架条件已在上文中作了简要的叙述，尤其是在第二章里作了讨论，但此处的分析清楚地表明，从旧"大科学"向转型"大科学"的变化在一定程度上是由来自现有国家实验室（如SLAC国家加速器实验室、阿贡国家实验室、劳伦斯-伯克利国家实验室和布鲁克海文国家实验室）的渐进、递增与积累的更新推动并得以实现的。

应当注意与通用技术的联系（见第一章）[601]：像国家实验室这样的组织表现出与“通用仪器”相似的模式，也许能被称为“通用组织”。这个比较可引起人们的好奇，因为像SLAC国家加速器实验室这样组织的适应能力关键是它们的装置，这是通用技术的典型例子。本章的分析表明，装置是这些组织通过重组和渐进但必要的重构实现更新并生存下去的手段。

601 如希恩和约尔吉斯在 2002 年发表的论文（见参考文献 [323]）中所阐述的。

第五章

用户和产出率

一、全球市场上的用户装置

转型“大科学”区别于旧“大科学”的一个关键特征是“大组织”是支撑小型或常规科学（研究）项目的支撑组织。犹如第二章和第三章指出的那样，中子散射装置、同步辐射装置和自由电子激光装置的主要应用领域及其存在的最终动机是材料科学和（广泛定义的）生命科学。这些装置的用户是普通学术型科学家（即研究机构和工业界的科学家），这些装置适应了广泛多样的用户群体的实验需求，这使得这些装置的科学产出在很大程度上依赖于用户的表现。从严格的意义上说，谈论来自中子散射装置、同步辐射装置和自由电子激光装置的科学产出甚至是不适当的，因为这些装置只是来自大学和研究机构的研究团队所使用的工具，他们临时访问装置实验室，进行具有前沿特征的实验或测量，这些工作是相关大学和研究机构常规研究活动的一部分。这些研究人员是创造科学产出的人，用户和装置之间存在着明确的社会分工，但也有例外（见第三章），这定义了转型“大科学”。

在全球化与科学的国际化相结合中[602]，用户和装置之间的社会分工创造了一个全球市场，在这个市场里，装置实验室为那些能够确保其科学产出、进而确保完成任务的用户展开竞争。为了说明这一点，来自美国能源部的数据显示，2014财年（2013年10月至2014年9月），在美国国家实验室体系的六个大型中子散射装置、同步辐射装置和自由电子激光装置[603]的总用户中，仅有11%的用户在装置实验室中工作，17%的用户来自海外。“直线加速器相干光源”装置是目前可提供某些独特实验机会的装置，理应有一个全球性用户群体，突出的是其中有不少于51%的用户隶属于非美国的研究机构和组织。对于中子散射装置和同步辐射装置，相关数据更低一些：80%至87%的用户隶属于美国的大学、研究机构和其他研发组织，但仅有36%的用户在装置所在州的研究机构和组织中工作，所有这些都表明装置的主要任务在于为美国的和国际的用户群体服务[604]。从用户角度看,这些统计结果表明，用户和装置的空间邻近性不应被高估，也不可完全被忽略（亦见第

---

602 如克劳福特（E. Crawford）等在 1992 年出版的著作（见参考文献 [50]）、基纳（A. Geuna）在 1998 年发表的论文（见参考文献 [100]）和迈耶（M. Mayer）等在 2014 年出版的著作（见参考文献 [239]）中所阐述的。

603 原书脚注 5-1：“散裂中子源”装置是中子散射装置，位于橡树岭国家实验室；“先进光源”装置是同步辐射装置，位于劳伦斯－伯克利国家实验室；“先进光子源’装置是同步辐射装置，位于阿贡国家实验室；”国家同步加速器光源“装置是同步辐射装置，位于布鲁克海文国家实验室；“斯坦福同步辐射光源”装置是同步辐射装置，位于 SLAC 国家加速器实验室；“直线加速器相干光源’装置是自由电子激光装置，位于 SLAC 国家加速器实验室。

604 见美国能源部 2014 年“用户统计”（见参考文献 [70]）。

六章和第七章）：用户准备在全球范围内旅行，以获得适当仪器的使用机会，但世界其他几个地方也建有中子散射装置和同步辐射装置，自然地形成了以某些区域和国家为重点的用户群体。

当然，旧“大科学”时代也有用户装置。冷战时期的几个核装置和粒子物理实验装置有一项任务，就是在公开竞争和实验提案同行审查评估的基础上，为外部用户提供服务，但这项任务的意义非常有限。美国国家实验室从一开始就基本上是“用户装置”，对于1946年至1947年期间创立的多任务实验室，赋予它们的两项任务之一是运行实验室资源和因过于庞大使得大学及企业无法承受的科学基础设施，并将其提供给美国学术的和商业的科学团体（亦见第二章）[605]。只要粒子物理加速器和探测器具有可容纳数十人的实验团队规模，相关装置至少是部分作为面向美国和国际粒子物理研究群体的用户装置运行的。但是，如韦斯特威克所指出的[606]，这些装置的现场存在着军事机密工作，并且缺乏关于对外部开放的明确规则，使得情况变得复杂："原则上，这些实验室旨在为来访的学术型科学家提供大型装置的使用，实际上，外部用户并不能容易地使用这些装置”。博德祖克（M. Bodnarczuk）和霍德森注意到[607]，来美国国家实验室体系的装置进行实验工作的粒子物理学家经常抱怨，与实验室内部科学家使用装置的需求相比，他们的需求是第二位的。

真正的例外似乎是1974年成立的费米国家加速器实验室，它是（继SLAC国家加速器实验室后的）美国第二个单一任务的粒子物理国家实验室。该实验室首任主任罗伯特·威尔逊（Robert Wilson）[608]决心为外部用户群体的需求提供方便[609]，因此，他“重新定义了国家实验室的概念”，把向来访用户提供装置使用机会作为“国家”一词的核心内涵[610]。但是，这段时间很短。粒子物理学向“巨型科

605 如韦斯特威克在 2003 年出版的著作（第 119 页至第 120 页，见参考文献 [374]）中所阐述的。

606 如韦斯特威克在 2003 年出版的著作（第 149 页，见参考文献 [374]）中所阐述的。

607 见博德祖克和霍德森在 2003 年发表的论文（相应杂志的第 516 页，见参考文献 [25]）。

608 译者注：罗伯特·威尔逊（1914 ~ 2000），美国物理学家和教育家。他分别于 1936 年和 1940 年获得加利福尼亚大学物理学学士和博士学位；1940 年至 1942 年在普林斯顿大学任物理学讲师；1943 年至 1946 年在洛斯阿拉莫斯国家实验室任研究组负责人，1944 年任研究部主任；1978 年至 1980 年在芝加哥大学任教授；1968 年至 1978 年任费米国家加速器实验室主任。在此期间，他以“艺术家的眼光、银行家的精明和人权活动家的良知”，为该实验室的创建发挥了至关重要的作用。他把战争时期将政府资源与科学家结合起来的伙伴关系模式应用于和平时期民用科学的发展。“加速器是由专家建造的，有时类似于一个封闭的工艺行会，他指导研究者建造随着科学发展不断优化的机器，总是超前看”，使得加速器设计和建造成为一门科学。他引入了“级联”概念，实现了将被加速的粒子从一台机器移动到另一台机器，以不断增加粒子能量。引自：https://military-history.fandom.com/wiki/Robert_R._Wilson，访问时间：2022 年 2 月 19 日。

609 如霍德森等在 2008 年出版的著作（第 157 页，见参考文献 [159]）中所阐述的。

610 如韦斯特威克在 2003 年出版的著作（第 272 页，见参考文献 [374]）中所阐述的。

学”的转型需要更大的团队、更长的实验周期、更长的实验线条[611]以及长期（数年）的规划，所有这些使得作为用户装置的该实验室及其他粒子物理学实验室的日常运行几乎不可能持续下去，相反使得实验与仪器（探测器）融合在一起，从而创造出时间更长、规模更大的有组织团队合作的“中央计划集团”[612]。费米国家加速器实验室的发展与SLAC国家加速器实验室、汉堡的“德国电子同步加速器”机构和日内瓦的西欧核子研究合作组织的发展相似，而这样的发展似乎是西欧国家和美国在20世纪70年代末及以后的支出紧缩推动的（见第二章）。作为结果，这些组织尽可能长时间地保留（对）它们的投资，垄断所拥有装置的产出，如果可能的话，阻止其他研究团队使用它们的装置[613]（图5-1）。

图5-1 在2018年8月首次通电子束之后，美国费米国家加速器实验室的“费米实验室集成光学测试加速器”（Fermilab Integrable Optics Test Accelerator，IOTA）装置继续进行机器的调试、诊断和首次束流物理试验

另一方面，中子散射装置、同步辐射装置和自由电子激光装置至少在今天完全致力于为外部用户群体提供服务。如第三章所述，实验时间的公开竞争原则及其在同行评审委员会评估基础上的实验时间分配，对大部分装置实验室至关重要，虽然也有些例外，例如企业可以购买实验时间，在某些情况下，装置所在地区和国家的用户群体在实验时间分配中拥有优先权。但从根本上说，转型“大科学”实验室就是“大科学”装置，被用于来自普通科学组织的范围广泛的常规研究项目。

611 如霍德森等在2008年出版的著作（第262页至第280页，见参考文献[159]）中所阐述的。
612 如克诺尔－塞蒂娜在1999年出版的著作（第159页，见参考文献[190]）中所阐述的。
613 如博德祖克在1997年发表的论文（见参考文献[24]）中所阐述的。

正如第三章提到的，这对定义、测量和评估装置产出的质量和产出率问题具有一定的影响。

二、产出率

所有的中子散射、同步辐射和自由电子激光装置在技术、科学和组织上都是独一无二的，但它们有一些共同基本特征（见附录1）。它们都有一定数量的独立实验站，向用户提供专门的、有时是独一无二的实验机会。同步辐射和中子散射装置通常平行运行着全部的或大部分的实验站，使得学科差异很大的几个研究团队能够在彼此完全独立的实验站上同时开展他们的工作（图5-2）。就自由电子激光装置而言，它通常在一个时间里只能运行一个实验站，因此通常可以容纳数量（比同步辐射装置）要少得多的用户，这也表现在其数量相对更少的科学产出（见下文）[614]。

图 5-2　美国国家标准与技术研究所的“中子研究中心”（Nist Center for Neutron Research，NCNR）的冷中子引导大厅照片。图中，前景是“样品环境暂存区域”（Sample Environment Staging Area）；其背后是“圆盘斩波光谱”（Disk Chopper Spectrometer，DCS）仪；新的“甚小角中子散射”（Very Small Angle Neutron Scattering，vSANS）仪正在“高通量背反射”（High Flux Backscattering，HFBS）仪的右前方组装；左边是“中子物理研究实验站”（Neutron Physics Research Station）

614 原书脚注 5-2：全面技术描述见附录 1。

显然，装置的规模和基本技术配置很重要。中子和X射线之间的一个关键差别是，聚焦中子很难，而且技术要求极高，而X射线能够通过透射镜、光栅与反射镜相对容易地聚焦和改变方向（见附录1）。因此，中子散射装置的性能在很大程度上取决于“最基本力”，即加速器/核反应堆的效力，它决定了装置一次能够产生的中子数量，从而决定了至关重要的中子通量（单位面积的中子流速）性能指标。这不仅给装置性能（在定性意义上）设定了一个基本上限，而且给装置产出率设定了一个基本上限，因为装置的各实验站需要共享资源和装置产生的中子爆发，无法对从核反应堆或散射靶站提取的中子束进行太多的改进。尽管如此，位于法国格勒诺布尔的劳厄·朗之万研究所平行运行着超过50个的实验站。

同步辐射和自由电子激光装置也有类似的基本限制，尽管这个限制仅与加速器的类型和规模有关，同时，加速器内的粒子束质量、产生辐射及在辐射抵达实验站前对其进行聚焦和优化的各种技术可以大幅度提高辐射的质量。限制同步辐射装置产出率（在定量意义上）的因素只是装置的储存环有多大，这决定了装置可拥有多少条束线。圆形储存环构成了“欧洲同步辐射装置”的技术核心部件，它的周长为844m，用于不少于40条独立的束线（截至2015年1月的数据），这意味着原则上在任意给定的时间里该装置能够支撑至少40个独立的用户组同时工作（一些束线支撑数个实验站同时运行）（图5-3）。与此形成鲜明对比的是，“直线加速器相干光源”装置是全球第一个X射线自由电子激光装置，它拥有六个排成一行的实验站，由长度为1km的直线加速器提供服务，这意味着该装置一次只能支持一个实验站运行（见附录1的图A-3）。因此，对“欧洲同步辐射装置”和“直线加速器相干光源”装置进行比较从根本上说是不公平的，但在狭义上是有意义的：从技术角度看，“欧洲同步辐射装置”能够推进高出“直线加速器相干光源”装置40多倍的实验工作。这也体现在这两个装置的产出上面：2014年，“欧洲同步辐射装置”的运行费用为1.022亿欧元，约为1.13亿美元，与“直线加速器相干光源”装置1.27亿美元的运行费用大致相当，“欧洲同步辐射装置”的出版物产出为1782篇学术期刊论文,这比同年“直线加速器相干光源”装置的出版物产出（67篇学术期刊论文）高出25倍以上[615]。然而,正如“直线加速器相干光源”装置自己宣传的那样，“直线加速器相干光源”装置在科学体系中的角色显然与“欧洲同步辐射装置”不同：后者是为范围广泛的科学界提供服务建造的（当然也包括一些前沿的实验工作），前者则是全球第一个X射线自由电子激光装置，是仅为支撑

615 见“欧洲同步辐射装置”发表的“亮点，1994 ~ 2014”（见参考文献 [81]）和本书作者 2014 年发表的论文（相应杂志的第 492 页至第 493 页，见参考文献 [127]）。

物理学、化学和生物学领域绝对前沿的实验工作建造的，绝不是在这些领域交叉点上培育全新的革命性实验工作[616]。

图 5-3　2000 年，考古学家在德国巴伐利亚州发现了 11 个侏罗纪晚期（1.95 亿 ~ 1.35 亿年前）的始祖鸟化石碎片，后在“欧洲同步辐射装置”上进行研究

就像公共科学体系的大多数组织一样，转型“大科学”实验室承受着证明其产出率、产出和资金使用价值的压力。这主要是此前章节里借助“经济化”概念（对在科学领域的投资是由关于科学对经济发展/增长贡献的预期驱动的）、“商品化”概念（科学产出可用经济标准来衡量）、关于“审计社会”更普遍概念等来描述转型“大科学”发展的结果，在这些概念中，绩效监控和评价本身成了拿手好戏。衡量一个“大科学”实验室绩效的最基本指标是装置的技术可靠性，从用户角度来看它又可转化为可用性，或者实际无中断（向用户）提供的运行时间占全部预定运行时间的百分比。一些“大科学”实验室宣传其具有高达98%至99%的技术可靠性，这似乎（部分）与装置在其用户群体中有很高声誉相符合，这本身就是从用户角度评价“大科学”实验室的运行质量或绩效的不容忽略的因素。科学体系在很大程度上是一种“道德经济”，在这里，抽象但极具价值的“可信性（信誉）”[617]或“名声（声誉）”[618]是关键资源和成功的关键标志。“信誉”也可被视为一种购买

616 见赫克特和本书作者在 2015 年发表的论文（相应杂志的第 305 页）。

617 如拉图尔和沃尔加（S. Woolgar）在 1979 年首版、1986 年再版的著作（见参考文献 [208]），海塞尔斯等在 2009 年发表的论文（见参考文献 [149]）中所阐述的。

618 如惠特利在 1984 年首版、2000 年再版的著作（见参考文献 [375]）中所阐述的。

其他大部分重要“商品”,如“资助”或“正式认可”的“商品”[619],这个关系还将在下文中作更详细探讨。这里，应当强调的是技术可靠性显然不是衡量“大科学”实验室科学产出率的标准。两者之间可能有某种关联性，因为高的技术可靠性在逻辑上应当吸引高技能用户，为获得实验机会所展开的竞争在逻辑上也应在技术可靠性更高的装置上更为激烈，这样的竞争有利于装置吸引更好的用户。但是，在高技术可靠性和高质量研究活动之间不存在绝对的因果关系。此外，由装置实验室自己宣传的技术可靠性指标（即正常运行时间的百分比）只涉及加速器/核反应堆，不反映所有仪器和技术设备的可靠性或性能，它们对成功的实验工作同样至关重要，还是用户直接接触的东西。因此，虽然高的技术可靠性肯定是那些能够达到这个水准的装置实验室的实力标志，但它不是衡量其科学产出率更不用说质量的适当标准。

表征一个装置的质量或绩效的另一个标记是对实验时间的需求，可用超额申请率加以适当衡量（与实验时间供给相关的实验时间需求，可用不同单位来衡量，见下文），这个指标更具动态性，描述了在中子散射、同步辐射或自由电子激光装置实验室上所收集的实验装置的市场价值。表5-1显示了“欧洲同步辐射装置”2014年实验时间的需求与供给及相应超额申请率数据，实验时间的需求与供给在该装置年报[620]中被分类并加以标注。对表5-1作些评论是必要的。首先，正如第三章所讨论的，像表5-1所示的学科分类是含糊的，不应给予太多关注。此外，也如第三章所指出的，这种特殊的学科分类并不对应于装置的束线组，而是贯穿于这些束线组，这意味着表5-1并没有说明该装置特定束线及实验站的相对受欢迎程度。但是，尽管如此，表5-1仍设法传递了超额申请率变化的信息，这可以不同方式加以解释：更低的超额申请率意味着在特定学科类别中实验时间供给和需求之间有更好的匹配；高的超额申请率要么是由于某些仪器受到极度的欢迎，要么是由于装置实验室缺乏关于预测不同学科群体对实验时间需求变化的判断力或能力，要么是这两个原因的结合。另一种计算超额申请率的方法是计算总申请数目与获批申请数目的比率，通过这个方法更能说明实验时间供给和需求的其他特征，并且这是一种更能说明超额申请率一般性竞争的指标，因为它对于不同学科与实验的平均实验时间差异是中性的。表5-2包含了按上述方法得到的“欧洲同步辐射装置”和它的对手（也是主要的全球竞争者）美国阿贡国家实验室“先进光子源”装置的总体数据。

619 见本书作者 2014 年发表的论文（见参考文献 [127]）。

620 见“欧洲同步辐射装置”发表的“亮点，1994 ~ 2014”（见参考文献 [81]）。

表 5-1 2014 年“欧洲同步辐射装置”的超额申请率，划分为主要科学领域，根据申请实验时间数目和分配的八小时实验时间轮班数目计算，来源：“欧洲同步辐射装置”发表的“亮点，1994 ~ 2014”（见参考文献 [81]）

	申请实验时间数目	分配的实验时间轮班数目	超额申请率
化学（Chemistry）	4338	1775	2.44
硬凝聚态物质（Hard Condensed Matter）	9380	3165	2.96
应用材料科学（Applied Material Science）	5055	1652	3.06
工程（Engineering）	237	117	2.03
环境（Environment）	832	249	3.34
文化遗产（Cultural Heritage）	332	114	2.31
地球科学（Earth Sciences）	1835	819	2.24
生命科学（Life Sciences）	1423	549	2.59
结构生物学（Structural Biology）	3061	2077	1.47
医学（Medicine）	1058	465	2.28
方法和仪器（Methods and Instrumentation）	492	201	2.45
软凝聚态物质（Soft Condensed Matter）	3157	1077	2.93
合计	31200	12290	2.54

表 5-2 2010 年“欧洲同步辐射装置”和美国阿贡国家实验室“先进光子源”装置的超额申请率，根据递交的实验提案数目和被批准的实验提案数目计算，计算年份为 2010 年，来源：本书作者 2013 年发表的论文，相应杂志的第 506 页至第 507 页，见参考文献 [124]

	“欧洲同步辐射装置”	阿贡国家实验室的“先进光子源”装置
递交的实验提案数目	3242	1671
被批准的实验提案数目	1306	883
超额申请率	2.48	1.89

乍一看，这两个装置之间的比较给出了“欧洲同步辐射装置”总体上明显比“先进光子源”装置更受欢迎的印象[621]，而且从广义上说，考虑技术、组织、社会及其他因素，前者整体上是一个更好的用户装置。但是，“欧洲同步辐射装置”和“先进光子源”装置都曾是作为提高欧洲和北美大陆同步辐射能力的新增大型装置建造的，并服务于非常庞大的用户群体。有鉴于此，略为更低的超额申请率表明实验时间供给和需求之间存在更好的匹配，因此，表5-2可被解读为“先进光子源”装置在某种程度上比“欧洲同步辐射装置”更适应其用户群体，前者在政策层面

621 见本书作者 2013 年发表的论文（见参考文献 [124]）。

上做了大量更具目的性也更充分的工作，以使用户群体与对该装置投资所产生的新机会相匹配（图5-4）。这与第二章末尾的讨论有关，在这个讨论中，位于瑞典隆德的“MAX-lab”装置案例被用来说明有必要通过政策措施和资助项目来培育用户群体，对这些项目的资助应与对装置及实验室的投资相分离。中子散射、同步辐射和自由电子激光装置不会产生与其技术能力相匹配的科学，除非装置用户群体的技能和能力得到积极培育并因此得到蓬勃发展。

图 5-4 2017 年 7 月研究人员使用阿贡国家实验室“先进光子源”（Advanced Photon Source，APS）装置的高功率 X 射线源对燃烧室的喷雾进行多相测量，包括 X 射线照相高速成像（X-ray Radiography High-speed Imaging）和聚焦束时间分辨测量（Focused Beam Time-Resolved Measurement）

装置的高超额申请率除了仪器受欢迎之外可能还有其他辅助原因。高的超额申请率可能是由用户群体行为造成的，例如过度的“赌注对冲”，这意味着一些用户为同一研究或实验在几个装置上申请实验时间，希望至少有一个申请得到批准。进一步说，也存在“渐进行为”的风险[622]，这就是说，过高的超额申请率会把用户吓跑，使得这个数值突然下跌，有时会影响对装置的整体评价，但它是一个隐含的变量。

超额申请率当然也与科学界内部和非正式排名体系有着密切（但模糊）的联系，通过这些排名体系，科学界能够跟踪可用的实验资源，并且对它们的价值和声誉排名。这些排名对科学的社会组织来说至关重要，但对局外人来说通常是难以理解的，同时，各种各样的因素在其中起着作用，在像转型“大科学”实验室那样的基础设施和实验资源的案例里，除了技术支撑人员的技能之外，装置的技术性能和可靠性（如上文所讨论的，包括装置的正常运行时间和特定仪器的性能），

622 见本书作者 2013 年发表的论文（相应杂志的第 511 页，见参考文献 [124]）。

以及限制特定样品使用或对仪器某些改进的安全规则，都是重要的。因此，超额申请率除了是衡量一种仪器受欢迎程度的一般指标，或者是衡量所提仪器类型使用的供给与需求之间平衡的一般指标之外，也是一种声誉和认可度的指标，此外，这与同行中被授予装置使用时间的科学家的声誉和认可度相对应，这些人设法获得装置的使用时间。

三、衡量装置科学产出的困难

在科学领域里，围绕资助和认可的竞争日益激烈，随之而来的是经济化、商品化及其他一些发展，这种竞争在（转型）“大科学”实验室里似乎不如大学之间的竞争那么直接和突出，大学之间的竞争围绕着所谓的“卓越资金”、其他基于绩效的资助和声誉标志而展开[623,624]。但是，激烈的竞争和细致的绩效衡量也是当代“大科学”的关键特征，并且是转型“大科学”和旧“大科学”的区别。如上所述，最重要的是，转型“大科学”是部分根据经济化与商品化塑造的逻辑运行的：向科学界提供中子散射、同步辐射和自由电子激光服务的“大科学”实验室，在一个为争夺各学科最优秀用户的全球市场上展开竞争。这不仅是转型“大科学”的一个显著特征，反映了在科学治理和组织方面的整体发展；也表明装置实验室和跨国多学科用户群体之间更广泛且更直接的接口（相互联系）已得到发展，并被允许去定义它们的大部分管理和组织。这还有一些重要的含义，尤其与以下问题有关：面向用户的“大科学”实验室如何衡量业绩和产出，并以此作为证明其竞争力的努力一部分，以及这样的措施及其实施将产生怎样的后果。转型“大科学”实验室在为实验工作提供可能最好的条件和吸引最优先用户方面展开竞争，有些实验室（出于必要或选择）采用通用指标来进行绩效评估，包括（但不限于）将产生特定后果的各种文献计量学指标，但也有其他的选择。

出版物清单在装置实验室网站上编制和发布，出版物数量在装置实验室的年报中公布，并经常有强调达到非常高产出率水平的注释。由于装置用户通常是常

---

623 原书脚注 5-3：显然，绩效评估一直是科学社会组织的一个重要特性（见默顿 1957 年、1968 年发表的论文和沙宾 1994 年出版的著作，分别见参考文献 [248]、参考文献 [249] 和参考文献 [318]），但是，在现行科学政策、治理和组织中，评估结果的使用达到了前所未有的规模，而且非常可能对科学社会组织和科学工作内涵本身产生影响，并在科学社会组织和科学工作中处于非常核心的位置（见巴特勒（L.Butler）2003 年发表的论文、基维克（S.Kyvik）2003 年发表的论文和温加特 2005 年发表的论文，分别见参考文献 [35]、参考文献 [202] 和参考文献 [367]）。

624 如威尔达夫斯基（B.Wildavsky）在 2010 年出版的著作（第 88 页至第 95 页，见参考文献 [379]）和曼奇在 2007 年出版的著作（第 73 页，见参考文献 [264]）中所阐述的。

规研究群体，装置的大部分科学产出都在普通学术期刊（以及编辑的书籍和会议文集）上发表，这使得使用标准化的统计指标，将装置的科学产出与科学界其他组织单元，甚至与学术期刊进行比较在理论上是可行的[625]。但是，毫无疑问，再次指出装置与其用户之间的基本社会分工，说明这种社会分工对衡量装置科学产出率来说意味着什么都是十分重要的。严格地说，装置本身很少或根本不产生科学成果，同时，在传播在装置上所获科学成果的出版物中，仅有很小一部分是装置实验室的员工单独撰写的。装置实验室的全职科学家当然要开展自己的研究活动并发表学术论文，但这些产出与装置所有外部用户的综合产出相比通常是微不足道的。全职科学家在出版物上被列为共同作者是非常普遍的，这通常归因于他们在仪器和用户之间起着重要的“调解人”作用，从而也是关键实验工作的推动者，但如果作者都被计列在内，几乎所有的中子散射、同步辐射和自由电子激光装置的科学产出都是由其他组织而不是装置实验室聘用的科学家产生的，这些组织包括大学与研究机构。这意味着评估这些装置的科学产出率有一个基本的实际难题：没有明确的方法来确定某种出版物与装置之间的联系；对这份出版物报道的结果作出贡献的实验工作是在这个装置上开展的；这个装置对该出版物表达的结果有贡献。最重要的是，简单使用“科学网”、“Scopus”等常规资源不可能获得（与某个装置有关的）可靠出版物数量。虽然装置实验室非常渴望发布传播使用其仪器所得结果的出版物列表，并且通常也有强制用户报告相关出版物的规则，但装置实验室永远不可能保证所有相关出版物都已被收集，因此永远无法确定完整的出版物列表已被编制完成。

在“欧洲同步辐射装置”、劳厄·朗之万研究所、“直线加速器相干光源”装置的2014年完整出版物清单中所含数据被作了大量分析，这些出版物清单是通过各装置实验室网站的数据库和列表获取的[626]。选择这三个案例是因为相应的三个装置已很成熟（即，它们都已运行数年，应当有稳固的用户群体、稳定的运行及

---

625 如海德勒（R.Heidler）和本书作者在 2015 年发表的论文（见参考文献 [136]）中所阐述的。

626 原书脚注 5-4：使用了以下资料来源和界定：“欧洲同步辐射装置”和劳厄·朗之万研究所建有一个在线联合开放可搜索的出版物数据库，网址是：http://epn-library.esrf.fr:9090/flora_illesrf/servlet；SLAC 国家加速器实验室的“直线加速器相干光源”装置在其网站上发布出版物列表，网址是：https://portal.slac.stanford.edu/sites/lcls_public/Pages/Publications. aspx。对于“欧洲同步辐射装置”，作者使用了过滤器进行搜索，得到了 2014 年“欧洲同步辐射装置聘用的作者”和“没有欧洲同步辐射装置聘用的作者”“描述一项欧洲同步辐射装置实验”的出版物，得到了一份 1818 份出版物的列表。作者对劳厄·朗之万研究所进行了相同的搜索，过滤出 2014 年“有劳厄·朗之万研究所聘用的作者”和“没有劳厄·朗之万研究所聘用的作者”“描述一项劳厄·朗之万研究所实验”的出版物，这产生了一份 496 份出版物的列表。对于“直线加速器相干光源”装置，作者将报道“在直线加速器相关光源上进行的 X 射线科学”的出版物和报道“在直线加速器相关光源上进行的自由电子激光和加速器科学“的出版物分开，仅提取了前一个类别的出版物列表，其中包括了 70 份出版物。

有效率的用户支撑组织），同时，这三个装置分别是每个非正式但普遍定义的装置类别中的顶级代表，装置类别是根据第二章中的历史叙述及其他资料来源划分的[627]。所进行的分析包括在“科学网”数据库进行搜索,对清单中的出版物进行手工整理和归类，以对它们进行学科分类，确定装置实验室全职科学家的合著者关系，并对每类出版物的有限论文样本进行全文搜索，以确认论文正文及“致谢”中提及的装置和仪器（见下文）。此处需要注意的是，借助“科学网”及其他工具对出版物清单的分析存在着一些降低结果总体可靠性水平的缺点。出版物和出版物清单、数据库及它们所包含的“目录学”和“文献计量学”数据仅构成了装置科学产出的代表，因此不是分析这些成果的质量和相关性、科学工作的社会学结构、合作组织等的明确或完美的资料来源。因此，以下分析和表5-3、表5-4提供的数据应被作为一个旨在保持质的差异的定性讨论输入。这些数据不应被用来产生单独的结论，相反，应成为被纳入整体分析的更广泛讨论的一部分。

表 5-3　“欧洲同步辐射装置”、劳厄・朗之万研究所和“直线加速器相干光源”装置出版物数据库 / 列表中 2014 年在标题中提到装置名称或技术的学术期刊论文所占份额，表中：a 表示“同步辐射”；b 表示“同步辐射”和“X 射线”；c 表示“中子散射”和“中子”；d 表示“自由电子激光”和“X 射线激光”

	“欧洲同步辐射装置”	劳厄・朗之万研究所	“直线加速器相干光源”装置
在标题中提到装置名称的学术期刊论文总数及百分比	15 0.84%	8 1.62%	3 4.48%
在标题中提到所用技术的学术期刊论文总数及百分比	74a（339b） 4.15%（19.0%）	163c 33.2%	22d 32.8%
样本中学术期刊论文总数	1782	491	67

表 5-4　“欧洲同步辐射装置”、劳厄・朗之万研究所、“直线加速器相干光源”装置 2014 年学术期刊论文出版物的有限集全文搜索结果

	“欧洲同步辐射装置”	劳厄・朗之万研究所	“直线加速器相干光源”装置
样本中论文总数	170	70	63
有隶属于装置合著者的论文数和百分比	67 38.5%	52 74.3%	35 55.5%
在正文 /“摘要”中提及装置的论文数和百分比	124 71.3%	56 80.0%	61 96.8%
在“致谢”中提及装置的论文数和百分比	121 69.5%	37 52.9%	52 82.5%
什么都没有提及的论文数和百分比	7 4.0%	3 4.2%	0 0.0%

627 见本书作者 2013 年、2014 年发表的论文（分别见参考文献 [124] 和参考文献 [127]）和拉什 2015 年发表的论文（见参考文献 [309]）。

所获出版物清单包含了“欧洲同步辐射装置”的1818份出版物、劳厄·朗之万研究所的496份出版物和“直线加速器相干光源”装置的70份出版物。在“欧洲同步辐射装置”的1818份出版物中，包含1782篇学术期刊论文；在劳厄·朗之万研究所的496份出版物中，包含491篇学术期刊论文；在“直线加速器相干光源”装置的70份出版物中，包含67篇学术期刊论文（其余的或是著作章节，或是会议文章）。在这些学术期刊论文中,仅有一小部分在其标题中提到作者的工作（部分）是在这三个装置上完成的。在论文标题中不提及所用技术（中子、中子散射、同步辐射、自由电子激光、X射线激光）也是非常普遍的现象，虽然对于劳厄·朗之万研究所和“直线加速器相干光源”装置来说，“标题中提到所用技术的学术期刊论文所占百分比”数据明显高于“欧洲同步辐射装置”（表5-3）。在“直线加速器相干光源”装置案例里，这个结果是可预期的，也是非常自然的：自由电子激光技术是全新并具有开创性的技术（参见第三章关于定义实验的难度讨论），因此这个结果在很大程度上可能与这项特定技术有关。劳厄·朗之万研究所的结果似乎与“直线加速器相干光源”装置相似，鉴于中子散射技术目前应被视为一项常规和成熟的技术，这有点让人惊讶，但这两个装置的“在标题中提到装置的学术期刊论文所占百分比”数据仅比“欧洲同步辐射装置”高一些，这样的比较有些不合理，因为相对于“同步辐射”关键词，“中子散射”“中子”这两个关键词构成了对中子散射技术更基本的描述。因此，在对“欧洲同步辐射装置”论文标题搜索中使用“X-ray”或“X-rays”关键词,这个装置的数据将增加至339篇（其中，74篇论文在标题中提及“同步辐射”，301篇论文提及“X-ray”或“X-rays”，36篇论文同时提及两者，因此有重叠），相应百分比提高至19%。这个数据（19%）仍低于劳厄·朗之万研究所的数据（33.2%），这可用使用同步辐射和中子散射的纯体量差异加以解释：如第三章所述，在欧洲和美国，同步辐射装置的年用户数估计是中子散射装置的三至四倍，这可能会产生这样的结果，即类似英国“ISIS”和劳厄·朗之万研究所的中子散射装置及欧洲和美国基于核反应堆小型中子源装置（见附录2，参见图5-5）正常运行数十年后，使用中子仍不会成为主流，也不那么理所当然。这可解释为什么在劳厄·朗之万研究所2014年发表的学术论文中，约三分之一在标题中提到了“neutron”或“neutrons”。

然而，表5-3给出的分析要点是，在“科学网”等出版物数据库中对论文标题字段中的“中子散射”、“同步辐射”或“自由电子激光”首字母缩写词进行全名搜索，将会产生一个极不完整的结果，而且，仅仅看一眼某种学术期刊上的某篇论文的标题通常无法知道该论文传播的结果是否是在某个特定装置上获得的。对于表5-3所列的三个装置，在“2014年”限制条件下进行论文标题字段的装置名称（全名和首字母缩写词）搜索，“欧洲同步辐射装置”有6个记录，“直线加速器相干光源”

图 5-5 美国橡树岭国家实验室“高通量同位素反应堆”（High-Flux Isotope Reactor，HFIR）容器位于被切连科夫辐射效应的蓝辉光照射的水池之中，2014 年

装置有22个记录。对于劳厄·朗之万研究所，在2014年限制条件下进行“Institute Laue Langevin”全称搜索获得了4个记录，但首字母缩写词“ILL”则是一个无效的搜索词，因为搜索引擎将其误读为“ill”并给出了1984个记录。

在“主题”字段而不是“标题”中，类似的“科学网”搜索还可访问学术期刊论文除标题之外的“摘要”和“作者”关键词，因此可能提供更具代表性的结果，但实际上并没有产生这样的结果。在2014年限制条件下的“主题”字段对“欧洲同步辐射装置”（装置全称和首字母缩写词）进行搜索，得到126个记录，换句话说，这个数据低于出版物数据库中该装置2014年学术期刊论文（1782篇）的十分之一。对于“直线加速器相干光源”装置，相同的搜索共得到154个记录，鉴于该装置自己列出的2014年学术期刊论文总数仅为67篇，这无疑是一个有缺陷的结果。对这些结果的仔细观察可以说明其中的原因：“类淋巴母细胞系”是一种特殊类型的实验室细胞培养物，与癌症的分子研究有着特定相关性，其首字母缩写词复数形式也是“LCLs”，在搜索中与“直线加速器相干光源”装置的首字母缩写词“LCLS”混淆在一起，这意味着搜索结果混杂着大量“遗传学”与“肿瘤学”的论文。对于劳厄·朗之万研究所，将首字母缩写词作为搜索字符串的缺点在上文中已被提及。在领域主题字段进行全称“Institut Laue Langevin”搜索，仅得到了17个记录，采用首字母缩写词“ILL”进行搜索则得到了不少于16230个的记录，可以假定其中仅有很少一部分与所讨论的中子散射装置有关，但与2014年被“科学网”索引的每篇学术期刊论文混杂在一起，这些论文的标题、"摘要"或"关键词"都有"ill"一词。学术期刊论文也可在"科学网"中使用作者名字及其隶属关系进行搜索，但在这种情况下，后一种搜索将产生不完整的结果，因为它会遗漏那些与所讨论装置没有隶属关系的合著者的论文（表5-4）。

余下的方法当然是对学术期刊论文进行全文搜索，以查明装置名称是否出现在它们的（例如）"方法"段落，但"科学网"或其他类似出版物数据库均不提供全文搜索功能。因此，以下对上述三个装置（"欧洲同步辐射装置"、劳厄·朗之万研究所、"直线加速器相干光源"装置）的有限论文集进行的分析，并不作为跟踪报道在这三个或其他装置上所获科学结果出版物的方法模板，而是作为对装置在论文中被确认的程度和如何/在何处被确认的一项调查。下载2014年"欧洲同步辐射装置"的1782篇学术期刊论文、劳厄·朗之万研究的491篇学术期刊论文和"直线加速器相干光源"装置的67篇学术刊物的全文版是不现实的，但根据以下标准作了更小范围选择。调查限于九种高知名度学术期刊范围之内，这些刊物都有很高的影响因子（在"科学网"和类似出版物数据库中，影响因子得到计量、计算和发布）并在科学界享有很高的非正式声誉。这九种学术刊物分别是《自然》、《科学》、《细胞》、《物理学评论快报》、《先进材料》、《纳米通讯》、《美国化学学会志》、《美国国家科学院院刊》和《应用结晶学学报》。在上面所用的"欧洲同步辐射装置"1782篇论文中，有125篇在上述九种学术期刊之一上发表，但没有一种学术期刊属于五种最常见的学术期刊之列（《应用结晶学学报》排名第七，有35篇论文；《美国国家科学院院刊》排名第十二，有23篇论文；《美国化学学会志》排名第十三，有21篇论文）。因此，为了扩大样本范围，使其包含庞大的1782篇论文组的近10%论文，同时增加学科广度，另外，三种学术期刊被添加在调查范围之内，它们分别是《应用化学国际版》、《物理学报：凝聚态物质》和《环境科学和技术》，这三种学术期刊在各自领域中都是知名出版物。这使得"欧洲同步辐射装置"样本增加到174篇论文。对于劳厄·朗之万研究所，在九种指定的高知名度学术期刊中，仅有六种学术期刊发表了与该装置相关的34篇论文（即《自然》、《科学》、《物理学评论快报》、《美国化学学会志》、《美国国家科学院院刊》和《应用结晶学学报》，但没有一种属于五种顶级学术期刊之列），因此，该装置的样本被扩展到在《软物质》、《大分子》、《合金和化合物学报》和《道尔顿会刊》上发表的与其相关的论文，总数增加到70篇论文。对于"直线加速器相干光源"装置，所有2014年被"科学网"索引的学术期刊上发表的论文都被纳入分析之中，共有63篇论文。作者总共搜索和下载了这307篇论文的全文版（其中174篇论文与"欧洲同步辐射装置"有关，70篇论文与劳厄·朗之万研究所有关，63篇论文与"直线加速器相干光源"装置有关）。

表5-4显示，论文作者在通常情况下把在“欧洲同步辐射装置”、劳厄·朗之万研究所和“直线加速器相干光源”装置上的实验时间作为其论文(或类似出版物)“方法”段落和/或“致谢”段落一部分,这样,论文原则上可被追溯到所使用的装置。仅有极小一部分被分析的文章是在无法追溯在这些装置上所做实验工作的情况下发表的；事实上,在与“直线加速器相关光源”装置相关的63篇论文中一篇都没有。这可以有两种解释。这些出版物要么报道了在“欧洲同步辐射装置”和劳厄·朗之万研究所上得到的结果，但没有确认具体的装置；要么这些论文被错误地收录到出版物数据库之中，事实上与“欧洲同步辐射装置”或劳厄·朗之万研究所没有关系，只是作者可能在这两个装置上做了其他实验工作，这些工作在其他出版物上报道，但不知何故被混淆了。在这两种情况里，尽管论文数量很少（如表5-4所示，“欧洲同步辐射装置”和劳厄·朗之万研究所“什么都没有提及的论文数”合计10篇，约为这两个装置被分析论文总数的1/25），但这些论文打破了通过出版物来追溯装置的模式，给严格追踪中子散射装置和同步辐射装置的产出造成了困难。

但是，从上述分析可得出一些额外的结论，这些结论仅部分在表5-4中表示。首先，在论文作者如何报道与装置关系方面有着多种多样的形式。一些论文作者在“方法”段落注明了特定实验站及其他设备，另一些论文作者则在“致谢”段落注明实验站和装置。很少有论文作者在标题中注明装置的名称（表5-3）。所有这些情况可归因于在中子散射、同步辐射和自由电子激光装置的用户群体中的实验工作多样化，以及在某个装置上做的某项实验对出版物所报道最终结果的贡献程度多样化。在某些情况下，在某个装置上做的某次实验只产生与在其他地方用其他技术做的实验和测量结果互补的数据。然而，鉴于这些装置及其仪器的前沿特性，在中子散射、同步辐射或自由电子激光装置做的许多（大部分）实验对这个结果又绝对是决定性的。但是，即使所有在中子散射、同步辐射和自由电子激光帮助下做的实验工作都是如此（也可能不是这样），也不存在用户在其出版物中注明或感谢所使用装置的一致且明确的方式。对这三个装置样本中的307篇论文进行全文搜索，则得出了形式繁多的结果：一些论文注明了特定实验站，一些论文标注了相关装置的名称或首字母缩写词（见下文）。在被分析的论文中，从建立某个装置上所做实验、结果与结果发表之间因果关系的角度看，不存在一种赋予装置声誉的明确形式。

在装置声称为科学成果作出重要贡献方面（处于证明其产出率和质量的压力之下，装置必定会这样做）存在着一个自然倾向，这可能降低了什么可算作装置对重要结果贡献的门槛。因此，装置网站发布的出版物清单很可能包含范围广泛的论文，这些论文传递的结果肯定与借助装置提供的仪器完成的工作有关，但表达方式多种多样，更重要的是，很难完整描绘和建立两者之间的因果关系。问题的关键在于，对论文全文进行扫描以搜寻其与装置联系的程序不仅是令人厌烦和单调乏味的，而且还存在着方法学局限，因为论文并不总能阐明在某个装置上所获得结果对整篇论文贡献的重要性，尤其不能以适合非专业人员的方式来说清楚这一点。应当注意到，在非常具体的层面上，与这个问题相关的是此处所分析的几篇论文显示，几项实验和实验资源，以及在许多情况下中子散射、同步辐射或自由电子激光装置提供的几种仪器，可能被用于产生一篇论文的实验工作，但不存在关于这些资源及仪器对该论文所报道结果的相对重要性的信息。假设在中子散射、同步辐射或自由电子激光装置上的一次实验能够和已产生几篇论文，这也是合理的。

如上所述，首字母缩写词的混淆也是一个因素。在所分析的论文中，在作者使用装置全称还是其首字母缩写词，以及在什么地方使用的方面都有很大差异。有时，装置以全称形式在论文的“致谢”部分被提及，而在正文中以首字母缩写词的形式加以注明，有时则相反，并且如上所述，当涉及首字母缩写词时，可能很难实现完全消除歧义：“LCLS”和“ESRF”这两个词很少见，通常会把读者引导到正确的方向（“XFEL”、“SINQ”和“Elettra”也是如此），然而“ILL”则是一个麻烦的搜索词。像“ALS”、“APS”、未来“ESS”、“CHESS”（图5-6和图5-7）这样的装置名首字母缩写词（见附录2）在用作搜索词时也会出现类似情况，它们依次与一种神经元疾病、著名的美国物理学家协会（在其他许多相同组织中）、欧洲社会科学研究基础设施（欧洲社会调查组织（ESS））和全球最流行的棋盘游戏之一的首字母缩写词相混淆。

图 5-6 美国康奈尔大学的“康奈尔高能量同步加速器源”（Cornell High Energy Synchrotron Source, CHESS）装置于1999年建成（这个时间与附录2给出的该装置投入运行的时间不一致），是一个环形粒子加速器装置，该装置产生的高能量X射线将助力于物理学、生物学及其他领域的科学研究

图 5-7 “康奈尔高能量同步加速器源”（Cornell High Energy Synchrotron Source，CHESS）装置的同步辐射实验站照片

四、转型“大科学”中的产出率、质量和“卓越”

至少可以说，以上讨论的关键信息难以衡量中子散射、同步辐射和自由电子激光装置的出版物产出，因为这些装置本身不是科学产出的单元，而是（许多时候是关键的）用于知识产出的资源。这意味着，假如为了回答（转型）大科学究竟有“多么昂贵”的问题而将由装置实验室公布的出版物数量与装置的支出相除，这样的分析部分偏离了目标。在名义上，这样的计算将表明“大科学”多么昂贵：在“直线加速器相干光源”装置投入运行（2012年）的第三年里，每份出版物的成本是952.97万美元[628]，这就引出了一个显而易见的问题：这个装置是否真值得花那么多钱。

公平地说，应当强调的是“直线加速器相干光源”装置也许不是转型“大科学”装置最具代表性的例子，计算每篇传递在该装置上所得结果的学术期刊论文的平均成本是有问题的，如上所述，该装置的性能有一个基本限制，这是由于它一次只能运行六个独立实验站中的一个。此外，“直线加速器相干光源”装置在科学体系中的预期作用推测恐怕是无法与常规科学产出单元相提并论的。该装置是为推动前沿科学研究、开启全新实验机会建造的，换句话说，该装置作为一种实验资源确实是独一无二的，因此确实不能，尤其不能用标准定量方法与其他任何事

628 见本书作者 2014 年发表的论文（相应杂志的第 493 页，见参考文献 [128]）。

物进行比较。但这也意味着该装置是这样一个恰当例子，表明一方面人们持续推动在科学领域里使用量化绩效评估并显然触及大型科学装置领域[629]，另一方面人们认识到用简化的出版物和引用的计数来评估这些装置及实验室绩效和运行质量显然是不合适的[630]，而这两个方面是相互脱节的。

上述论点可被转移到整个转型“大科学”装置，因为它们与大型粒子物理实验装置不同，要明确宣称中子散射、同步辐射和自由电子激光装置对表面物理学、结构生物学或其他由这类装置提供实验机会的领域进步绝对至关重要是一件非常困难的事情，而旧“大科学”装置与粒子物理学进步密不可分（简单地说，如果没有旧“大科学”装置，就不会有20世纪70年代夸克的发现；如果没有“大型强子对撞机”装置或类似的巨型机器，就不会有2012年希格斯玻色子的发现）。即使转型“大科学”装置在许多情况下可能对许多学科的进步是绝对关键的，但两者之间的联系既难以证明，又很难跟踪。在2009年度诺贝尔化学奖宣布的时候，至少有五个欧洲和美国的同步辐射装置发布新闻，声称它们的装置曾被用于导致这项诺贝尔化学奖的实验工作[631]。没有证据说明这些新闻不是事实，恰恰相反，这项研究需要在很长时间里使用多种不同仪器重复进行实验，因此这些新闻完全是有道理的，但这也表明在某个特定装置，对该装置的投资与一项诺贝尔奖级发现之间建立因果关系几乎是不可能的。

因此，转型“大科学”的绩效评估应当被扩展到最简单的量化指标评估方法之外。任何对中子散射、同步辐射和自由电子激光装置的科学产出进行单方面的定量绩效测量都会受到限制，因此，隐含的政策建议是这种简单计算出版物数及其被引用数的方法是不可取的，除非它是“接近”这类装置实际产出率和质量的更广泛努力的一部分。作为这种更广泛努力的一个发展台阶，包含“影响因子”、“即时性指数”、“引文网络建设”等附加性测量的文献计量学分析肯定是会有帮助的[632]。“影响因子”最初是加菲尔德（E.Garfield）在1955年提出的，它用出版物

629 见本书作者 2013 年发表的论文（见参考文献 [124]）。

630 见本书作者 2014 年发表的论文（见参考文献 [128]）。

631 原书脚注 5-5: 2009 年诺贝尔化学奖的三位获奖者分别是托马斯·施泰茨、艾达·约纳斯和文卡特拉曼·拉马克里希南，他们因“核糖体的结构和功能研究”共同获得这个奖项。美国布鲁克海文国家实验室和阿贡国家实验室发布的新闻稿声称，托马斯·施泰茨是“国家同步加速器光源”装置和“先进光子源”装置的用户；“欧洲同步辐射”组织、阿贡国家实验室、“德国电子同步加速器”机构发布的新闻稿声称，艾达·尤纳斯是“欧洲同步辐射装置”、“先进光子源”装置和“双环储存器”装置的用户；阿贡国家实验室、布鲁克海文国家实验室、“欧洲同步辐射”组织和瑞士的保罗·舍勒研究所发表的新闻稿声称，文卡特拉曼·拉马克里希南是“先进光子源”装置、“国家同步加速器光源”装置、“欧洲同步辐射装置”和“瑞士光源”装置的用户。相关新闻稿可在 http://www.lightsources.org/press-releases 网址上获取，最后访问日期为 2016 年 2 月 18 日。

632 见海德勒和本书作者 2015 年发表的论文（见参考文献 [136]）。

的引用总数除以出版物总数来表示，以描述一份出版物或一组出版物的相关性。“即时性指数”是最初开发“科学网”数据库的科学信息研究所的（又）一项发明，被用来描述由这些出版物传递的结果具有开创性特征并以短时间内被大量引用的形式迅速被科学界接受的特征。与装置在其最主要服务领域（如应用物理学、生物物理学、光学等）顶级学术期刊及普遍的顶级刊物《自然》、《科学》等上的表现相比，“直线加速器相干光源”装置在“影响因子”和“即时性指数”方面表现相当不错（图5-8）[633]。

图 5-8　2014 年 4 月，罗尔斯 - 罗伊斯公司（Rolls-Royce）研究人员在美国 SLAC 国家加速器实验室“直线加速器相干光源”（Linac Coherent Light Source，LCLS）装置实验站上用高强度相干 X 射线测试了可用来制造各种飞机零部件的钛金属和钛合金的材料性能，这是该装置自 2009 年投入运行后的第一个工业界用户

作为影响因子的另一个测量结果，“直线加速器相干光源”装置已被证明确实促进了处于生物学与物理学交叉点的新学科群研究，光学和应用物理学是其中的桥梁学科（图5-9）。作为直接的文献计量学绩效测量的替代方法，这个分析传递的信息很有限，因为它没有提供对这类装置投资价值的量化测量，只是定性论证而已[634]。尽管如此，这个分析是一个很好的选择，因为它显示了这类装置促进新学科发展的独特品质。类似的分析也已表明，这种以新仪器为中心的新混合学科群重组研究对科学发展是一种特别有价值的力量[635]。无论旧“大科学”装置还是转

633 见海德勒和本书作者 2015 年发表的论文（相应杂志的第 306 页至第 308 页，见参考文献 [136]）。
634 见海德勒和本书作者 2015 年发表的论文（相应杂志的第 309 页，见参考文献 [136]）。
635 如海因茨等在 2013 年发表的论文（见参考文献 [141]）中所阐述。

型"大科学"装置，依然非常昂贵，甚至昂贵得离谱，但是，假如关于产出率的纯定量测量被废除，或者至少由基于网络分析或跨学科群文献计量学分析的定性衡量和论证加以补充，它们的价值也许能够得到更充分的评估。

图 5-9 美国 SLAC 国家加速器实验室"直线加速器相干光源"（Linac Coherent Light Source，LCLS）装置的相干 X 射线成像（Coherent X-ray Imaging，CXI）实验站照片，2013 年。2014 年 7 月，该装置实验室启动了一项新的筛选机会，以使研究人员能够快速确认珍贵的生物样品在该装置强 X 射线脉冲照射下能否产生有价值的信息

定性分析的必要性是显而易见的，因为没有两个中子散射、同步辐射和自由电子激光装置是相同的。如第二章和附录1所述，在各种类型的装置中，组织实践、技术设置和科学能力等方面的一些趋同是明显的，但差异依然存在，这些差异既有与全球和国家内部竞争有关的历史原因，又与以各种方式建立和培育功能定位、增强自身竞争力的要求有关。在像"欧洲同步辐射装置"和"先进光子源"装置等具有高度可比性的案例里，比较也会产生令人惊讶的差异，这些差异与装置技术设计和建造的具体细节有关，还与装置的政治和组织特性有关，包括装置被构想、规划和建造所处的历史背景[636]。除了这类可比的装置之外，其他不可比的装置间差异甚至更大。例如，在全球基于核反应堆的中子源中，有的装置能够拥有50个实验站和几个伙伴国家（因此拥有一个庞大的国际用户群体，如劳厄·朗之万研究所），有的装置可能是旧的铀浓缩核反应堆后期翻新的结果（见第二章），仅运行一个或几个实验站，服务于本地小规模的用户群体（图5-10）。世界上的同步辐射装置在规模、技术设计和任务上有很大差异，这与这些装置的多样化起源有

636 见本书作者 2013 年发表的论文（相应杂志的第 508 页，见参考文献 [124]）。

很大关系。它们可能是翻新的粒子物理实验装置或专门建造的装置，它们可能是为所设想的特定科学目的设计和制造的装置，这些差异也体现在它们的技术特性和能力上[637]。转化为政策建议,结论当然是转型“大科学”装置不应当相互进行直接比较，也许尤其不应使用直接的文献计量学方法，因为这种方法本身只能非常含混地描绘与衡量装置的绩效，并带有许多值得关注的警告。

图 5-10　发出特征蓝色辉光的德国亥姆霍兹柏林中心“柏林研究核反应堆 2”（Berlin Research Reactor2，BER-2）装置堆芯，该装置已于 2019 年 12 月被永久关闭

上述结论以非常有趣的方式扩展到未来“大科学”装置的规划和设计。由于没有两个装置是相同的，每个装置又需要在不同领域里取得独特的竞争优势，因此不可能以合理的准确度预测装置的性能水平或其他特性。中子散射装置、同步辐射装置和自由电子激光装置必然具有创新性，必须至少在装置的技术设计、科学目标和范围、组织安排、用户政策、与周围社会组织（包括私营部门）联系等其中的一个领域具有开创性的雄心。这对于新装置的规划意味着什么不是本书详细讨论的目标。在这一点上，需要注意的是在装置开始运行之前，以任何理由宣称它处于世界领先地位至少是草率的，在最坏的情况下是错误的。事实上，如本章所述，在装置运行几年之后并根据相对确凿证据作出这样的断言，也会是模糊

637 见本书作者和海因茨 2015 年发表的论文（见参考文献 [133]）。

不清的。例如，建造世界上性能最好的储存环或散裂中子源，吸引有能力产生突破性科学（成果）的用户，两者之间存在着关联。但是，不存在可以跨过这两者之间的几个台阶的因果关系，例如：确保装置运行的稳定性；雇佣最具创造力和服务意识的全职科学家；以适当方式连接仪器开发前沿并确保来自其中的技术和“诀窍”对装置是重要的；建立用户支撑体系（包括样品制备和处理，消除用户远程临时访问的实际障碍，解决通信、住宿及其他问题）等。在开始下一章讨论的时候，上述讨论尤其具有指导意义。

有趣的是，尽管试图量化和证明中子散射、同步辐射和自由电子激光装置的产出率和运行质量有着巨大困难，但它们从根本上面向争夺最好用户的竞争，尽可能利用与用户群体的共生关系，并把这些作为全面追求高产出率和运行质量的一部分。有时，这一切会导致关于这些装置在科学结果上能够或应当提供什么的扭曲形象（见下一章），这似乎与装置组织中的某种自信共存，也与装置科学项目和活动的长期与短期发展共存。在谈及对所有组织都非常重要的自我形象和普遍合法性意识的时候，这些装置的不可预测性和复杂性似乎并没有在其运行的核心造成不确定性。找到评估和证明装置运行质量和产出率的合适指标似乎不是难度很大的事情。用户可能对本章前文基于文献计量学的整个分析和讨论漠不关心：科学界有着自己极其非正式但又非常明确的权势等级，这既适用于大型用户装置，也适用于这些装置在卓越的科学工作条件方面提供和交付的东西，本章讨论的各种文献计量学绩效评估方法可能与这个权势等级几乎没有或根本没有相关性。对于用户来说，装置运行的可靠性和束流的可用性是重要的，毫无疑问，装置的用户支撑质量和其他仪器（程序）的可靠性也是重要的，包括样品处理和数据处理，所有这些的质量都是难以量化的。如前一节所述，超额申请率是所有这一切的某种代理性衡量指标，但绝对不具有完美的代表性。

总的来说，许多事情表明中子散射、同步辐射和自由电子激光装置及其用户群体对其直接参与的科学技术进步作贡献的能力感到满意。但是，科学的经济化、商品化以及接踵而至的绩效评估狂潮的主要原因，一方面是公众对证明科学正在“交付”被希望“交付”东西的要求与期望之间存在明显的差异，另一方面是科学家专业活动的实际内容和这些活动如何转变为可“交付”成果之间存在明显的差异。

第六章

社会-经济期望和影响

一、“推销”承诺

自20世纪60年代以来，（西）欧洲和美国科学政策的逐渐但相当深刻的变化在前五章中已作了讨论，这些讨论是从“科学的社会契约”和“技术创新线性模型”通过科学的“商品化”[638]、“经济化”[639]和“战略转型”[640]角度出发进行的。这些概念是对相关发展的补充性描述：简单地说，“商品化”意味着科学的产出率可用货币形式加以衡量；“经济化”意味着科学研究因其为了促进经济增长而得到支持和持续下去；“战略转向”意味着对优先领域的直接指导和战略识别成为科学政策的（核心）部分。所有这些都是以对科学直接促进经济发展方面日益缺乏耐心和不断更新的需求作为基础的，反过来又使得需求和期望成为科学政策的重要管理工具[641]。

当科学政策上缺乏耐心、政治层面上存在对公共研发投资转化为创新与经济增长的程度不满的时候（第二章的“欧洲悖论”），这种不满将转变为政策，带来了对研究机构及组织的更直接干预、绩效评估和改革议程。在这方面，政策制定者别无选择，只能关注公共研发部门。虽然私营部门及其行动者、组织和体制是整个创新体系的重要部分，对于实现基于创新的经济增长的效率具有极端重要性，但它们显然不在国家管辖范围之内。因此，创新政策和改革议程必然针对大学及其他公共研究组织。但是，这些组织的制度化和专业文化使其难以改变，这意味着进步的、以创新为导向的政策制定者对改变它们的希望和预期可能不会走得太远。相反，机会是政策制定者的期望和改革议程针对着那些组织尚未建立但知名度很高的新项目，如新设立或正在规划的“大科学”装置项目。

在为瑞典隆德的“欧洲散裂中子源”装置动员政治和公共支持的运动中，期望是一项关键资产：对未来这个装置将“交付”什么的信念和期望超出了科学技术突破的范畴，而是经济增长和区域在全球知识经济中的竞争力。阿格雷尔（W.Agrell）[642]在对2008年至2009年瑞典使该装置落户隆德运动[643]的广告材料进行评述与分析

638 如蓝德尔在2010年出版的著作中（见参考文献[301]）所阐述的。

639 如伯曼在2014年发表的论文（见参考文献[20]）中所阐述的。

640 如欧文和马丁在1984年出版的著作（见参考文献[168]）中所阐述的。

641 如范伦特在1993年提交的学位论文（第10页，见参考文献[357]）中所阐述的。

642 如阿格雷尔在2012年发表的论文（见参考文献[3]）中所阐述的。

643 原书脚注6-1：“欧洲散裂中子源”装置项目是一项欧洲合作项目，在2009年前没有预先确定的建设地点，当时那些承诺为该装置项目最终实现提供资金的国家达成了一项非正式协议，决定这个装置建在隆德。在这个决定作出之前，出现了一场代表某些区域和国家“倡议”的激烈运动；早些时候（2003年前），德国和英国是这个装置项目的强有力竞争者，但随着向该装置项目提供资金的整个过程被推迟，这两个国家退出了竞争，剩下了瑞典的隆德、西班牙的毕尔巴鄂和匈牙利的德布勒森成为主要的竞争对手。事实证明，隆德最具韧性，并设法得到了大部分其他国家的支持，经过5年关于提供资金的详细谈判，该装置项目于2014年9月在隆德破土动工（见本书作者2015年发表的论文，见参考文献[130]）。除了谈判努力之外，隆德的装置项目“游说团”在当地、地区和国家层面上进行了大量工作，以赢得不同利益相关群体对该装置项目的支持。

中，强调了这个运动向普通公众“推销”该装置的四个主题，它们分别是：①装置的效用（科学为了社会）；②建造地点及其周围环境的独特性（隆德是该装置“完美的东道主”）；③包罗万象的收益（“四赢”局面）；④该装置研究的“永无止境前沿”隐喻（“美丽的中子”）。在这份被评述的广告材料中，该装置被表述为“不仅是抽象科学数据的来源，而且是在能源、气候、环境、日常生活化学用品、材料、健康等领域里具有实际意义的重要新知识的来源”[644]。此外，这份广告材料“强调了该地区新的和现有的研究对科学集群、衍生企业、当地社区、劳动力市场等的正面影响”[645]。

这场广告宣传运动的重点似乎是通过把未知与可预期结合起来，调动公众的再期望。在这份广告材料中，一方面是与“欧洲散裂中子源”装置未来科学突破相关的不确定性的积极框架，另一方面是在涉及该装置广泛社会用途时类似不确定性的完全缺乏，这两个方面之间存在显著的不平衡。科学被描绘为“无法理解但可预期的”，这让人想起“技术创新线性模型”，在这个模型中，未来科学进步的实际内容是未知的，但后端，即源自科学进步的产品和改进被认为是确定的[646]。与此相一致，2009年5月29日，隆德当地报纸的广告版面刊登了几个欧洲国家为该装置落户隆德达成了协议，其中包括一幅由计算机渲染的未来该装置所在地图景，图中不仅有装置本身，而且有许多小型建筑物，该图图例注明，“衍生公司”将位于这些建筑物之中[647]。虽然在潜在的“衍生”资源形成之前就预测“衍生公司”本地化当然是自相矛盾的，但以这样富有远见的图像来描绘这些未来企业代表着“不可理解性”和“可预测性”的结合，这对于促进投资该装置来说似乎是必要的：没有人知道该装置将会产生怎样的科学成果，但重要的是每个人都相信这些科学成果足够突出，以使得“衍生公司”将围绕这些成果形成。

“欧洲散裂中子源”装置案例中的广告宣传运动不是唯一的例子。来自其他装置的例子表明，当代“大科学”装置项目的广告宣传通常会提及带来切实影响的承诺和期望，既涉及科学领域，广义上涉及创新、经济增长和全球竞争力。美国能源部在其2007年关于在国家实验室体系内新的联邦资助“大科学”装置优先事项的小册子里写道，SLAC国家加速器实验室的“直线加速器相干光源”装置计划两年后投入运行，在该装置上取得的科学突破“将带来革命性的新材料，实现材料多种性能（包括强度、重量、弹性、适用性等）前所未有的结合，在美国

---

644 见阿格雷尔 2012 年发表的论文（相应杂志的第 433 页，见参考文献 [3]）。
645 见阿格雷尔 2012 年发表的论文（相应杂志的第 434 页，见参考文献 [3]）。
646 见阿格雷尔 2012 年发表的论文（相应杂志的第 434 页至第 437 页，见参考文献 [3]）。
647 该图见本书作者 2012 年编辑出版的论文集（第 10 页，见参考文献 [121]）。

经济中有着大量的应用”[648]。同一份报告指出，对于此时刚刚完工并开始运行的橡树岭国家实验室“散裂中子源”装置，它“不仅对科学，而且对美国经济竞争力具有重要影响”[649]（图6-1）；对于已作规划但此时尚未决策的布鲁克海文国家实验室“国家同步加速器光源 II”装置，它“将是一个带来变革的，开启科学发现和研究的新领域”[650]（图6-2）。

图 6-1 美国橡树岭国家实验室“散裂中子源”（Spallation Neutron Source，SNS）装置中，靶站环流着质量为20t的液态汞，一个汞原子中含有多个（128个）中子，当汞原子遭到质子轰击时，中子从液态汞中产生并运动到周围配置各种仪器的实验区域，2006年

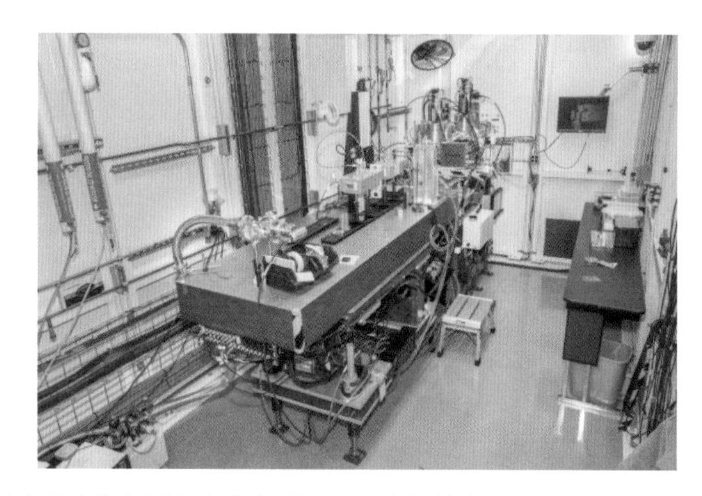

图 6-2 美国布鲁克海文国家实验室“国家同步辐射光源 II”（National Synchrotron Light SourceII，NSLS-II）装置的材料测试束线（Beamline of Material Measurement，BMB）照片，2018年

648 见美国能源部2007年发布的报告（第13页，见参考文献[67]）。
649 见美国能源部2007年发布的报告（第22页，见参考文献[67]）。
650 见美国能源部2007年发布的报告（第26页，见参考文献[67]）。

实验性科学工作的正面影响可能在未来10年或20年后才能显现，本质上是不确定的，但在美国能源部这份报告的表示中，这样的正面影响几乎已经存在，至少可被肯定地预测。这种预测对于已被普及的技术来说并不少见，尤其在纳米技术领域,这种表述更是众所周知[651]。但这会给转型“大科学”与社会之间的接口带来某些后果，也会给中子散射、同步辐射和自由电子激光装置的政治、管理及组织产生一定影响。范伦特认为[652]，科学政治在20世纪最后数十年里的战略转向增加了预期与承诺在这类政治决策中的重要性。原因是合乎逻辑的：如果特定研发投入具有某种形式与其相关的明确实用性“预期”，即使这还是数年后的事情并充满着不确定性，那么这项投入将被视为战略性的，因而得到优先考虑[653]。现今，政策领域和公共支出存在着严格的优先次序，这种政治气候嵌入到研发部门，并引起了对未来发展的承诺和期望（最好是可测量的）越来越快的转换。“商品化”也可能通过提高对过度简化的产出率、卓越及相关性衡量指标的强烈认同，增强了期望的作用。

因此，对未来影响力的承诺是政治竞选的资产。科学技术突破的影响力在未来数十年里持续，因此被不确定性所笼罩，但通常被表示为已经存在和真实的东西，以为了在一个公众信任和支持的市场上“推销”它们，这个市场充塞着其他类似的承诺而变得过饱和，但对资金的需求又是不饱和的，因此需要严格的优先次序。对科学技术进步的期望为科学项目和技术项目提供了社会和政治温床。有的时候，这些期望甚至有能力单独“陪同”科学项目和技术项目通过可能非常恶劣的严格政治和/或经济优先次序的环境[654]。

显然，承诺和期望不足以让事情发生，但如果两者在政治竞选中被聪明地使用，不确定性显然不再是一个弱点，更多的是一个资源。正如范伦特[655]所指出的，在承诺中存在着内在紧迫性：一个承诺一旦被提出，期望就扎下了根，唯一负责任的行动方针是（试图）履行这项承诺，（试图）满足相关期望。处于承诺和期望的焦点的科学项目或技术项目成为一种“自我实现的预言”的主题[656]：在这种情况下，承诺和期望不应被主要视为可能实现或不可能实现的前景，相反应被视为组织行动和获取支持的力量。一些人可能会认为承诺和期望毫无价值，因为它们

---

651 如科诺（C.Coenen）在2010年发表的论文（见参考文献[43]）和古斯顿在2014年发表的论文（见参考文献[115]）中所阐述的。

652 见范伦特1993年提交的学位论文（第10页，见参考文献[357]）。

653 如欧文和马丁在1984年出版的著作（第3页至第5页，见参考文献[168]）中所阐述的。

654 如布朗与迈克尔在2003年发表的论文（见参考文献[34]）和博罗普等在2006年发表的论文（见参考文献[27]）中所阐述的。

655 如范伦特在2000年发表的论文（见参考文献[358]）中所阐述的。

656 如默顿在1948年发表的论文（见参考文献[247]）中所阐述的。

固有地和本质上是不确定的，但是，范伦特[657]和其他人[658]认为，这种表面上的弱点似乎可能在政治竞选中转变为直接的优势，正是因为它们能够迅速转变为行动，以减少不确定性，所以这只能通过追求"期望"所关注的项目成为现实来实现。

罗尔曼[659]将"期望"定义为各种各样的信任，指出"期望"固有的不确定性使得一定程度的信任（在其实现中）成为必要。罗尔曼[660]认为，这意味着超越客观公正性的"期望"在政治活动家手中可以成为更强大的工具，这是自相矛盾的，因为"信任"不是建立在由观察或推理证明其正当性的基础之上，而是建立在完全相反的"不安全"基础之上。有安全感的信任"在第一次使人失望的时候就会崩塌"，没有安全感的信任则通过"期望"的反面威胁和使政治行动成为必要的不确定性而得到加强，以实现期望[661]。

当"期望"被体制化的时候，"锁定"效应就出现了，这种效应会越来越严重，又很容易扩散：一个科学项目或技术项目的广告宣传运动无法逃避曾经代表项目作出的承诺，其他类似项目的倡导者也无法逃避这些承诺。因此，随着时间的推移，对未来利益的承诺和期望会被加工成为新的"大科学"装置项目所有宣传运动的自然成分，这有助于赋予这些项目的社会合法性，从而影响相关行动和组织行为[662]。这与社会对未来"期望"与愿景的要求是相辅相成的。在第一章里，作为关于知识社会概念讨论的一部分，范伦特[663]使用"表意文字"[664]来解释一些修饰概念显得几乎无懈可击，从而被用来激发深远的政治行动和权力使用。麦吉[665]把"表意文字"描绘为一种"提示"，几乎被默认为对"一个特定但模棱两可且定义不清的规范性目标作出的集体承诺"，并指出"表意文字"的特色是只要其含义没有被更详细地阐明或定义，它们就是统一的。最明显的例子是"自由"和"平等"，这两个词在冷战时期被广泛地用于东西方阵营的政治辞令和政治（和军事）行动之中，但在两种政治背景中显然有非常不同的实际含义[666]。

在没有冷战时期两个超级大国及各自同盟国和附庸国对峙那么极端的政治环

---

657 见范伦特 1993 年提交的学位论文（见参考文献 [357]）和 2000 年发表的论文（见参考文献 [358]）。

658 如布朗与迈克尔在 2003 年发表的论文（见参考文献 [34]）和博罗普等在 2006 年发表的论文（见参考文献 [27]）中所阐述的。

659 如罗尔曼在 1968 年出版的著作（见参考文献 [218]）中所阐述的。

660 如罗尔曼在 1968 年出版的著作（第 79 页，见参考文献 [218]）中所阐述的。

661 如罗尔曼在 1968 年出版的著作（第 79 页，见参考文献 [218]）中所阐述的。

662 如迪马吉奥和鲍威尔在 1983 年发表的论文（见参考文献 [65]）中所阐述的。

663 见范伦特 2000 年发表的论文（第 44 页，见参考文献 [358]）。

664 见麦吉 1980 年发表的论文（见参考文献 [242]）。

665 见麦吉 1980 年发表的论文（第 15 页，见参考文献 [242]）。

666 见麦吉 1980 年发表的论文（第 6 页，见参考文献 [242]）。

境里，“表意文字”也被用来表示政治行动的长期合法性[667]。虽然“进步”作为“表意文字”的价值在20世纪60年代通过社会运动开始受到质疑，并成为后现代主义/后结构主义者对社会批判的一部分，但表意文字“技术进步”似乎幸存下来，并几乎完好无损，或者至少已被恢复。特别地，科学政策的战略转向，优先事项从冷战时期的核威胁/核承诺转向可持续发展、抗击疾病和应对重大挑战，似乎赋予了“技术进步”新的地位。“技术进步”作为“表意文字”的一个看似独特的性质是，它涉及易被察觉的过往事件和发展顺序，这些事件和顺序是我们社会的历史及其向现代化转型的明确组成部分。车轮、指南针、蒸汽机、青霉素、核能、载人空间飞行等都是过去的成就，它们形成现代社会的文化遗产，因此，对于那些想要动员对某个科学项目或技术项目支持的人来说，这些成就立即可被利用。该项目然后被表述为人类“技术发展”链条的“下一代”或“下一步”，项目支持者则认为“技术进步”不应被中断[668]。此外，过去的成就可被相当随意地选用，以使得那些失败、负面效应、错误开端能够被掩盖或忽略。这个机制类似于“传统的创造”，即当代的努力被置于一个它们显然不属于的历史背景之中，但这有助于动员起对这些努力的广泛政治支持和公众支持[669]。

当然，“技术进步”在冷战时期，尤其冷战临近结束时以这样的方式被用作推动科学项目的“表意文字”，这个时候，对亚原子世界的进一步探索变得越来越昂贵，以至于有必要开展公开“营销”活动，“超导超级对撞机”装置项目的情况尤为如此。在这个装置项目里，项目支持者引用了所有形式的“前沿前哨”隐喻，它们不仅涉及宇宙起源的探索，而且涉及一般性探索，甚至直接涉及克里斯托弗·哥伦布（Christopher·Columbus）[670]和发现新大陆。在公众宣传运动中，“超导超级对撞机”装置经常被描绘成进行这些探索的一艘航船[671]。如今使用“表意文字”来激发对“大科学”装置投入已没有那么言辞浮夸，更注重实际需要，但传递的信息是类似的：这些投入是为了未来的社会进步和创造更美好的世界，历史已经表明“大科学”装置项目符合这项任务的要求，因而是合理的。

因此，在本书中被描述为“经济化”、“商品化”与“战略转向”三者结合的发展不应被理解为科学政策偏好从基础科学转向应用科学。相反，“战略转向”似乎已允许基础科学在社会中保留特权地位，条件是它致力于满足社会的“期望”，或者至少同意成为这种“期望”的主体和标志物。换言之，关于科学解决所有问

---

667 如范伦特在 2000 年发表的论文（相应论文集的第 45 页，见参考文献 [358]）中所阐述的。

668 如范伦特在 2000 年发表的论文（相应论文集的第 46 页至第 47 页，见参考文献 [358]）中所阐述的。

669 如赫布斯鲍姆（E.Hobsbawm）和兰格（T.Ranger）在 1983 年出版的著作（见参考文献 [156]）中所阐述的。

670 译者注：克里斯托弗·哥伦布（1451 ~ 1506），意大利探险家和航海家，地理大发现的先驱者。

671 如赖尔顿等在 2015 年出版的著作（第 79 页，见参考文献 [305]）中所阐述的。

题能力的"期望"水平也许没有提高，但这些"期望"已被具体化，并在一定程度上落实到实际的绩效评估政策之中，同时依然坚持科学有着固有不可预测性的信念。

如第二章所述，历史地看，让旧"大科学"在二战后繁荣发展的"期望"是它将有助于国家安全，有助于在超级大国竞争中占据优势地位，所有这些看法都是从1945年8月核能在日本广岛和长崎上空展示其巨大威力及令人恐惧后果的背景出发形成的。虽然核物理学可能只是科学金字塔的顶端，但它在20世纪40年代、50年代及60年代初让科学家们从其政府那里得到一份近乎"全权的委托"。支撑转型"大科学"的"期望"在极端抽象和非常具体的结合上是不同的，例如"革命性的新材料"、"美国经济竞争力"、"科学发现的新体制"、"生物技术的强大应用"等[672]。因此，旧"大科学"和转型"大科学"既是时代精神的倡导者，又反映了社会的普遍期望。"技术进步"是最重要的"表意文字"，它在旧"大科学"向转型"大科学"演进中完好无损，这证明了"技术进步"概念的空洞性：它很少被描绘成负面或有害的，因为它包含了各种各样的进步，而这些进步被认为有助于解决现今社会认为最麻烦的问题。此外，这个概念还表示了某种必然性。

二、"大科学"和创新的区域地理学

虽然"大科学"装置的预期贡献在内容上模糊不清，但实现装置影响力的手段在某些情况下可被清晰地想象：新的中子散射、同步辐射和自由电子激光装置应该成为地方和区域经济的热点，或者是前沿科学工作的"熔炉"，通过这些装置，知识将外溢到周围的经济和社会部门，进而促进创新，从广义上说，促进经济增长。装置实验室的最近邻地区具有重要性：社会的"期望"是研究机构、大学的分支园区、初创公司及现有企业将围绕着装置实验室聚集。一个装置实验室在一个地区的实际位置，它对区域经济社会发展的贡献，把它与全球化知识经济的理念直接连接在一起，在知识经济中，竞争力不再取决于廉价生产，而是依赖于有助于解决重大挑战的创造、积累、结合和重组。此外，按照上一节概述的思路，与全球化知识经济相联系的区域经济热点本身就是一个承诺和一种期望，这些热点已在"大科学"装置项目的宣传运动中被用作一个强劲的"形象"和"卖点"[673]。

然而，如同瑞克斯（J.Rekers）[674]在其关于大型科学装置和创新地理学的论文

672 见美国能源部2007年发表的报告（第13页、第22页和第26页，见参考文献[67]）。
673 见阿格雷尔2012年发表的论文（相应杂志的第434页，见参考文献[3]）。
674 如瑞克斯在2013年发表的论文（相应论文集的第106页，见参考文献[303]）中所阐述的。

中准确指出的那样，这些图景和理念需要通过对“创新活动的地理学基础更细致理解”加以平衡。全球化既涉及集中，又涉及分散[675]。空间邻近性对“知识溢出”的发生、各种活动间直接或间接联系的协同效应的出现是重要的。知识溢出确实已被证明具有“空间黏性”,也处在全球化世界的“滑移空间”里[676],尤其是从（学术型）研究组织向企业的知识溢出，似乎依赖于某种空间邻近性[677]。原则上，这表明当代“大科学”装置有着在不同领域高度集中的前沿研究活动，这些研究活动又与一些当代经济部门有着较强的相关性，因此装置实验室可以成为区域或地方知识经济（发展）的枢纽。但是，这种模式需要更多的解释和证实才可变得可信，仅仅说“地点很重要”是不够的[678]。其他一些事情也很重要，在某些情况下可使空间邻近性成为次要的甚至不重要的因素。正如第五章起始段落所指出的，2014年财年，美国国家实验室体系的六个中子散射、同步辐射和自由电子激光装置的近三分之二用户隶属于装置所在州之外的研究组织，在SLAC国家加速器实验室的最先进“直线加速器相干光源”装置上，超过半数的用户来自美国境外的大学、研究机构和公司。显然，享用特定仪器、获得实验机会和能力可以胜过地理上的邻近性。

这并不是说20世纪末一些关于经济活动集中度的概念化结果及其含义在任何方面都是多余的：毫无疑问，存在着一些与此不同的现象，它们能够被正确地或至少具有附加解释价值地描绘为“集群”[679]、“学习区域”[680]和“区域创新体系”[681]。不仅纯粹的实用性使得近距离成为有利条件，而且文化因素也使得近距离成为有利条件，包括规范和实践在地理集中区域内实现共享以及创造密切关系的可能性[682]。一个更普遍的观点认为，开放的信息流、技能与能力方面的异质性有利于创新和发展（见第三章中关于团队构成的讨论），并且是创新体系框架的核心（见第一章）[683]。关于“隐性知识”流动的地域限制概念由来已久[684],在过去数十年里,隐性知识的相对价值在经济学理论化中得到了提高。这种空间黏性资产如今被视为竞争力的关键因素[685]。

675 如迪肯（P.Dicken）在 1986 年首版、2007 年再版的著作（第 21 页，见参考文献 [63]）中所阐述的。

676 如贾菲（A.B.Jaffe）等在 1993 年发表的论文（见参考文献 [174]）和爱克思（Z.J.Acs）等在 1994 年发表的论文（见参考文献 [1]）中所阐述的。

677 如贾菲在 1989 年发表的论文（见参考文献 [173]）中所阐述的。

678 如奎尔奇（J.Quelch）和乔兹（K.Jocz）在 2012 年出版的著作（见参考文献 [300]）中所阐述的。

679 如波特（M.E.Porter）在 1990 年出版的著作（见参考文献 [295]）中所阐述的。

680 如摩根（K.Morgan）在 1997 年发表的论文（见参考文献 [295]）中所阐述的。

681 如库克（P.Cooke）在 1997 年发表的论文（见参考文献 [49]）中所阐述的。

682 如马尔贝格（A.Malmberg）和马斯克尔（P.Maskell）在 2002 年发表的论文（见参考文献 [229]）中所阐述的。

683 如伦德威尔在 1992 年出版的著作（见参考文献 [224]）中所阐述的。

684 如马歇尔（A.Marshall）在 1890 年出版的著作（见参考文献 [236]）中所阐述的。

685 如瑞克斯在 2013 年发表的论文（相应论文集的第 110 页，见参考文献 [303]）中所阐述的。

但是，"大科学"装置像公司、大学及其他组织那样按照一定规则运行，有着广泛的制度化实践，并做着具有一定认知内容、物质或技术结构与边界的事情。在此前章节里评述的文献都依赖于关于企业的研究，在相同（或相似）业务链条上企业A与企业B之间的相互作用以及这种相互作用是否受空间邻近性的促进，当代"大科学"装置与其周围的地方和区域经济部门的行动者、组织和体制的相互作用，这两者之间存在根本差别。首先，这可被推广到所有情况，这就是知识"不会照字面理解那样溢出到大型科学装置的边缘，流入大学研究人员的头脑，进入创业公司的办公室"[686]。对于从中子散射、同步辐射和自由电子激光装置向外传播的知识，它必须穿透环绕装置的物理、法律和文化的坚实壁垒，也必须穿透在用户和内部科学家的头脑中，或者在他们发表的结果中存在的坚实壁垒。因此，对一个"大科学"装置成为地方或区域知识经济枢纽潜力的任何评估都必须从对该装置的技术、科学和组织基础的全面评估起步：首先确定该装置支撑何种类型的研究活动；其次确定谁在该装置上开展研究，他们的隶属关系是什么，他们对哪个组织忠诚（参见图6-3）；第三确定知识从该装置转移出去的程序是什么，例如不

图 6-3 2016 年 1 月，美国 SLAC 国家加速器实验室"直线加速器相干光源"（Linac Coherent Light Source，LCLS）装置被添加了第七套实验仪器，斯坦福大学和该实验室的研究人员聚集在实验大厅里，见证 X 射线第一次通入这个被称为"大分子飞秒结晶学"（Macromolecular Femtosecond Crystallography，MFX）实验站的历史时刻。该实验站向生物学研究者提供了原子分辨率的 X 射线衍射成像技术和拍摄生物大分子运动超快电影的技术，帮助他们揭开一些关键生物过程的奥秘

686 如瑞克斯在 2013 年发表的论文（相应论文集的第 112 页，见参考文献 [303]）中所阐述的。

同学科的出版习惯等。换句话说，“必须明确谁在装置实验室里产生知识，谁能够把知识转移给其他人”[687,688]。此后，组织、法律和政治细节必须加以描述、分析和理解。大学、研究机构和政府研究实验室（如美国国家实验室和德国及其他地方的对应组织）之间的法律框架差异规范着装置实验室的技术转移[689]，但在装置实验室的组织、管理和资源经济中当然存在其他若干元素，影响着它们在（区域）经济中可能发挥的作用和功能。

此外，知识转移过程不仅依赖于知识生产者（在这个案例里，“大科学”装置是知识生产者）和被转移知识的内容，而且依赖于接受者的环境。在地方、区域、国家及全球范围内被认为是中子散射、同步辐射和自由电子激光装置知识转移受益者的一些组织和机构，必须与被转移知识的特征与具体潜力相适应。如同欧洲研究基础设施战略论坛“中子装置工作组”指出的那样，“重要的是要注意不存在自动通往成功的路径”，预期知识转移的结果取决于装置和环境之间的相互作用将如何演变。尤其是，知识转移模型不能被简单地从一个区域套用到另一个区域，在一个地方有效的形式在另一个地方不一定有效[690]。

具体而言，瑞克斯[691]确定了当代“大科学”装置能够促进区域发展的三种不同方式：首先，这类装置可作为将地方和区域经济与全球科学网络连接起来的“知识管道”；其次，这类装置可作为吸引熟练劳动力和人才的“磁铁”；最后，这类装置可作为参与地方经济和科学体系并对当地的学习作出贡献的合作伙伴。在实践中，这三种方式都需要代表装置邻近区域的行动者和组织的吸收能力。为了能够通过“知识管道”与全球科学网络建立联系，这些行动者和组织必须具有自身的竞争力；同样地，为了使熟练劳动力和人才不仅仅是装置本身的资源，地方和区域必须有吸引力。最后，为了让“大科学”装置参与地方和区域的经济发展，该装置必须获得这样做的理由。中子散射、同步辐射和自由激光装置的使用通常仅以科学价值为基础，向所有人免费开放，同时，这些装置以这样或那样的方式为其推断的用户提供技术、科学或组织上的独特服务（见第三章和第五章）。由于这些用户通常不反对环游半个地球来获取符合其要求的正确实验设备使用机会的想法，因此，转型“大科学”装置没有先验的理由向当地或区域经济体开放自己的“知识管道”，或者成为这些领域的合作伙伴。同样地，这些装置的熟练和

---

687 原书脚注 6-2：梅塞尔（E.I.Meusel）此段论述的德文原文：“Zunächst ist klarzustellen, wer in der Großforschung Wissen bereitstellen und an andere übertragen kann.”作者将其翻译成英文：“It must be clarified who produces knowledge in Big Science[lab] and can transfer it to others”。

688 如梅塞尔在 1990 年发表的论文（相应论文集的第 365 页，见参考文献 [250]）中所阐述的。

689 如梅塞尔在 1990 年发表的论文（相应论文集的第 361 页，见参考文献 [250]）中所阐述的。

690 见欧洲研究基础设施战略论坛 2003 年发布的报告（见参考文献 [80]）。

691 如瑞克斯在 2013 年发表的论文（相应论文集的第 113 页，见参考文献 [303]）中所阐述的。

有才华雇员几乎没有或根本没有先验的理由，在其工作中及自己的职业生涯里，让自己的技能和才华使除雇主和合作者之外的任何人受益。因此，如同国家科学政策制定者和科学研究出资人必须担负起确保国内科学界对其所资助的“大科学”装置相对使用量的责任，以避免这些装置成为世界其他地区的资源（见第二章），地方和区域的政府和企业必须确保在这些装置周围有一个区域创新体系。这种区域创新体系及其组成的组织和机构不仅必须在总体意义上发挥作用，形成吸引力，而且必须与装置支撑的科学活动及其组织特性相适应。

请注意这里潜在的目标冲突：一方面，政客们要求“大科学”装置的实验时间应根据各国对装置建造和运行成本贡献大小进行分配，这里存在着风险。迄今为止，现有证据仅表明在像“欧洲同步辐射装置”和劳厄·朗之万研究所那样的欧洲合作装置中（见第二章）才实行了科学的公平回报政策，但这种观点原则上对国家装置项目来说也是适用的，尤其随着装置项目的边界通过国际化和全球化变得越来越易渗透。为什么X国政府要为一个前沿研究装置（的建造和运行）支付全部费用，然后让来自Y国的科学家在该装置上免费进行实验，并带着知识返回Y国，知识在这里得到应用并可能导致创新，而Y国将从中受益。另一方面，显然上述创新区域地理学理论在转变为政策时，规定了假如存在着人才和技能从其他地方流入，动态效应才会在为装置买单的区域和国家A中发生。随着要求转型“大科学”装置在全球化知识经济中展示国家竞争力的压力增加，上述目标冲突大概只会加剧。

讨论的关键点当然是真正先进的科学仪器，它们甚至可能提供全球独一无二的实验机会，无论它们位于何处，都将被用来产生非常先进的科学知识。考虑到中子散射、同步辐射或自由电子激光装置在构想、设计和建造中与现有的和推断的用户群体密切合作的方式（见第三章），这确保了两者的相关性和用户需求，那么建造这些装置几乎不存在没有科学需求使用它们的风险。正如“直线加速器相关光源”装置及其51%的国外用户所证明的（见第五章），真正突破边界的科学仪器将吸引全世界非常有能力的用户，至少在“竞争对手上线”之前是这样的（图6-4和图6-5）。

瑞克斯[692]提出了这样的问题：假如围绕一个全新“大科学”装置建立合适的“区域创新体系”的所有先决条件都没有得到满足，并且这个装置因此与地方和区域的经济相隔绝，这个装置是否应当被认为是失败的。毫无疑问，答案取决于观点。科学研究的正面影响显然不限于地方和区域。恰恰相反，本章起始段落所讨论的，常常出现在已规划（和现有的）“大科学”装置项目印刷广告中[693]的许多期望和承

---

692 见瑞克斯 2013 年发表的论文（相应论文集的第 118 页，见参考文献 [303]）。

693 如阿格雷尔在 2012 年发表的论文中（见参考文献 [3]）所阐述的。

图 6-4　美国 SLAC 国家加速器实验室“直线加速器相干光源”（Linac Coherent Light Source，LCLS）装置 X 射线相关谱学（X-ray Correlation Spectroscopy，XCS）实验站照片。在这套仪器中，样品静止不动，在轨道上移动的探测器从不同角度测定样品由此产生的 X 射线衍射细微变化，研究人员可根据检测结果获得更多的样品分子结构信息

图 6-5　美国 SLAC 国家加速器实验室“直线加速器相干光源”（Linac Coherent Light Source，LCLS）装置连续 X 射线成像（Coherent X-ray Imaging，CXI）实验站照片。该套仪器主要用于蛋白质结晶体研究，被探测的样品被放置在这个真空腔室里，有人把其中的两个观察孔视为两只眼睛，下面还有一张咧着笑的嘴巴

诸具有“永无止境前沿”的特征，这就是说这些装置的相关性和影响在地理上完全不受限制。但是，对于某个装置的出资人来说，如果“期望”是大部分的投资将返回地方和区域的经济（见下一节），那么，这个装置与地方和区域经济的隔绝、知识与技术持续流向世界其他地区将无疑是场灾难。

三、关于“大科学”经济影响的整体观

“欧洲悖论”概念已吸引了一些学者的兴趣，并已成为欧洲科学政策中的一个争论话题（见第二章）。这个争论建立在以研发投入总量占国内生产总值比例衡量研发强度以及用专利和衍生品数据衡量研发影响的实践基础之上。这两个评价方法都过于简单化了：至少在理论上说，对于研发活动，大量投入和高产出率之间没有明显的相关性，专利和衍生品仅代表了其影响的一小部分。因此，一个对研发影响的整体性看法是必要的，相关分析必须被允许考虑背景因素，承认研发影响的间接影响和长期延迟效应，最重要的是承认研发影响以长期和复杂的顺序出现[694]。

中子散射、同步辐射和自由电子激光装置主要是为外部用户提供服务的装置（见第三章和第五章），这个事实为任何效应研究增加了一层间接性，这就是它们本身并不做科学，而是让其他人能够做科学，这些人又是由其他组织雇佣的，得到其他组织的资助，他们的大部分研究工作也是在其他组织里开展的。装置实验室的全职科学家当然是个例外，但是，外部用户在数量上占主导地位，他们在装置实验室里待的时间也不尽相同。对于中子散射、同步辐射或自由电子激光装置，任何试图量化随机用户实验工作在装置实验室的物质与资金资源总量中的所占份额都是徒劳的：考虑到用户群体的多样性，即使这样的量化在单一案例中可能实现，但它也无法被推而广之。因此，关于转型“大科学”的经济影响讨论必须是广泛的，不可避免又是模糊的，但也存在着一些具有指导意义的分类和概念化方法。

特别地，通过比较产生实际可利用结果的绝对潜力，转型“大科学”的广泛性和普遍性特征能够与旧“大科学”进行对比。相比之下，粒子物理学是深奥的，虽然这个领域的研究者经常指出他们的工作对社会和经济产生了深远的长期影响，但这种影响是间接的，与探索亚原子世界奥秘这个研究主题几乎没有关系。那些从粒子物理学领域涌现出来并有实际用途的创新更多来自偶然的技术开发，这

694 如雅格布森（S.Jacobsson）和佩雷斯·维科（E.Perez Vico）在 2010 年发表的论文（见参考文献 [171]）、雅格布森等在 2014 年发表的论文（见参考文献 [172]）、萨尔特（A.J.Salter）和马丁（B.R.Martin）在 2001 年发表的论文（见参考文献 [310]）和大卫（P.A.David）等在 1994 年发表的论文（见参考文献 [61]）中所阐述的。

些技术开发是加速器、探测器和诸如计算机硬件和软件等辅助设备的设计与建造的一部分。欧洲核子研究组织宣传其在“万维网”（World Wide Web）发明中的作用，虽然这是一项具有真正重大社会和经济影响的创新，但它不是发现亚原子粒子及相互作用力的一项实际应用，而是欧洲核子研究组织开发基于计算机的先进通信系统的副产品。同样地，用于粒子物理学发现的许多技术必然是在前沿发展起来的，因此导致了许多领域的创新，但这些技术与该科学学科中的研究问题及其答案相去甚远。此外，在中子散射、同步辐射和自由电子激光装置中，加速器研发和其他技术发明及改进同样是最前沿的，因此，转型“大科学”装置的间接影响可能与旧“大科学”装置同样重要。除此之外，使用中子散射、同步辐射和自由电子激光装置的领域是那些非常接近实际应用的领域，有足够理由说明这些装置的使用具有经济社会的相关性和影响（即“广泛性”，见第一章和第三章）。转型“大科学”装置的这种特性不能保证创新，但在逻辑上改善了创新的前提条件。

回到具体层面，梅塞尔[695]把“大科学”装置的（经济）影响分为三种类型，三者之间有一些重叠：①知识产生和技术转移；②从经济实体采购物品和服务；③装置的工业性使用。这三者都含有难以测量、证明和演示的灰色地带，但在逻辑上是无可辩驳的，因此是高度可预期的。如上所述，借助于中子散射、同步辐射或自由电子激光装置的知识产出本身与装置实验室外部的机构和组织安排有关，因此，从科学实用装置产生的知识按照并非特定于转型“大科学”的渠道与路径、相反按照特定于用户自身机构环境（包括大学院系、研究机构、商业公司等）的渠道与路径实现转移。毫无疑问，有些技术是专门为中子散射、同步辐射和自由电子激光装置开发的，但在更广泛的（尤其是商业的）背景中被证明是有价值的，这些技术可以转化为技术衍生品、专利和许可。这些技术转移很可能被视为通用技术现象的延伸（见第一章和第三章）[696]，在应用“大科学”经济影响整体观的时候，应当承认这一点：在初创企业和专利中观察到的影响是容易衡量的，但很可能在后续阶段得到其他一些影响的补充，它们仅与其起源的研究工作间接有关。技术转移是一个含义模糊的概念，这不是因为它以任何方式都很难加以证明，而是因为在它的周围有着广泛的概念混乱。政治辞令、过分强调学术界-工业界合作的活力、过分强调从事基础科学研究组织的创新能力[697]等似乎让“技术创新线性模型”重新获得了地位，或者使这个模型有了一个改良版本，在这个版本里，大学和研究机构扮演着单一知识产生实体的角色，源源不断的创新被设想从这些机构

695 如梅塞尔在 1990 年发表的论文（相应论文集的第 365 页至 366 页，见参考文献 [250]）中所阐述的。

696 如希恩和约尔吉斯在 2002 年发表的论文（见参考文献 [323]）中所阐述的。

697 如瑞克斯在 2013 年发表的论文（见参考文献 [303]）、盖革（R.Geiger）与萨那（C.Sa）在 2008 年出版的著作（见参考文献 [99]）和雅格布森在 2014 年发表的论文（见参考文献 [172]）中所阐述的。

流向经济部门,推动经济繁荣。这个版本当然与科学“经济化”与“商品化”有关,但构成了一幅远离事实的图景。

另外,“大科学”装置从经济体采购物品和服务是简单得多的事情。为方便起见,被购买的物品和服务可被分为特征略有不同的“低技术”和“高技术”两类。在民用建筑、普通服务等“低技术”采购比以仪器元件和专用设备占主导的“高技术”采购更容易预测。但是,正是“高技术”采购可能会发生一系列影响,这些影响以与组织学习和创新链条相关的动态乘数效应等形式出现。“低技术”采购和“高技术”采购的基本共同点是,所有大型(公共)投资在与该投资相关的经济部门中产生深远的正面影响。随着时间的推移,对大型研究基础设施投资的大部分将留在地方或区域经济体之中,并产生一些具有直接和间接性质的动态效应(图6-6),例如,在那些赢得采购合同的企业中内部技能和知识的提高(在“高技术”采购中更为明显),这反过来可能导致新的创新,并在相关企业内外部进一步产生链式正面效应。在就业效应方面,可以提出类似的观点:大型组织总是雇佣许多人,在劳动力市场的正面影响与直接采购是非常相似的。

图 6-6 2012 年 6 月,德国汉堡的欧洲“X 射线自由电子激光”(European X-Ray Free-Electron Laser,XFEL)装置的地下隧道建设工地场景。该装置的隧道总长度为 3.4km,总投资为 12.2 亿欧元,由 11 个欧洲国家提供资金

这些影响当然很难测量。一个迹象表明,对“大科学”装置投资的很大一部分在建造阶段和运行阶段都留在其邻近的地方和区域,至少政策制定者和管理者是这样认为的,那就是在欧洲合作项目中制定了有关政策,以纠正被认为是为装置东道主创造的不公平优势。如第二章所讨论的,20世纪70年代初创建“CERN II”的决策过程因几个西欧核子研究合作组织成员国拒绝参加这项扩展性合作,

除非这个过程因该新实验室在其境内建立而被推迟。成为装置东道国的好处被认为是巨大的，足以使一些欧洲国家，尤其是对该合作组织出资最多的大国无法事先就接受不能成为装置东道主的事实[698]。这种情况通过在该合作组织的日内瓦现址上建造这个新实验室得以解决，但公平回报的机制也建立起来，以通过用成员国企业所承担合同总金额来反映该国对该合作组织预算相对贡献的方法实现相对投资回报的更加均衡。这项政策在"欧洲同步辐射装置"组织中得到了制度化，但"欧洲散裂中子源"装置、欧洲"X射线自由电子激光"装置等近期欧洲合作项目并未实行采购公平回报政策的做法，这是因为欧盟的共同市场竞争政策明确禁止这样的方案[699]。因此，在这两个案例中，在装置建造中广泛实施了实物捐赠政策（见第二章），给予了成员国用交付物品和技术来替代货币贡献的机会和权利，这意味着这些国家能够把钱花在本国境内，使其国内的大学、研究机构和企业用高技术（和低技术）研发工作为装置建造作出贡献。这种将招标限制在特定国家的做法有明显的倒退，也有工期延迟和交易成本巨大的风险，但这种做法也是国际科技合作中平衡投资回报的巧妙做法[700]。这些做法包括现在欧洲已被禁止的公平回报政策及取而代之的实物捐赠做法的广泛使用，表明平衡相对投资回报被认为是必要的，这反过来也表明，至少存在着一个普遍的信念，成为"大科学"装置东道主会给地方和区域经济带来巨大好处，在此信念背后可能还有一些事实。

中子散射、同步辐射和自由电子激光装置的工业性应用是它们非常重要的潜在经济影响源泉，因为原则上先进仪器的使用给予了商业研发单元与学术研究小组相同的竞争优势，并且在工业性应用的情况下，这些仪器的使用被添加了直接和间接的商业关联性。虽然中子散射、同步辐射和自由电子激光装置的工业性应用可能有增长趋势，但近年来大多数装置实验室通过启动"特别访问项目"、设立"工业联络办公室"等措施为向工业界用户开放作出了全面努力，这类应用似乎在大多数情况下仍然维持在相对较低的水平。准确的装置工业性应用数据不容易被掌握，装置实验室通常不在其年报或网站上发布这些信息。但是，美国能源部关于国家实验室体系中六个主要中子散射、同步辐射和自由电子激光装置的用户统计数据（见第五章）包含了用户隶属关系的信息，在此基础上，可以粗略地估计这六个装置的工业性应用份额。表6-1列出了这些数据，从而给出了关于用户群体中工业代表性程度的提示（仅此而已）。

这里必须注意的是，表6-1统计了具有明确工业隶属关系的个人，即由私营企业雇佣的个人。因此，这些数字并没有说明直接与工业界相关的研发活动在这

---

698 如克里格在2003年发表的论文（相应论文集的第905页，见参考文献[195]）中所阐述的。

699 见本书作者2012年发表的论文（相应杂志的第309页，见参考文献[123]）。

700 见本书作者2012年发表的论文（相应杂志的第309页，见参考文献[123]）。

些装置中的总体使用情况，因为企业雇佣的用户也可以进行非专有研究（例如与学术研究团队合作），同时，在这些装置上进行的许多常规实验可能具有商业相关性，但不涉及在私营部门中被雇佣的科学家，这些实验既可直接通过学术界-工业界合作（产业合作伙伴可能会也可能不会在某个装置上进行的实际实验中得到体现）的方式进行，也可间接通过学术界-工业界合作的方式进行，如果结果之后被证明具有商业相关性，这些实验还会被延续下去（参见关于影响顺序的叙述）。

表 6-1 2014 财年（2013 年 10 月至 2014 年 9 月）在美国国家实验室体系六个主要中子散射装置、同步辐射装置和自由电子激光装置具有工业界隶属关系的用户数，来源：美国能源部用户统计（2014 年）

	用户总数	有着工业隶属关系的用户	
		数量	所占百分比
“先进光源”装置	2443	163	6.67
“先进光子源”装置	5016	224	4.47
“直线加速器相干光源”装置	612	7	1.14
“国家同步加速器光源”装置	2372	110	4.64
“散裂中子源”装置	893	12	1.34
“斯坦福同步辐射光源”装置	1559	101	6.48
平均值			4.12

因此，灰色区域很重要，表6-1只能给出一个提示。那些定期在中子散射、同步辐射和自由电子激光装置获得实验时间的工业企业肯定在表6-1中得到显示，但它们在装置总使用时间中所占份额显然很小，平均为4.12%。但是，工业界参与的最大份额可能是通过工业用户与学术用户之间合作、在普通程序中申请装置使用时间、开展学术与工业相关性结合的研究等实现的，并形成公开出版物、专利、可在现有产品与服务开发中直接加以利用的结果等多种产出。

大量研究调查了“大科学”装置和基于创新的经济增长之间的各种关系，并就区域、国家和跨国组织关于如何使“大科学”装置投资回报最大化提出了政策建议[701]。然而，除了少数例外，这些研究要么是事前评估，要么是特定装置的效应研究。它们要么是由装置实验室为改善自身形象、提高知名度而委托进行的；要

701 如瓦伦丁（F.Valentin）等在 2005 年提交的工作文件（见参考文献 [353]）、瓦尔德格拉夫（W.Waldegrav）在 1993 年出版的著作（见参考文献 [361]）、霍林斯（E.Horlings）等在 2011 年提交的工作文件（见参考文献 [163]）、美国国家用户装置组织（National User Facility Organization）在 2009 年发表的报告（见参考文献 [272]）、“SQW”咨询机构在 2008 年发表的报告（见参考文献 [336]）、“技术城”（Technopolis）在 2011 年发表的报告（见参考文献 [344]）和“DRI”在 1996 年发表的报告（见参考文献 [73]）。

么是由游说团体或尚未获得资助和批准装置项目的政治支持者委托进行的；要么是由包括科学社团、与特定装置及科学体系有利益关系的游说组织等其他利益群体委托进行的。在根据对装置研究活动具体特征深入了解与认识基础提供坚实的实证证据方面，这些研究通常也没有给出至关重要的描述。

正如梅塞尔[702]所指出的，关于“大科学”装置的知识转移和技术转移的每项研究，必须从建立对所研究的组织及其技术、法律、行政特征的全面认识起步，也应从对装置实验室促进的科学活动的基本了解起步，最好还应包括技术转移实际发生情况的案例研究，以尽可能详细地揭示所研究的装置实验室或装置类型的具体能力。“所有从事研发的组织都不相同”，这是一句微不足道的话，但显然是必要的。“大科学”实验室与其他研究组织有很大差别，尤其是它们的成本和知名度非常高，它们的功能是为用户提供服务（见第三章和第五章）。这些特征把“大科学”实验室与其他研究组织区别开来，并影响它们的创新能力，以及向企业及更广阔社会提供知识和技术的能力[703]。另一方面，纵观中子散射、同步辐射或自由电子激光装置，可能对这些装置的广泛经济社会影响产生非常正面的印象。人才和技术（群聚效应）的聚集、资本的流入，为优化技术和装置科学使用的持续研发努力，尤其是通过有时非常激烈的竞争获得装置使用时间的数百人次或数千人次外部用户量，在某种意义上是不言而喻的证据，表明装置对地方、区域、国家与国际经济及整个社会产生了广泛而深刻的影响。

702 见梅塞尔 1990 年发表的论文（见参考文献 [250]）。
703 如梅塞尔在 1990 年发表的论文（相应论文集的第 361 页，见参考文献 [250]）中所阐述的。

第七章
“大科学”转型的含义

一、"大科学"转型中的连续性和变化

"大科学"向现今状态的转型是一个遵循多种路径和逻辑的历史过程，尤其是这个过程涉及现有科学、技术、政治、组织资产的重组。这场转型主要发生在但不完全发生在现有的体制框架之内，根据不同的观点，这些体制框架因此发生变化并保持不变。对比"连续性"和"变化"是研究这个过程的有力方法，也是分析随之产生的转型"大科学"的科学、政治和组织的有力方法。从不同角度对连续性和变化进行系统及梯次分析也是一个类似的、可尽可能多地解释主题变化的有力方法。

从最普遍的角度出发，连续性可被归纳为：虽然"大科学"存在的最初依据早已不复存在，但"大科学"本身依然存在，这既因为体制和科学设施是"耐用品"，也因为社会仍明显需要宏大的科学项目和技术项目作为其期望和愿望的中心。反过来，变化有许多表现形式，但从类似的普遍观点来看，变化最明显的表现在技术及其科学应用的逐步形成与发展，两者都是在"大科学"体制和技术的整体框架内发生的，并与社会优先事项不断转移和公共科学体系的政治与组织随之调整相适应。因此，前几章的历史述事和社会学分析不仅仅是在一个基本持续的体制框架内描述了"大科学"的深刻变化。它们还描述了科学家与其所使用仪器之间关系的变化，包括越来越重要的功能依赖与战略依赖，"小型"或常规科学专业人员和为其提供服务的大型复杂仪器建造与运行之间的社会分工。这种关系变化还可被描述为只能在大型复杂仪器上获取的技术使用在自然科学更广阔学科范围的扩散。从这个观点出发，在一般和基本的术语中，变化的媒介是中子散射、同步辐射和自由电子激光的基本实验技术。连续性表现在（很大程度上，至少相当程度上）完好无损的科学体制，包括自然科学学科，公共科学体系的组织结构，"大科学"的组织（国家实验室等），以及有着自己规则的科学政策体系。

但是，虽然从非常普遍的角度对连续性和变化进行这样的辨别是一个相关且正确的结论，但它不足以给出这个主题完全公正的答案。这一点在前几章的历史叙事和社会学分析中也很明显。在政治、经济及更广泛社会领域里的数次变化给"大科学"历史性转型带来了重要影响，科学学科的某种重组和（学术型）研究工作的组织也明显融入到这场转型之中。换言之，从其他角度来看，存在着其他附加的变化媒介，也存在着其他的连续性表现形式。尤其是"大科学"装置和体制显示出非凡的更新能力，这似乎是它们持续繁荣的最终秘诀，也是它们生存下去的必要手段。

作为下一个逻辑步骤，变化的媒介可被确定为"大科学"的框架和背景。过去数十年已见证知识在社会发展中（可被感知）的作用发生了深刻变化，也已见证利益相关者参与知识产生的过程发生了深刻变化，这些变化已被归纳在知识社会概念之中（见第一章、第二章和第六章）。知识在经济发展和更普遍的社会发

展中的重要性日益增长，增加了对知识产生的组织与体制的直接干预，并使得公共科学体系成为多个行动者及其群体要求拥有管辖权的舞台。在组织层面、国家层面及国际层面上的几项治理改革改变了公共科学体系中知识产生的条件，也改变了科学作为一种体制和职业的条件。在正确的分析层面上，在背景发生变化的时候，“大科学”依然完好无损：美国国家实验室体系的长期发展（见第二章和第四章）可用略带讽刺的措辞概括为“问题在变化，但解决方案仍然存在”。这里要提到一个有价值且有用的观察结果：尽管发生了数次任务危机，但没有哪个美国国家实验室被关闭，欧洲大陆也有这样的例子，至少没有哪个德国的国家实验室被关闭。但在宏观层面上，几乎没有线索来说明尽管背景发生了根本变化，美国国家实验室体系为什么又如何被保持得完好无损，因此这个主题必须从其他角度，尤其应在微观层面上加以探讨。“大科学”的内生科学、技术和组织发展对其转型发挥了重要作用，并与此前章节中所提科学政策和治理的变化产生共鸣和相互作用，并产生了确保“大科学”生存下去的更新。

这种更新可被概念化为：认知上密集[704]的和社会学上集聚的核能研究、粒子物理学领域衰落，与此同时，认知上扩展的和社会学分散的材料科学、生命科学领域增长，并与一些领域的技术进步相辅相成。同步辐射和中子散射是20世纪下半叶经历巨大发展的实验技术（从前者又衍生出自由电子激光技术），它们的发展与科学界、公共科学体系的组织领域及其体制框架的发展相辅相成，也与它们从中获得资源和部分合法性的科学政策体系、将它们融入其中的更广泛社会及国际体系的变化相辅相成。换句话说，同步辐射和中子散射的发展与转型“大科学”的发展相互平行或相互交织，涉及多个方面，并与其他科学、政治、经济和社会发展的广泛集合相互渗透。因此，在内涵和背景上不存在关于“大科学”连续性和变化的明确结论，而在“大机器”、“大组织”和“大政治”三个维度上，以及在所有三个维度的制度框架中，显然都存在连续性和变化。因此，此处关于连续性和变化的讨论不能产生明确结论，但它可揭示概念上的重要性并给出相关见解。

二、“大机器”、“大组织”和“大政治”的连续性和变化

“大科学”在物理形态上的可触知性和规模性孕育了它的连续性：无论在物质方面，还是在对它们的大规模投资以及政治资本、社会资本与智力资本的大规模投入方面，大型技术自然是“耐用品”。考虑到特定的连续性力量有着更广泛、

704 如韦斯科夫在1967年发表的论文（见参考文献[368]）中所阐述的。

更灵活的学科基础，因此也有较其前身旧“大科学”更不统一的支持者群体，因此这种力量逻辑上在转型“大科学”中变得更加重要。但是，“大机器”的物理连续性也会影响“大组织”和“大政治”。总体上，二战开创的（旧）“大科学”在某种程度上给物理学也给自然科学带来了一个关键特性，这就是把研究活动的组织与仪器设备联系在一起，并在专业人员中培养出一种对资金、政治联盟及产业联系更务实的态度[705]。这个变化对于二战后政治与科学之间的关系至关重要，格林伯格将这种关系称为政治与科学的“婚姻”[706]，这个变化也确保了科学界获得规模空前的政府资助。物理学变得可触摸和广受欢迎，承载着外溢到政治领域和整个国家的声望，这与二战前起源于启蒙运动的经典科学理念大不相同，经典科学理念珍视对政治利益集团的独立性，珍视对追求科学真理这个更高事业的绝对忠诚[707]。虽然旧“大科学”也许是物理学的最具体表现形式，但其他学科也被赋予了新的文化地位，因为它们接受了新的秩序，并对政府资助、与工业利益集团结盟、为公共部门提出政策建议及调查工作等职责方面采取了新的态度。作为同一过程的一部分，物理学的实践和组织模式在20世纪下半叶逐渐扩散到其他学科[708]。最重要的是，科学植根于社会的新形式不仅使“大科学”脱颖而出，而且使其在科学、政治和社会中被体制化，达到了其结构成为其他领域转型并逐渐适应新环境、新框架的“容器”的程度，最显著的是固体物理学、化学、生物学、医学等领域，它们与材料科学、生命科学等并列为新的灵活科学实体[709]。这主要是在“大科学”框架内发生的，“大科学”本身在此过程中当然也发生了转变。二战结束后的数十年里，“大科学”在体制上变得如此强大，以至于当它的核心活动（最明显的是粒子物理学）在达到可持续极限及其周围社会环境发生变化的时候，其他科学和技术可通过一个奉献的聚合过程逐步对其实现接管并提升到“大科学”的地位和状态[710]。新出现的学科和重组而成的学科，首先是材料科学，后来是生命科学的各个分支，因此被注入了“大科学”的“符号资本”，这肯定有助于它们在后冷战时期地位的提升，尽管它们的实用性和（预期）解决重大挑战、促进基于创新

705 如佩斯特在 1997 年发表的论文（相应论文集的第 141 页，见参考文献 [286]）中所阐述的。

706 如格林伯格在 1967 年初版、1999 年再版的著作（第 51 页至第 52 页，见参考文献 [109]）中所阐述的。

707 如格林伯格在 2007 年出版的著作（第 5 页至第 6 页，见参考文献 [111]）和沙宾在 2008 年出版的著作（第 47 页，见参考文献 [319]）中所阐述的。

708 如凯夫勒在 1977 年初版、1995 年再版的著作（见参考文献 [185]）、沙宾在 2008 年出版的著作（见参考文献 [319]）和凯勒（E.F.Keller）在 1990 年发表的论文（见参考文献 [184]）中所阐述的。

709 如卡恩（R.W.Cahn）在 2001 年出版的著作（见参考文献 [36]）和凯勒在 1990 年发表的论文（见参考文献 [184]）中所阐述的。

710 如布尔迪尔在 1975 年发表的论文（见参考文献 [28]）和 1988 年出版的著作（见参考文献 [29]）中所阐述的。

的经济增长的能力，无疑是它们最重要的文化资本，过去是现在也是。在此过程中，“大科学”也发生了转型，但仍在原位被保持着。“大机器”依然是大的，变化的是它们的应用、更新及其支持者群体的扩大。

“大组织”的连续性和变化既与“大机器”的连续性和变化相似又直接相关，也更容易加以描述。“大科学”的组织依然是大的，但为什么大、为什么需要大的原因已发生变化。就“大科学”的科学应用而言，这是正确的：显然，高能电子或质子束在1964年左右粒子物理实验中的典型用途，中子束、同步辐射或自由电子激光在2014年表面物理或结构生物学实验中的典型用途，两者从组织角度看在本质上是不同的。因此，两者对支撑它们的“大组织”的具体要求也有本质差异。但是，在转型“大科学”内部，尤其是中子散射、同步辐射和自由电子激光在不同学科领域里的不同应用之间，以及与这种多样性对应的内在灵活性和不可预测性之间，都存在重大差异，这也为“大科学”实验室的组织设定了根本不同的先决条件。在旧“大科学”中，加速器和核反应堆是除探测器之外的核心仪器，粒子物理实验和核能研究与加速器和核反应堆运行密不可分，因此运行“大机器”的“大组织”和将“大机器”用于科学研究的“大组织”在很大程度上是重叠的。在转型“大科学”中，情况并非如此：加速器和核反应堆的运行仍然需要“大组织”，但它们与实验组织不相重叠，事实上，实验工作本身并不需要“大组织”。相反，一方面是来自大学、研究机构及产业界的普通研究团队承担彼此间有很大差异的实验工作，另一方面是由“大科学”实验室提供的支撑功能，这两方面之间的社会分工是清晰的。运行“大机器”的“大组织”与实验组织的分离，是转型“大科学”区别于旧“大科学”的核心，它对中子散射、同步辐射和自由电子激光装置的“大组织”意味着什么，是此前章节广泛讨论的主题，还将在以下单独小节中进一步讨论。

政治是一个连续性和变化明显共存的领域。“大科学”对确保和维持政治支持的基本需要是连续的，但是获取支持的理由已明显改变。“大科学”的转型表明，中子散射、同步辐射装置和自由电子激光发展以及政治格局变化之间存在着共生关系。第二章、第四章和第六章分别以不同方式分析了政治和社会的变化对科学演进和“大科学”转型的普遍重要性。一些学者，尤其是“STS”（科学和技术研究）中的科学社会学“后现代主义”和“后结构主义”流派，几乎肯定会把科学与政治的分析性分离尝试视为不合时宜、幼稚和可能的彻头彻尾错误而不予考虑，这些学者的基本假设是科学和政治只是代表人类或“后人类代理人”行使权利与影响力的两种形式[711]。虽然这种观点可能对（科学的）哲学有帮助，但在这里几乎

711　如拉图尔在 1983 年发表的论文（见参考文献 [205]）和 1987 年出版的著作（见参考文献 [206]）、斯塔尔（S.L.Star）在 1995 年出版的著作（见参考文献 [337]）中所阐述的。

没有增加多少解释价值。相反，促进理解的方法是将科学和政治概念化，因为它们在（制度）逻辑上是截然不同的，但在更广泛社会背景下则是共生的。这样的观点有助于对科学与政治共存关系的分析。这样，我们可以把1957年及以后的苏联人造卫星危机描绘为一个政治事件（虽然它在某种意义上起源于科学的发展），并能够追溯到事件的因果链条：首先美国联邦政府的研发支出因此大幅增加，接着又导致几个新加速器实验室的建造，在这些实验室的围墙里，技术与科学的发展发生了，为粒子物理学向“巨型科学”转型铺平了道路，也使同步辐射能够作为加速器实验室的辅助资源逐步成长，等等。自由电子激光在20世纪80年代和90年代的发展也可被描述为实现在斯坦福大学建立首个真正的X射线自由电子激光用户装置而作出的科学、技术和重要步骤，而自由电子激光在21世纪首个十年里的发展又可被认为是政治性事件，是由华盛顿的行动者推动的，他们宣布支持并愿意资助一个大型自由电子激光用户装置，但不仅仅是美国科学界和SLAC国家加速器实验室最初提出的原型样机。类似地，劳厄・朗之万研究所通常被认为是能使欧洲在20世纪70年代及以后占据使用中子的实验科学领先地位的装置项目，也可被确认为法国与德国之间两个重要轴心的产物，其中一个是法-德科学轴心，另一个是法-德政治轴心。劳厄・朗之万研究所的成功归因于这两个轴心的作用，当然还要加上其吸引泛欧洲用户群体的能力，但以海因茨・迈尔-莱布尼茨和路易斯・尼尔为代表的法-德“中子（科学）轴心”、以阿登纳和戴高乐为代表的法-德政治轴心在此过程中发挥了决定性作用。尽管这两个轴心的结合产生了劳厄・朗之万研究所，并以最关键方式把科学领域与政治领域连接在一起，但这两个轴心利用了两种截然不同的体制逻辑和资源经济。

所有这些案例及本书列举的许多其他例子都说明了两件重要事情。第一，包括装置项目、历史事件及其过程的案例研究应当针对它们的特殊性加以分析，仅用作得出关于总体变化的普遍结论的下一个步骤。第二，科学和政治的分析分离，以及如组织与装置之间其他可能的分析分离，能够适当关注变化中的制度逻辑，关注不同社会领域的其他明确特征，因此是非常有用的。

但是，在连续性和变化的主题上存在着另一个转折点，即仪器，广义上整个（转型）“大科学”装置是科学领域变化的驱动力，这可直接追溯到本书第一章提及的库恩的“基本张力”。此前章节不止一次提到这样的问题，科学界受学科体制惯性和旧的组织安排（如大学）约束，在面对新的实验机会时表现得相对保守和传统，而装置实验室和它们的领导者及研究人员都有远见卓识，在为新的科学突破铺平道路。这是关于中子散射、同步辐射和自由电子激光装置科学作用的一般反映，虽然存在着例外（如美国SLAC国家加速器实验室“直线加速器相干光源”装置的故事）。在创新研究中提及“创造需求”这个主题也许会有启发：如同莫克尔(J.Mokyr)令人信服地指出的那样[712],"需要是发明之母"这个颇受欢迎的概念，对于理解为什么技术变化以很快速度在某些社会、又不在另一些社会中发生是行不通的。需求通常是作为推动技术发明走向应用过程的一部分被创造的，这也是创新的过程，因此，"需要是发明之母"这个格言也许应被改为"发明是需要之母"(参见图7-1)。当然，创新的发生必须总是存在某种形式的需要，但需要并不能决定解决需要方案的性质，并且这种需要很可能在很长一段时间内得不到满足，直至有人或有事对这种需要作出了响应[713]。这表明创新背后存在着其他机制，而不是满足已明确的需要。20世纪70年代中期，斯坦福大学采用同步辐射将X射线衍射图像分辨率提高60倍的演示，显然不是为响应当时科学界提高衍射分辨率需求进行的，至少又过了十年，这项改进技术的应用才成为主流(见第三章)。假如需要不是全部的解释，那么有趣的问题是为什么一些群体或个体以特定方式寻求满足自己或他人的需要，为什么另一些群体或个体不这么做[714]。定义科学领域中创新发生的正当条件不是件容易的事情，而定义有助于产生科学突破思想的个体特征，定义将科学思想转变为现实的能力，可能是件更不容易的事情。然而，显而易见的是，转型"大科学"重要性的形成和发展是一个过程，这些条件和这样的个体在此过程中扮演着重要角色，同时，个体创造力与体制可行性之间的媒介，即制度倡导者，在此过程中也发挥着很大的影响力。

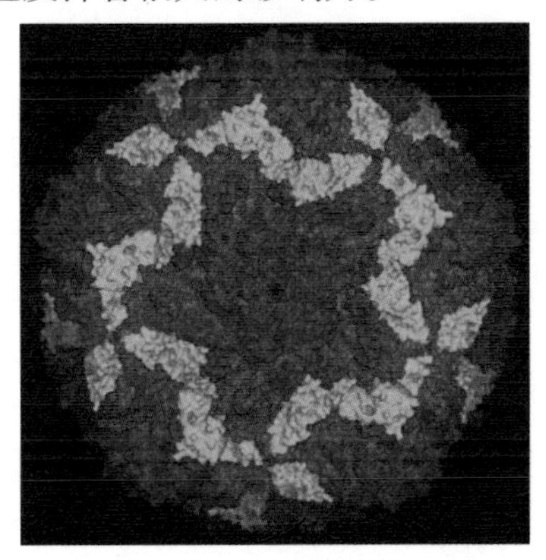

图 7-1 2017 年 6 月，美国 SLAC 国家加速器实验室以"第一个用 X 射线激光破译完整病毒原子结构实验"为题报道了一项研究成果。由"德国电子同步加速器"机构科学家领衔的研究团队使用包含数千个小孔的微型芯片来装载牛肠道病毒2(Bovine Enterovirus 2,BEV2),再使用"直线加速器相干光源"(Linac Coherent Light Source, LCLS)装置产生的 X 射线脉冲逐行扫描芯片，实现了 9% 的命中率，并在 14 分钟内收集到足够多的病毒结晶体衍射数据，进而解析出该病毒结构，分辨率达到 2.3Å

712 如莫克尔在 1990 年出版的著作(第 151 页，见参考文献 [258])中所阐述的。

713 如熊彼特在 1939 年出版的著作(第 85 页，见参考文献 [311])中所阐述的。

714 如西波拉(C.M.Cipolla)在 1980 年出版的著作(第 181 页，见参考文献 [42])中所阐述的。

三、“大科学”的体制、行动者和政治

上小节把讨论带到了体制、行动者、政治的概念分离，并将这些概念并列作为分析工具。体制观点在第四章里得到了最显著的使用，在这个章节里，来自历史制度主义的概念被用来对体制持续性和体制变化进行详细分析和讨论。当然，如果这个术语没有被谨慎使用，则任何事情都可被称为一个体制，例如，科学是一个体制；美国国家实验室体系通常指一个制度化的系统，因此也是一个体制；政治也有自己的制度化实践，这些实践可能被或者不能被编撰成法规，但显然构成了体制。因此，从某种意义上说，体制变化是社会和历史的几乎无足轻重的基本特征，但体制变化的分析师认为对体制变化的分析并非无足轻重。问题是，对现象和过程使用“体制”和“体制变化”两个术语的预期解释目的是什么。

解释循序渐进变化如何发生以便让处于变化过程中的每个事件看起来是递增的，可通过体制和体制变化的分析来实现，尽管变化的整体长远结果是如此深远以至于它必然（回顾性地）被确定为激变和不连续的。然而，需要注意的是这样的解释是不够的：在分析中的某些点上，“体制”概念的相关性将会消失，此时必须用其他概念（如“行动者”、“代理人”、“决策”等）加以补充，其中一些概念可依赖个人主义方法论，另一些概念则可在政治学理论中找到自己的概念基础。第四章中对“大科学”实验室发展史的回顾清楚地表明了这一点。第二章和第三章对“大科学”的历史、政治和组织的历史分析也展示了体制观点、行动者观点、政治观点三者结合所产生的强大解释力。

在保持适当水平的情况下，对”大科学”转型到当前状态的分析就可以从体制持久性和体制变化概念的使用中大大受益。例如，在20世纪70年代末至80年代初“国家同步加速器光源”装置在布鲁克海文国家实验室里被构想、开发、宣传、建造和投入运行的时候，同步辐射对一个老的研究机构来说是一种新的体验。同样地，在20世纪60年代“阿贡先进研究反应堆”装置作为“芝加哥5号反应堆”装置（图7-2）的替代物被提出的时候，中子散射在阿贡国家实验室里还是一个体制化实践的新体验。但是，这样的变化对这些美国国家实验室来说并不是新鲜事，美国国家实验室体系在1946年至1947年建立时，为实现更新和取得进步而推动的新的装置项目就已被制度化，这意味着美国国家实验室从一开始就具备了能够通过以现有要素、现有资源经济为基础并在现有生态系统内的更新来促进变化的结构，换言之，具备了沿着罗尔曼[715]所说的“自我创制”路径来促进变化的结构。欧洲的情况过去和现在都与美国国家实验室的情况相似，虽然包括资源经济和生

715 如罗尔曼在 1995 年出版的著作（见参考文献 [222]）中所阐述的。

态系统的体制框架不像美国国家实验室那样容易被辨别（和/或没有被很好地记录下来）。像“欧洲同步辐射装置”、劳厄·朗之万研究所、瑞典隆德的“MAX-lab”同步辐射装置、英国的“ISIS”中子散射装置等那样的装置，通常都是在各自体系内、在各自国家和当时欧洲的“大科学”与科学生态系统中实现科学能力更新的例子。

图 7-2 拟被拆除的美国阿贡国家实验室 330 号实验楼外景，“芝加哥 5 号反应堆”装置曾位于该实验楼内

在“大科学”领域里的一个重要结论是，“大科学”装置在美国和欧洲是以完全不同的方式建立起来的，并且无论有或没有强大的体制和定义明确的资源经济，在可以或应当如何推进一个装置项目方面存在着巨大差异，似乎还存在着一种机会。

以上叙述的含义是人们已认识到在体制分析中连续性和变化有着对应关系：在体制中存在着惯性，也存在着促进变化的功能。因此，虽然认为体制支持或反对特定历史过程的观点可能很诱人，但它应当是一个过度简单化的观点。如同第四章后半部分的分析那样，深入分析对于理解变化是必要的，同时，重要的是对变化的原因、变化的机制、变化的短期和长期结果以及这些结果如何相互作用和相互加强保持一个包容性的观点。第四章的分析停留在“大科学”实验室的组织层面上，但相关见解可以概括为“大科学”的整体变化或转型过程，这是本书描述和分析的主题：促进和阻碍变化的体制无处不在，共同产生长期进步的其他要素也是无处不在，其中包括对科学必不可少的要素、体现在科学的社会组织和智力组织之中的要素等，无论它们是“大”还是不“大”。

第四章末尾提到了体制更新与通用技术概念的联系，这里也值得重提。体制更新和通用技术是相关的概念，但两者并不对称：一项通用技术是一种设备或一个解决方案，可在最初设计的用途之外找到新的用途，而体制更新则是新流程、新规范、新习惯、新规则在现有体制支撑框架内出现的过程。通用技术传播和用于新用途的过程是体制更新的一种类型，这个过程通常在组织层面上诱导或促成更广泛意义上的体制更新，因为新的技术解决方案倾向变革。因此，体制更新和通用技术的结合可以对转型“大科学”形成和发展作出最有力的概念化描述：在体制要素和技术要素两者重组和递增置换（或取代）的互惠过程中，体制得到了更新，技术则被用于新的用途。变化的机制具有高度的个案特异性，但遵循着某些模式：在“大科学”转型的背景下，“研究技术专家”的工作尤为关键，这个问题将在下文中再作讨论，但对技术和组织安排有影响的其他行动者及其群体无疑也是重要的。

此外，所有过程都有起源。假如构成循序渐进体制变化的事件链条在时间上可被追溯得足够远，或可被放大到足够大，除了将个体概念化为变化原始动因之外没有更多的选择，即使整体视角是体制性的[716]。鉴于分析的主题是专业科学活动，这个认识在这里具有特殊的有效性。在第一章里，概念的起点被概括为：不存在思维组织、体制或体系这样的东西。个人主义方法论，被用于说明变化起源的个体行为的理性选择解释，都被证明具有完美的经验意义。科学史学家撰写的一些“大科学”编年史与大部分历史著作一样，充塞着各种个体行动者，这些学者从未使用任何制度理论，尽管如此，他们仍清晰地描述了体制变化。在这些行动者中，一些个体可被确认为“体制创导者”（如亚瑟·比恩斯托克、海因茨·迈尔-莱布尼茨等），一些个体可被确认为具有改变议程和实现变化能力的政客和官僚（如阿登纳、阿尔文·特里弗尔皮斯等），但绝大多数个体只能通过他们的类别和所起作用加以辨别，此处的“类别”和“作用”包括“通用技术的推动者”、“从事最佳实验技术研究的科学家”、“国家官僚机构中资助应用和提案的管理者”，或者“公众舆论的代言人”。然而，这些个体的重要性与那些名字被列入历史类著作索引的个体一样明显。所有这些行动者引发了变化，体制使得这些变化成为可能，这些变化又改变了体制。

行动者不仅扮演着非常不同的角色，而且在非常不同的技能、兴趣和能力的基础上活动。这个认识在逻辑上源于第四章中“生态系统”和“重组”概念的使用，但鉴于本书的理论框架（见第一章）和对转型“大科学”组织的分析（第三章和第五章）,这个认识在概念上也是必不可少的。推行通用技术的“研究技术专家”[717]是仪器能力和用户科学追求之间的“经纪人”，他们在20世纪70至80年代同步辐射和中子散射发展最快时期的作用是决定性的（见第二章）[718]。但是,他们最有可

---

716 如霍尔在 2010 年发表的论文（见参考文献 [118]）中所阐述的。

717 如希恩和约尔吉斯在 2002 年论文（见参考文献 [323]）中所阐述的。

718 见本书作者和海因茨 2015 年发表的论文（见参考文献 [133]）。

能得到或者必须得到其他强有力行动者的补充，后者类似地发挥着“体制倡导者”或特定项目的“促成者”和“推进者”的作用。

根据第四章后半部分对美国SLAC国家加速器实验室的案例研究及其他几部历史编年史，个体及其在微观层面的深思熟虑和积极行动在变化过程的早期阶段发挥着特别重要的作用[719]，随着事件和过程朝聚集层面发展，体制在以后会变得更加重要。然而，第四章的案例研究，尤其是欧洲背景下的补充案例研究，表明体制作为先决条件在变化过程的早期阶段也有很大的影响力，不同层面的个体随后发挥了极其重要的作用。从最基本的意义上说，现有物质和组织的结构，即体制对中子散射、同步辐射和自由电子激光的出现并植根于科学是必要的。例如，1974年前，美国国家实验室与其管理机构美国原子能委员会之间相对简单的关系，似乎促进了同步辐射和中子散射两者的最初出现和发展，因为这种关系给了美国国家实验室主任更多作出决策、推动新项目的自主权，并且放开了资金使用权。不断提高的监管水平，在美国能源部管理下对可证明的活动相关性的要求，很可能帮助了同步辐射和中子散射在后期阶段的发展，以使得两者能够由内而外和由外而内逐渐接管并改变了装置实验室。但是，这一变化是由装置实验室内部和外部的发展驱动的：旧“大科学”转向转型“大科学”，或者粒子物理学与核物理学转向同步辐射与中子散射，两者都是在一个不断变化的体制背景下发生的，部分的原因是政治运动，部分的原因是科学技术的发展，部分的原因是在特别强大的个体层面上的策划和行动。关键的一点是这种体制环境及其变化是否促进或赞同这种发展。

法-德科学轴心和法-德政治轴心在建立劳厄·朗之万研究所和“欧洲同步辐射装置”这两个大装置的过程中被认为是绝对重要的，欧洲国家在科学和政治领域的历史联盟是很好的体制例子。尽管如此，海因茨·迈尔-莱布尼茨、路易斯·尼尔和其他致力于为欧洲科学界项目提供支持的有影响力科学家，以及阿登纳、戴高乐等政治家（后来在“欧洲同步辐射装置”项目中的赫尔穆特·科尔（Helmut Kohl）[720]和弗朗索瓦·密特朗（Francois Mitterand）[721]）的作用，都不应被忽略。总之，这两个观点，即行动者作用的观点和体制作用的观点都需要被用来解释和理解复杂系统的更新。

复杂性尤其体现在功能专业化和社会分工上。具体而言，如果没有政客和官

719 如霍尔在 2010 年发表的论文（见参考文献 [118]）中所阐述的。

720 译者注：赫尔穆特·科尔（1930 ~ 2017），他在 1982 年至 1998 年任德国总理，执政期间实现了东德和西德的统一，并努力推进欧洲货币一体化进程，被认为是 20 世纪后期最具影响力的欧洲领导人之一。

721 译者注：弗朗索瓦·密特朗（1916 ~ 1996），1981 年至 1995 年任法国总统。

僚，“大科学”装置项目将永远不会成为现实，但这些人显然不了解装置在技术和科学方面的细节，也不了解装置实验室面临的组织挑战（顺便说，这也可以解释第六章起始段落提及的装置项目广告材料为什么缺乏一些真实性）。科学家也不一定是非常老练的政客，他们通常对科学政策和组织问题漠不关心，只要这些问题不以直接方式影响他们的工作[722]。这些都是概括，就像把转型“大科学”实验室简单描述为基本是由统一和非统一两种力量支配的那样，装置及其运行代表着统一的力量，多方面的实验项目代表着非统一的力量（见第三章）。“大科学”的政治对于它的存在是必要的，装置实验室内部主要作为“促成者”和有时也在推动发展的“维持者”这两种文化同样如此。换句话说，政治方面只是提供机会和提出要求，但科学方面必须取得成就。

政治遵循着不同于科学体制的逻辑。理解政治也许不仅仅是理解科学决策，一个强有力的理论工具是委托-代理关系的概念化，这种关系可以在研究体系和研究组织内多个层次上加以识别，也可以在若干个不同行动者及其群体之间加以识别。委托-代理关系的优点在于它抓住了科学政策存在的根本原因：由统治者代表的社会需要把产出科学知识的任务委托给那些（据称）具有完成这项任务能力的行动者和机构，并且需要监督这些行动者和机构如何有效率、有成效地完成这项任务。但是，国家（委托人）和科学建制（代理人）之间的安排只是宏观层面的委托-代理关系。在所有组织里，功能专业化和社会分工对完成目标的委托和监督创造了一个持续的需求。因此，尤其在像中子散射、同步辐射或自由电子激光装置那样高度复杂的组织内部及其周围，存在着大量委托-代理关系，这些关系形成了指挥链条或委托链条，一直延伸到国家、联邦或超国家层面的决策者。

在最高层次上，变化已经发生，本章起始段落将这种变化作为能以许多不同方式加以概念化的背景变化进行了讨论，如科学的“经济化”、“审计社会”的兴起、“技术创新线性模型”的废除、“科学的社会契约”的重新谈判等（见第一章、第二章和第六章）。所有这些也可从委托-代理关系的视角重新加以审视。如第二章和第六章重点讨论的那样，20世纪后数十年欧洲和美国的科学管理变化可被解释为主要是由对科学体制日益不信任助长的，这种不信任来自决策者方面，最终来自社会公众方面。从某种意义上说，二战结束时建立的科学政策学说以“技术创新线性模型”和“科学的社会契约”为基础，是对科学不会滋生腐败的信任几乎不那么自然的强烈表示，这种信任在于科学体制、它的效率和效应、科学家道德及其对欺骗与逃避的厌恶、科学方法、科学内部奖励体系等方面（如果确实滋生

722 如古斯顿在2000年出版的著作（第86页，见参考文献[114]）和惠特利在2014年发表的论文（见参考文献[376]）中所阐述的。

腐败，这种腐败将不会对完成科学任务有害，即不会对产生能够赢得战争、发展经济和改善生活的结果有害)[723]。这种信任的消失也许只是时间问题。二战后公共研发支出的增加肯定会在政客、官员和社会公众中引发怀疑。决策者和普通公众对“军事-产业-科学综合体”的批评，对它无法提供社会所需要物品的指责，都是以逆向选择和道德风险作为主题的：这样的综合体真的是完成预定任务的正确代理人吗？它真的要为自己花费公共资金负责任吗？

站在2016年这个时间点看，这种不满的结果以及所产生的转变是一场绩效评估和问责的狂热，在上升为科学政策的至高无上教义的过程中，绩效评估和问责一直受到科学“经济化”和“商品化”的驱动。这个治理体制也涵盖转型“大科学”。但是，尽管使用中子散射、同步辐射和自由电子激光的科学工作，主要通过面向应用性研发与直接实用，进而与基于创新的经济增长预期核心机制更紧密联系的方式，通常更加严格地符合当今科学决策者的希望和要求，但转型“大科学”装置依然是主要为学术型科学工作，即以发表学术出版物作为主要目标，没有实际应用和商业化的科学工作提供服务的装置。很显然，企图把转型“大科学”装置置于“审计社会”和“知识社会”的严密审查之下对它们来说都是不公平的，无论这些装置被视为基础研究资源（见第五章），还是被视为基于创新的经济增长策源者（见第六章）都是如此。考虑到它们的产出，这些装置与大学的常规研究活动相比确实成本过高而无法激励装置的建设，同时，通过宣传它们作为区域创新体系引擎的作用也过于简单而无法激励装置的建设。此外，如果关于转型“大科学”装置确实是服务装置、能够为他人而非自己提供研究机会的论点得到完整阐述，那么从最简单的意义上说，还存在其他成本更低、产出率更高的科学基础设施。第六章还揭示了在决策者及专家对转型“大科学”的希望与要求和它的知识产出及与经济社会相互作用的现实之间，存在着根本性脱节。

期望/要求与现实之间存在着脱节，绩效评估指标和被评估的知识产生过程的组织动态之间存在着脱节，对科学在社会中作用的看法和科学实际能力之间也存在着脱节，许多原因都源自科学、政治、产业、公共管理、媒体等行动者群体和社会公众之间很自然地缺乏相互了解和共同兴趣。委托-代理关系理论不仅有助于解释为什么这种相互不信任关系会在复杂体系中滋生，还可为分析这种相互不信任给科学治理带来的挑战提供工具。任务异质性、功能专业化和社会分工需要在行动者、行动者群体、组织和体制之间进行授权和形成委托-代理关系。惠特利对一般情况下科学知识产出的内在复杂性和不可预测性进行了非常完整的分析

723 如格林伯格在1999年出版、1999年再版的著作（见参考文献[109]）和2001年出版的著作（见参考文献[110]）中所阐述的。

（见第三章）[724]，这种复杂性和不可预测性加剧了科学工作与政策目标的脱节，政策目标强调迅速和具体的结果，偏好为评估目标的实现设立可理解的指标。在转型“大科学”的具体案例中，政客和专家可能被装置的物理真实性所迷惑，也可能被与工业设备相似的装置运行稳定性及其可预测性所愚弄。但是，中子散射、同步辐射和自由电子激光装置在科学产出方面当然不会比它们所支撑的科学活动更加可预测，或者更加稳定。

四、欧洲和美国

以上讨论的历史过程、机制和框架，其中许多在欧洲和美国之间有很大差异。不同行动者群体之间的关系、体制在促进和阻碍变化中的作用、促成和提出要求的政治，预期在欧洲和美国这两种背景下是不同的，但也会有相似的地方。

第二章简要概述了欧洲和美国二战后的科学技术发展史，并描述了“大科学”形成、发展和最终转型的体制先决条件。美国国家实验室体系在早期被确认为这个过程的一个关键性体制结构，这个结构既为了旧“大科学”（核物理学和粒子物理学）发展，也为了那些随着国家层面优先事项转移而最终成为国家实验室主要活动与任务并构成转型“大科学”的新项目的出现和发展。在那个时候，西欧国家远还没有形成联邦，尽管今天的28国欧盟可能比以往任何时候都更接近于一个联邦，但欧盟框架下的逐渐深化的国家间合作从未涉及“大科学”领域。欧洲核子研究组织（最初被称为西欧核子研究合作组织）曾是欧洲国家对美国在核物理学和粒子物理学中逐渐占据主导地位的回应，但也曾是美国在二战后制定欧洲政策的工具。该组织也曾得到了几个欧洲国家国内核物理学与粒子物理学项目的补充，这些项目在20世纪60至70年代粒子物理学在演变成“巨型科学”之前在科学上持续蓬勃发展，在这十年间，该组织的预算增加了近六倍（见第二章）。欧洲核子研究组织规模与成本增长所带来的合作压力有几种形式，直至今日仍困扰欧洲国家在“大科学”领域的合作：为新合作装置项目选址的程序相当不光彩地揭示了成员国的自身利益，导致装置项目延迟，这种延迟在无处不在的展示为公共物品的团结一致言辞前似乎是令人费解的。类似情况当然也出现在美国“超导超级对撞机”装置项目的选址过程中：在选址方案宣布之前，美国国会对该项目的支持是广泛的，此后迅速减少。但是，“超导超级对撞机”装置项目在许多方面都是一个例外（见下节），在这里也是如此。美国国家实验室体系及其出资人

724 如惠特利在 1984 年首版、2000 年再版的著作（见参考文献 [375]）中所阐述的。

对新的装置项目进行分配，让每个国家实验室都有一个任务的习惯（见第二章），使得美国免受欧洲所经历的装置项目选址困难。

另外，在涉及美国国家实验室和欧洲“大科学”合作的体制背景时，其他几个差异在分析中是高度相关的。首先，欧洲案例中的体制结构缺失似乎也创造了力量：一项协议一旦达成就生效。欧洲合作“大科学”装置项目是以政府间条约或类似条约的协议为基础加以管理的，这些条约或协议几乎不可能被违反，因为它们具有正式的政治/外交影响力，或者因为（违反它们）有着失去信誉和信任的风险。在2008年至2009年全球金融危机和欧洲债务危机之前，欧洲大陆上的跨政府合作除了继续深化之外似乎没有其他可行的途径（参见《罗马条约》[725]序言的一句话：“欧洲各国人民之间日益紧密的联盟”），同时，虽然在任何时候并非所有欧洲国家都充分参与形成联盟的过程，但联盟的非物质吸引力是强大的，在保持高层次协议（有效性）方面更是如此。劳厄·朗之万研究所和“欧洲同步辐射装置”的成功,至少部分归因于由这个强大的体制基础所确保的稳定性。从逻辑上说，这种稳定性有利于欧洲合作装置的科学产出率，因为它培育了资金和组织的可预测性。欧洲和美国政治体制如何运作之间非常实际的差异，从政治上解释了这两个欧洲合作装置相对于美国同类装置所取得的成功。几个欧洲国家之间达成的联合建造与运行一个“大科学”装置的协议，包含了用于建造和运行这个装置的固定资金总量，这些资金在数年内拨付到位。美国联邦预算只是年度预算，因此每年都需要重新协商,同时,政治多数派在美国国会中的转变（选举每两年进行一次）能够戏剧性地改变整个美国国家实验室体系、单个项目及装置的建造和运行资金预算。此外，美国的政府关门（这很罕见，但确实发生过）会暂停所有非基本联邦资金的拨付，因此会中止流向美国国家实验室及在建装置项目的重要现金流。

其次，虽然20世纪70年代至80年代美国几个国家实验室曾发生的任务危机及它们通过完成必要更新显示的体制弹性是广泛体制结构转型的结果，但这种转型是由个体促成、推进和实施的。无论这些个体主要是在幕后和基层推动能够产生世界领先的科学仪器的新计划，还是政府部门、机构及委员会中负责削减资金、推出新研究项目或实施广泛治理改革的政客和官僚，他们似乎在美国被赋予了比在欧洲更大的回旋余地，这是由于欧洲和美国的政治体系在制度安排和内部运作的差异造成的。欧洲的转型“大科学”似乎是通过创造并维持强大和可靠的、有利于技术实力和科学质量的机构而产生和发展起来的，而美国的体制框架似乎更加宽松，允许制度倡导者拥有更多自由，但这不一定产生正面的影响。美国原子

---

725 译者注：《罗马条约》指1957年3月由法国、意大利、比利时、荷兰、卢森堡和西德六国外交部部长在意大利罗马签署的关于建立“欧洲经济共同体”和“欧洲原子能共同体”的两个条约。

能委员会重组为美国能源研究和发展署，此后又重组为美国能源部，阿瑟·施莱辛格就任美国能源部首任部长，“坦普尔评审”的引入，所有这些都给美国国家实验室形成了“挤压”。虽然“特里弗尔皮斯规划”确保了美国几个国家实验室的生存和更新，但通过这个规划获得资金建造的装置和在美国真正开启转型“大科学”时代的装置都不是特别成功。在1997年对美国联邦资助的同步辐射装置的一次最广泛和最全面评审中，无论是阿贡国家实验室的“先进光子源”装置、还是劳伦斯-伯克利国家实验室的“先进光源”装置，都没有表现出不容置疑的强大[726]，橡树岭国家实验室的“散裂中子源”装置此时似乎既远没有与预期相匹配，也远没有与20亿美元标价相匹配，这是美国国家实验室体系在后“超导超级对撞机”时代的民用装置最高标价[727]。在欧洲,大约在美国发生对国家实验室的“挤压”和推出“特里弗尔皮斯规划”的同时，科学界及国家科学政策体系开始从关于资助“CERN II”的痛苦辩论中走了出来，并乘着欧洲主义复兴的浪潮，启动了迄今为止最成功的转型“大科学”装置，即“欧洲同步辐射装置”。因此，尽管大尺度描绘的欧洲和美国二战后科学与科学政策发展历程是非常相似的，但两者的体制更新显然是完全不同的。

在美国，转型“大科学”的更新和发展主要是通过国家实验室生态系统内部重组的演进过程实现的，并伴有一些震动整个系统的显然不连续的事件，但系统的制度弹性似乎承受住了这些震动。在欧洲，转型“大科学”的更新和发展过程是采用不连续推出强大合作项目的方式实现的，这些项目从资源的汇集和连续性的文化中汲取力量。体制更新及其持续性是强大的，但在欧洲和美国的情况却截然不同。欧洲国家从根本上基于（并非完全）它们的历史经验，似乎愿意让更大的稳定目标和“日益紧密的联盟”占据主导地位，而美国似乎倾向于迅速地更新，无论更新源自科学的独创性，还是源自政治的冲动。

但是，欧洲和美国的体系也有相同之处，这使得它们在不作直接比较的情况下并行加以分析成为可能。“大科学”装置，包括中子散射、同步辐射和自由电子激光装置，有着强烈的路径依赖，并与所在地和国家的背景相关联。虽然这些装置在技术和科学上（某种程度上也在组织上，见第四章）挑战了可能的极限，但它们需要同时深深扎根于各种体制之中，其中包括科学界、技术的最佳实践、组织和政治结构等。在这方面，欧洲和美国的相似之处大于彼此的差异。虽然在美国，在默认情况下，一个新的大型装置项目必须在国家实验室的层级里进行构想，并被提升为这个国家实验室的优先事项，但这远不足以确保它取得成功。正

726 如比尔根和沈在 1997 年为美国能源部起草的报告（见参考文献 [21]）中所阐述的。
727 如拉什在 2015 年发表的论文（相应杂志的第 150 页，见参考文献 [309]）中所阐述的。

如马尔伯格[728]指出的那样，装置项目的成功还需要时间安排，需要许多利益相关者和合作伙伴之间“一定程度的相互理解”，这些人有着非常不同的文化，参与合作工作的动机也截然不同。欧洲的情况与美国的情况没有多大差别，尽管很少有体制化的组织体系来主持大型装置项目（并且相关政治先例更少），但不能确定欧洲的大型装置项目需要汲取与连接的资源经济和生态系统比美国的更为复杂。很多人还认为（见第五章和第六章），在涉及鼓励投资、满足期望、展示科学产出率和质量的时候，欧洲和美国这两个体系处于相同的总体压力之下。

五、重新审视用户装置概念

在转型“大科学”中，运行和维持基础设施核心部件（核反应堆和加速器）的统一性力量并没有反映在装置实验性使用的统一性力量之中。恰恰相反，中子散射、同步辐射和自由电子激光装置主要是面向大型和异质组成用户群体（并在这两个方面不断发展）的服务性装置，这个事实意味着这些装置在实验使用方面的去统一性只会增强。功能专业化和社会分工与这种去统一性相辅相成，这就使新的专业职能和角色成为必要。起着关键媒介作用的全职科学家（见第三章）是对越来越需要在装置技术能力与用户科学抱负之间进行调解的响应。全职科学家一只脚踏在装置实验室里，另一只脚踏在用户群体里，弥合了装置与用户群体之间的分离，这是一种在科学产出中显现的分离：报道在中子散射、同步辐射或自由电子激光装置上所进行的、如果没有这些实验资源很可能无法进行工作的学术期刊出版物，可能仅在论文的部分“实验”段落或“致谢”中提及这种关系及关键实验资源的使用。通常，只有那些仔细阅读这些论文的人才会注意到这种关系，像“科学网”这种常规出版物数据库并不提供辨别使用这类实验资源的明确方法（见第五章）。

转型“大科学”装置本质上是多学科性质的，不同实验之间的多样性只是中子散射、同步辐射和自由电子激光作为通用技术作用的逻辑结果[729]。将转型“大科学”与粒子物理学进行对比是很有启发性的：虽然粒子物理的加速器装置可平行和独立地连接多个不同的探测器，但探测器性能与加速器系统的整体性能及其原始设计密切相关。在粒子物理学发展史上，对粒子和粒子间相互作用力的理论预测通常先于对它们的实验探测（或“发现”），这意味着一些加速器系统可按意想

728 如马尔伯格在 2014 年发表的论文（相应杂志的第 231 页，见参考文献 [230]）中所阐述的。

729 如希恩和约尔吉斯在 2002 年发表的论文（见参考文献 [323]）、罗森博格在 1992 年发表的论文（见参考文献 [308]）中所阐述的。

中的非常具体发现或探索领域加以设计，它的性能也可在实验期间和实验之间按这样的考虑进行改进。因此，粒子探测器设计和加速器设计及运行都与科学家的抱负紧密且直接地联系在一起，其中包括那些把眼睛盯在加速器概念与设计的某个具体发现的科学家。中子散射、同步辐射和自由电子激光装置的设计和运行当然也考虑了科学发现的目标，虽然这些考虑不那么具体，但有着更普遍的意义。陪伴这些加速器和核反应堆设计的科学抱负是更广泛的、更普遍的，也是无限制的。这些加速器和核反应堆不仅支撑着可进行不同类型实验工作并相互独立运行的若干个实验站，而且实验站也可随着科学需求的变化而被替换。随着时间的推移，中子散射、同步辐射和自由电子激光的全新应用也可被添加到现有装置之中。至今仍为用户提供服务的许多装置在最初投入运行的时候（见附录2），它们现在所支撑的许多重要实验应用并不存在，还仅仅处于科学思想阶段或者只是理论。

在第三章里，韦斯科夫[730]从认知角度对密集型科学与广泛型科学的区分得到了社会学关于“集中”与“分散”差别的补充。这些概念抓住了由粒子物理实验装置代表的旧“大科学”和由中子散射、同步辐射与自由电子激光装置代表的转型“大科学”之间的差异，如此前段落所述：相比之下，前者在其发展中是完全可预测，也是稳定的，而后三种装置具有内在的灵活性，也是通用的，最重要的是面向自然科学实验中广泛且不断变化（扩展）的应用。

随着这三种装置科学应用的扩展，用户群体也会扩展，在此过程中，科学家与中子散射、同步辐射与自由电子激光装置之间的战略依赖和功能依赖变得越来越重要。因此，转型“大科学”装置实验时间分配的竞争性程序也变得越来越重要，因为这在科学体系里除竞争性资金分配及基于非出版物同行评议的信誉认同和资源分配中添加了另一个实例。对于那些有兴趣在装置上进行独立研究的人来说，“准予”成为日益关键的资源，而发表学术论文则是迄今为止在科学领域确立职业和地位的最重要手段[731]。同样地，在中子散射、同步辐射或自由电子激光装置上获得实验时间可被认为对于开展某些实验研究、获得某些结果来说是必不可少的，因此对于维持和发展个体科学生涯以及团队或部门层面产出率也是至关重要的。转型“大科学”装置提供的跨自然科学学科范围实验资源得到了越来越多的使用，这尤其体现在过去数十年间装置用户数量的急剧增长，也证明了实验时间在若干自然科学学科中作为一种关键资源的重要性日益显现。这给关于科学职业、科学生涯、科学的社会组织及科学内外部奖励体系的长期争论增添了新的色彩。如果在转型“大科学”装置上的实验时间成为一种资源，其在科学工作及职

730 见韦斯科夫 1967 年发表的论文（相应杂志的第 25 页，见参考文献 [368]）。

731 见劳德尔 2006 年发表的论文（见参考文献 [306]）和本书作者 2014 年发表的论文（见参考文献 [128]）。

业追求中的重要性得到进一步提高，可以想象它会改变某些学科领域的整体动态。事实上，有理由认为这样的现象已经出现了。

所有这一切当然使得定义一个转型“大科学”装置的高产出或“卓越”成为一项艰巨任务，也使得设计合理标准来衡量高产出或“卓越”成为一项艰巨任务。这种不确定性在参与装置规划、建造和运行的科学群体里不是什么问题，因为他们依赖于科学领域中信誉认同和奖励的现有方案和标准。然而，这种不确定性对于其他行动者群体（政客、官僚、说客、实业家等）来说是一个更大挑战，他们的参与随着装置显示度增加而变得越来越重要，但他们不一定意识到存在这种不确定性。同时，“大科学”装置在物理意义上依然是大的，“大机器”的耐用性和适应性提供了一些连续性，但“大机器”的物理真实性和宏伟气势有时也会造成错误印象，即它们是经济增长的可靠引擎和知识生产的巨大实体（见第六章）。

如第五章所述，转型“大科学”装置的本地化不应被高估，但也不应被完全忽略。既存在着国际化趋势，即科学家可自由地跨越国界，寻求最有利的实验机会，无论它们可在哪里找到；又存在着本地化倾向，即科学家和整个科学环境在与邻近“大科学”装置共生中变得更加强大。至少在概念上，与此相关的是第六章关于把中子散射、同步辐射和自由电子激光装置过度与区域或国家（经济发展）联系在一起而不利于其长期竞争力这个悖论的讨论。虽然一个区域必须有人才流入，才会产生政客及其他决策者和战略家们如此盼望的动态效应，但相同决策者也可能目光短浅，试图去限制国外用户使用他们投资建造的装置。只要国外用户使用装置保持在合理水平上，这可能不会成为问题，但“合理门槛”位置可能随政治潮流的变化而移动，而且必定存在某种形式的“痛苦门槛”，在这个门槛上，相关国家的政府会作出反应，并要求将它们在某个前沿装置上支付的数亿欧元或美元用来支持其国内科学界的工作。此时，这样的问题无疑就会出现，这就是政府（机构和部门）是否在为本国科学界提供建立相关领域的研发能力以拥有国际竞争力所必需的资源方面尽了自己的努力。

六、作为一种常态的转型“大科学”

把分析放在更广阔的历史视野之中，并将分析再次与科学和社会这个更广阔主题联系起来，不能忽略的是转型“大科学”形成和发展的一个根本动力是粒子物理学的衰落，这打开了物质、资金、社会/组织和文化的空间，在这个空间里，中子散射、同步辐射和自由电子激光技术的使用得以蓬勃发展。从一个角度看，粒子物理学的衰落（如第二章里简要讨论的那样）在该学科整个发展史上也有预示，因为它有着内在的不可逆转的增长。或迟或早，这种增长在某个时刻会变得难以维持，导致该学科的发展遭受毁灭性挫折，并使其丧失在物理学领域的主导地位。

1989年至1991年世界秩序的变化[732]不仅戏剧性地改变了世界政治舞台的动态，同时也在各国内部及政治体系和科学政策体系中产生了深远影响。这个时期，不仅冷战因苏联解体及其东中欧盟国的政局剧变而正式告终。而且，被称为"二战的一代"的最后一大批科学家、决策者及管理者期间要么退休，要么过得很糟，要么去世[733]（图7-3和图7-4）。"超导超级对撞机"装置项目及其消亡象征着上述变化及其后果。赖尔顿等[734]引用了时任超导超级对撞机实验室主任罗伊·施维特斯（Roy Schwitters）[735]的话，施维特斯认为，扼杀"超导超级对撞机"装置项目的经历表明"美国正在丧失做有风险但很重要事情的意愿"，"基本上成为一个希望不惜一切代价降低风险的社会"。当然，在美国国会投票否决这个装置项目后，罗伊·施维特斯作出这个尖刻和愤慨的评论是有道理的，它与此前章节及上文关于科学政策学说转变及其总体科学意义的分析结论产生了很好的共鸣。

图7-3 1978年位于莫斯科地区普罗特维诺的苏联科学院高能物理研究所园区鸟瞰图

732 译者注：应指这个时期发生的苏联解体、东中欧国家政局动荡、两德统一、冷战结束等系列政治事件。

733 如希尔兹克在2015年出版的著作（第435页，见参考文献[154]）中所阐述的。

734 见赖尔顿等2015年出版的著作（第249页，见参考文献[305]）。

735 译者注：罗伊·施维特斯（1944～），现为美国得克萨斯大学奥斯汀分校物理学教授。他在1966年获得麻省理工学院科学学士学位，1971年获得该校的物理学博士学位，然后在斯坦福直线加速器中心任助理教授和副教授，1979年在哈佛大学任教，1980年至1989年担任美国费米国家加速器实验室"对撞机探测器"（Collider Detector at Fermilab，CDF）项目的联合发言人和施工负责人，1989年至1993年担任超导超级对撞机实验室（Superconducting Super Collider Laboratory，SSC Laboratory）主任。引自：https://www.aps.org/programs/honors/prizes/prizerecipient。

图 7-4 苏联科学院高能物理研究所粒子加速器隧道照片

但必须记住，“超导超级对撞机”装置项目被终止的最主要原因是规模过于巨大，尽管它的支持者显然认为这是一项明智和有价值的投资，但这个说法是否是真实的是非常有争议的事情，如果从该装置项目的时代背景及象征意义来看尤为如此。这样，“超导超级对撞机”装置项目，或者更确切的是它的终止，可被看成是“在沙子里画了一根线”，即确定了旧“大科学”可被允许扩张到多远的界限。如同该装置项目的历史所显示的，也如同赖尔顿等[736]在关于该装置项目历史著作的导言中指出的，该装置项目和导致它被取消的一系列事件引发了基本的、似乎属于哲学范畴的问题，这就是一个科学项目的规模究竟能有多大，此前对科学（和“大科学”）看似取之不竭的公共支持究竟在哪里将实际耗尽。该装置项目被取消还提出了关于基础科学与政治、经济和整个社会的其他利益相关者之间联盟的本质的社会学问题，以及这种联盟关系必然因实施类似项目而恶化与紧张的社会学问题。从经验上说，20世纪90年代，似乎在“超导超级对撞机”装置和欧洲的“大型强子对撞机”装置之间存在一条界限，这不仅是一个规模问题（前者的周长是后者的三倍多），而且是政治、管理和组织问题。赖尔顿等写道[737]，“超导超级对撞机”装置项目是作为美国粒子物理学领域的救援任务而被构想、规划和执行的，它显得有些尴尬，受到了来自欧洲的强烈竞争，因此被设计成一个“有声望”的项目。“大型强子对撞机”装置项目在这方面几乎完全相反，它是一项国际合作，寻求并组织了来自世界上几乎所有粒子物理实验室（包括美国国家实

736 见赖尔顿等 2015 年出版的著作（见参考文献 [305]）。
737 见赖尔顿 2015 年出版的著作（见参考文献 [305]）。

验室）的支持和合作，虽然它显然有着自己的声望“色斑”，但也是建立在欧洲核子研究组织作为日内瓦和平合作项目长期遗产基础上的真正的国际性努力。从这个意义上说，“超导超级对撞机”装置项目是朝着“增强”方向的终极举措[738]：它与任何合理的社会相关标准相隔离，也与粒子物理学领域国际合作理念相隔离，而被重塑成纯粹的“有声望”的项目，这与美国里根政府的“国家自豪感”科学政策学说相吻合，也与美国里根政府不惜一切代价在冷战中取得和平胜利的首要政策目标相一致。欧洲核子研究组织的“大型强子对撞机”装置项目同样也是朝着粒子物理学领域“增强”方面努力的项目，但它与“超导超级对撞机”装置项目的差别是它被允许成为现实，这必定是个迹象，表明它被控制在某种合理的政治和体制界限之内，而“超导超级对撞机”装置项目则突破了这个界限。

有人可能认为，“超导超级对撞机”装置项目在转型“大科学”历史记述和分析中不应有如此突出的位置。但是，从赖尔顿等[739]记载的美国领衔物理学家、国家实验室主任和科学政策制定者对1993年“超导超级对撞机”装置项目被取消事件的反应中，可以铭记教训并汲取灵感，这个失败的装置项目对于转型“大科学”进入目前状态和在以“大科学”为标志的科学与社会关系实际转型中都是非常重要的。赖尔顿在引用超导超级对撞机实验室主任罗伊・施维特斯上述言论之前，还引用了他的另一句话[740]，施维特斯总结道，从那时[741]起，“所有科学（项目）必须用更强硬的措辞来说明有正当的理由”。作为对未来发展道路的概括性预言，施维特斯这句话不仅对美国的“大科学”，而且事实上对全球范围内的“大科学”及公共资助的科学（项目）来说几乎都是确凿的。

允许在本节讨论结束时稍微偏离一下规范，正如普莱斯所述[742]，也许可以认为旧“大科学”是“一段让人感到不自在的短暂插曲”。正是以劳伦斯、罗伯特・奥本海默（Robert Oppenheimer）[743]和爱德华・泰勒（Edward

738 如韦斯科夫在 1967 年发表的论文中所阐述的。

739 见赖尔顿等 2015 年出版的著作（见参考文献 [305]）。

740 见赖尔顿等 2015 年出版的著作（第 249 页，见参考文献 [305]）。

741 译者注：应指“超导超级对撞机”装置项目在 1993 年被终止的时候。

742 见普莱斯 1963 年首版、1986 年再版的著作（第 29 页，见参考文献 [298]）。

743 译者注：罗伯特・奥本海默（1904 ~ 1967），美国杰出的物理学家与科学管理者。他在 1925 年从美国哈佛大学本科毕业，随后去英国剑桥大学卡文迪什实验室从事实验工作，因在关于原子结构的开创性工作而享有国际声誉，并在 1927 年获得德国哥廷根大学博士学位。二战期间，他是美国“曼哈顿计划”的组织者和领导人之一，1943 年至 1945 年担任洛斯阿拉莫斯实验室主任，1947 年至 1966 年还担任普林斯顿高级研究所所长。1952 年，在一场对其“忠诚度”的不公平指控中，他失去了美国的“安全许可”，也失去了美国政府最高层科学顾问的职位。引自：https://www.britannica.com/biography/J-Robert-Oppenheimer，访问时间：2022 年 2 月 25 日。

Teller）[744]为代表的一代人创造了旧“大科学”，不仅因为他们的技术创新和科学成就，而且因为他们在负责资助新加速器项目的委员会中担任了主席，在这些委员会里，资助决策者“不仅把他们的决定建立在装置项目提案的客观价值基础之上，而且建立在对申请人声誉及其在各自领域中地位的主观判断基础之上”[745]。也许，旧“大科学”是在深奥的科学和超大型“机器”上浪费开支的重大冒险，这些“机器”聘用数千个人，肯定会创造大量的知识和能力，但这些“机器”也把有权势的人抬高到可以让他们狂妄横行的位置。“超导超级对撞机”装置可以提出这样的建议，但在此之前，美国能源委员会已于1974年解散，据称部分原因是管理不善和缺乏透明度（见第二章）。美国能源委员会先后被“美国能源研究和发展署”和“美国能源部”所取代，虽然这被解释为对国家实验室事务的一种干预并创造了官僚主义，导致对国家实验室的治理更加困难，但这也许是代表决策者的一个可以理解的反应，他们看到粒子物理学继续繁荣发展，同时科学体系的其余部分和社会的大部分普遍遭受经济紧缩带来的痛苦。当然，以同样的思路，科学政策中的“经济化”、“商品化”与“战略转型”也可被视为政治建制对一门被认为在对宇宙起源的自大式深奥研究中失去控制的科学作出的合理反应（见前面章节中关于委托–代理关系的讨论）。当代科学面向更好的材料、更健康和可持续性，也可能被市场驱动的相关性和可衡量产出率的逻辑所腐蚀，但它更倾向于解决被视为真实和相关的问题，至少从问题的外表来看是这样的，而问题的外表在国家和国际科学政策优先顺序游戏中是重要的。

“大科学”的转型在某种程度上是这样转变的典型：这个转变是通过旧“大科学”基本技术的转化并使之适应不那么“密集”但更为“广泛”，不那么“深奥”但更具相关性的广泛范围内应用的要求。一门追求“密集度”的学科，只要它不主张要获得太多的可用于其他地方的资金，就可以朝这个方向继续发展，但它与其他科学领域和社会越行越远。怎样的装置在20世纪90年代里算作是过大的装置，已从“超导超级对撞机”装置的经历得到了十分清晰的证明。转型“大科学”在本质上是“广泛型科学”，可以不受阻碍地跨越学科边界进行扩展，事实上，它

744 译者注：爱德华·泰勒（1908 ~ 2003 年），匈牙利裔美国核物理学家，二战期间参与了美国原子弹的生产，此后领导了美国首枚氢弹研制。他在德国卡尔斯鲁厄理工学院获化学工程学位，随后去慕尼黑大学和莱布尼茨大学，1930 年获物理化学博士学位。他在 1931 年至 1933 年在德国哥廷根大学任教，1935 年去了美国并到乔治·华盛顿大学任教。1954 年，美国政府举行了确定物理学家奥本海默是否是“安全隐患”的听证会，他在会上作出了对奥本海默不利的证词。许多美国核物理学家从未原谅他对奥本海默的背叛。1952 年，他在创建美国劳伦斯 – 利弗莫尔国家实验室中发挥了重要作用，曾任实验室副主任，1958 年至 1975 年任该实验室主任，1953 年至 1970 年还担任美国加州大学伯克利分校物理学教授。引自：https://www.britannica.com/biography/Edward-Teller，访问时间：2021 年 12 月 23 日。

745 如希尔兹克在 2015 年出版的著作（第 435 页，见参考文献 [154]）中所阐述的。

还可以扩展其对货币资源的要求，因为它具有服务科学而不是与大多数学科越行越远的关键品质，因此，它是回归到某种正常状态的“大科学”。

然而，在不那么规范的意义上，转型“大科学”是处于规范化状态的“大科学”，因为科学固有的任务不确定性使得让个体科学家承担科学管理责任成为必要[746]。换句话说，正常状态的科学是在微观层面上加以管理的科学，旧“大科学”是一个非常明显的例外。

七、重新审视“大科学”概念

“大科学”的概念化（见第一章）确定了本书分析的框架，“大资金”从来就不是“大科学”概念化的一部分。原因在于这会对不同的中子散射、同步辐射和自由电子激光装置的成本和产出进行不公平的比较，例如，如果比较“直线加速器相干光源”装置与“欧洲同步辐射装置”的成本和产出（见第五章），这会导致在前者上进行的科学研究比在后者上进行的科学研究昂贵25倍以上。撇开那些对通过计算学术期刊出版物数量来衡量装置科学产出的高度合理反对意见，仅关注成本问题，上述结果在本质上是有缺陷的，表明装置科学产出率不能也不应该用这种方法来衡量。“直线加速器相干光源”装置、“欧洲同步辐射装置”或其他中子散射、同步辐射及自由电子激光装置的运行成本与它们的科学产出之间不存在线性关系，因为大部分在装置上进行实验的科学家有着自己的隶属关系，也有自己在其他地方开展工作所需要的大部分资产，这些资产通常在大学或研究机构里。因此，在资金上，它的“大”在于其他方面。

此外，转型“大科学”无论在资金还是在物质或组织方面都可能被认为不是那么“大”。尽管“大机器”有时很宏伟，作为科学仪器，它们比其他科学仪器都要大得多，但转型“大科学”装置是大量小型科学项目的促进者，这个本质特征使它们与不属于“大科学”范畴的大学或研究机构（至少根据本书所使用的定义是如此）没有多大差别，但转型“大科学”无疑是在小型或常规科学领域里促进广泛研究活动并带来巨大维护和运行成本的“大组织”。第一章曾指出，如果计算一个装置实验室的员工数量并将其与大多数大学及跨国公司的员工数量进行比较，转型“大科学”的“大组织”实际上也没有那么“大”。

所有这一切再次证明了“大科学”概念在分析上的“不可管理性”，也再次揭示了如果“大科学”概念被过度简单化，而且被简化到容易传播的要点上，关

746 如惠特利在 1984 年首版、2000 年再版的著作（第 14 页，见参考文献 [375]）中所阐述的。

于“大科学”在科学和社会中的内涵、作用及意义的讨论将成为悖论并走进死胡同。在复杂现象研究中，细节和细微差别是优点而不是缺点，带有辩证色彩的分析可以是具有创造性和启发性的讨论，而不仅仅是自相矛盾且没有结论的叙述。几乎所有可用的证据，包括本书评述和引用的资料，都表明当代科学的社会和智力组织是高度复杂和多样性的，也表明转型“大科学”不是这种社会和智力组织的一个例外，而是一种有着让人着迷特征的现象，还表明这是当代科学的一个日益重要但严重分析不足的现象。同时，在考虑科学的现状和它的组织、政治及其与社会联系中，存在着还原论者的“稳定产出”、被简化（因此是歪曲）的概念化和结论。研究科学政策和科学组织的学者们漫不经心地使用类似“模式2”、“后常规科学”这样的流行语；有着激进议程的学者和专家们对管理实践中的“新自由主义”或“管理主义”进行了全面指责，并为“后现代”认识论（和本体论）大声疾呼；政策制定者和官僚们声称正在为促进“动态全球化的知识经济”增长而建设创新体系，同时又依赖过度笼统的国际排名和出版物/被引用数计量来评估他们所谓的“卓越”。

与此同时，跨学科交流与合作的机会和动力可能比以往任何时候都大，这种交流和合作尝试新的跨越学科边界的研究问题方法，放弃过于简单的学科分类和定义，有利于深化和扩展对当前现象的认识，这尤其得益于信息技术的发展和（国际）流动性的日益增强。但是，颇具讽刺意义的是，僵硬的学科划分和学术界中与之相联系的普遍顽固无能/不感兴趣，在不同的经验焦点领域、不同的理论视角和不同的方法学之间依然存在。

毫无疑问，大量非常有用和启发性研究对科学政策与组织研究、科学在社会中作用研究，更具体地说对此处讨论的转型“大科学”现象研究作出了真正有贡献的补充。此外，类似“模型2”、“管理主义”、“创新体系”甚至“卓越”那样的概念有着各自的长处，如果其局限性及能力能够被认识，这些概念有着潜在的用途，引申开来，它们必须在互相之间和与其他可对手头问题增添解释价值的概念对比中加以使用，从而成为深思熟虑分析的一部分。这既适用于理论和方法（如第一章所讨论的），也适用于经验性素材的选择（在全书中都是显而易见的）。为了尽可能多地解释复杂主题的各个方面，对它们的分析应当非常谨慎地进行，并采用开放和折中的方法。

记者马特·雷德利（Matt Ridley）[747]在其科普著作《万物进化》中，提出了用

---

747 译者注：马特·雷德利（1958 ~），英国记者，英国上议院议员，著名科普作家，因其在科学、环境学与经济学领域的著作而闻名。他早年在伊顿公学求学，1983 年获得牛津大学莫德林学院生物学博士学位，随后担任《经济学人》科学编辑，后担任驻华盛顿记者，并成为《每日电讯》专栏作家，2010 年到 2013 年为《华尔街日报》撰写专栏文章，2013 年起至今为《时代》撰写科学、环境与经济学专栏文章。引自：https://book.douban.com/author/151145/，访问时间：2022 年 2 月 22 日。

进化论方法来记述和分析历史的理由，指出存在着“两种讲述20世纪故事的方法”，一个方法是通过描述“一系列战争、革命、危机、流行病及金融灾难”来讲述这个世纪的故事，另一个方法是通过描述“这个星球上的几乎每个人的生活质量在经历收入膨胀、征服疾病、消灭血吸虫、消除匮乏、和平日益持久、生命延长及技术进步中温和地但不可阻挡地提升”来讲述这个世纪的故事[748]。“魔鬼在细节之中”，这个成语通常被认为源于“上帝在细节之中”这句话，它形象地表示了细节对理解事物本质和变化的重要性。科学史应以这样的方式加以审视，即让其本质的复杂性和引人入胜的细节得以展现。此外，仔细使用概念框架和来自各种理论线索的分析工具有助于探究科学史的复杂性和细节的公正性，这些理论线索可被结合在一起，使得历史记述之后分析和讨论有更高的解释力。这样，“讲述20世纪故事”这个复杂主题能够被适当地表达、分析和论证，读者也可从中获得信息，受到启发。确实地，给出这个主题过于简单看法的宏观层面过程和事件在连接读者的普遍意识中尤为有用，也有助于在更广泛意义上为社会科学及公众建立历史相关性。虽然可以通过描述战争、灾难、经济危机、超大型项目失败来书写20世纪下半叶的科学史和“大科学”史，所有这些无疑都对所记述的这段历史产生了巨大影响，都应在其中占有一席之地，但通过复杂微观过程来记述、分析和解释科学史不仅是可能的，而且确实是明智的，这些微观过程似乎在进化，或者是“温和但不可阻挡”的。这并不是说微观层面的历史事件和过程是受社会或技术决定论支配的，而是说它们在塑造重大历史事件和过程的作用是值得关注的。在很大程度上，“大科学”的转型在科学史上扮演了这样的角色，尽管（迄今为止）本书所记述和（部分）分析的“大科学”转型的事件及过程仿佛发生在世界科学舞台之外。

748 如雷德利在 2015 年出版的著作（第 317 页，见参考文献 [304]）中所阐述的。

附录 1

中子散射、同步辐射和自由电子激光的科学和技术

所有的中子散射装置、同步辐射装置和自由电子激光装置都是技术的独特组合，由具有相似独特技术种类的组织运行。但是，在技术、组织和科学使用方面，这三类装置的某些基本特征是共有的。

将所有中子散射装置、同步辐射装置和自由电子激光装置在根本上联系在一起的是它们都向外部研究群体提供关键实验资源，包括中子或X射线，及其他的辐射，这些研究群体临时来装置实验室进行实验工作，这些实验工作又是他们日常研究项目的一部分。除了极少数例外，用户事先已申请了实验时间，他们的工作在不同的实验站上进行，这些实验站是为特定应用设计和建造的，用户有时也在技术上对实验站进行改进，这也是用户实验工作的一部分。

粒子物理学，就其本身而言，有着截然不同的技术结构和社会学结构。作为对比，图A-1示意性地（为了清晰起见过度简化地）显示了用于粒子对撞的"机器"的布局，通常，这类机器不被称为"加速器"，而被称为"对撞机"。两束粒子（通常是电子、正电子或质子）或者在分离的管道里，或者在同一管道里以相反的方向（图A-1中以箭头表示）被加速，导致在相互作用区域内（图A-1中以矩形框表示）迎头对撞，在这个区域里，探测器记录下对撞的结果，这些都是因此可被辨别的更小组成粒子的痕迹。为了简单起见，图A-1画出了两个相互作用区域，但实际的对撞机可以有更多的相互作用区域，在欧洲核子研究组织的"大型强子对撞机"装置中，三个探测器在直径很大的环的三个不同点上同时运行，希格斯玻色子是2012年在该装置上被发现的。对于为实现粒子对撞的加速器，它的运行致力于保持尽可能高的电流（表示粒子束内的粒子数目），致力于保持粒子束的聚焦

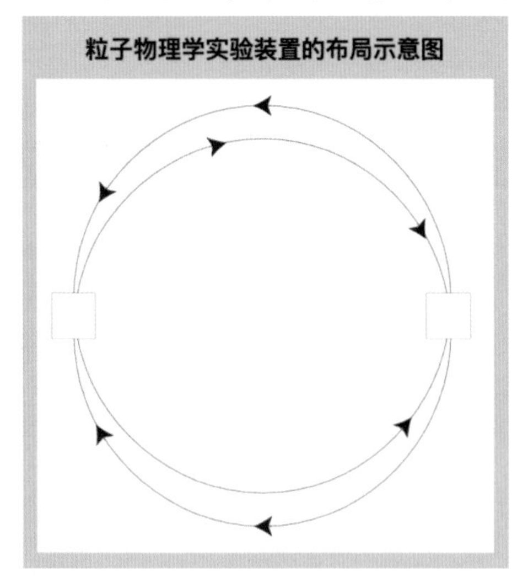

图 A-1 粒子物理学实验装置的布局示意图

（即在维持电流强度的同时使粒子束的横截面积尽可能小），由此增加亮度，或提高两束粒子的相互作用水平，这是检测到粒子碰撞中发生“感兴趣事件”的概率[749]。这些圆形加速器（对撞机）在粒子物理实验装置发展史中占据了主导地位，但直线加速器也被用于粒子物理实验，例如，美国SLAC国家加速器实验室的最初“机器”就是一台长为3.5km的直线加速器（这也给了该实验室的最初名字，即“斯坦福直线加速器中心”，英文缩写为“SLAC”）[750]。

图A-1（以下图A-2、图A-3和图A-5也是如此）没有标出“预加速器”或“注入器”，在这个部件中，电子或质子在被注入到主加速器环之前首先被加速至所需要的速度或能量。在这些图或图A-3与图A-5（它们也描绘了各种类型基于加速器的装置）中，也没有显示加速器的磁聚焦结构及射频腔（在环形加速器中）与速调管[751]（在直线加速器中），射频腔或速调管给粒子提供能量，换句话说，对粒子进行加速[752]。在这方面，为粒子物理实验建造的加速器和为产生中子、同步辐射或自由电子激光建造的加速器是相似的：它们的基本功能是将粒子加速到很高的速度，虽然加速的目的并不相同，但它们的基本技术设置是相似的。类似地，环形加速器和直线加速器有一个共同点，这就是粒子具有与周围所有物质相互作用的倾向，并因此而消失，这意味着粒子束在其中传输的管道必须保持高真空状态，即保持很低的气体压力，创造与维持这种状态的本身也是一个挑战[753]。大量不同类型的磁铁也被用来保持粒子束的聚焦和位置，并在数个粒子束同时被存储或加速的情况下将它们分离[754]。但是，无论加速器的磁铁及其他部件多么复杂，电流（粒子束中电子的数量）将自然地减少，必须被重新补充，以维持高的亮度（粒子物理实验装置，见图A-1），或者维持高的辐射强度（同步辐射装置和自由电子激光装置，见图A-2和图A-3），或者保持高的通量（基于加速器的中子散射装置，见图A-5）。

图A-2给出了典型同步辐射装置布局示意图。图中，黑色圆圈表示加速器（或者更准确地说是储存环），电子在加速器中被加速（其运动方向用箭头表示），并在直线段（图中用黑色圆圈上的灰色方框表示）中穿过拐角处的偏转磁铁或插入件（见下文），电子在这里转向并产生辐射，辐射通过切向光束线（图中用灰色

---

749 如泽斯勒（A.Sessler）和威尔逊（E. Wilson）在2007年出版的著作（第80页，见参考文献[316]）中所阐述的。

750 如加利森等在1992年发表的论文（见参考文献[96]）中所阐述的。

751 译者注：速调管指通过周期性调制电子注入速度来产生或放大微波的电子器件。

752 如泽斯勒（A.Sessler）和威尔逊（E. Wilson）在2007年出版的著作（第36页，见参考文献[317]）中所阐述的。

753 如玛格丽通德在2002年出版的著作（第59～60页，见参考文献[234]）中所阐述的。

754 如马克斯（N.Marks）在1995年发表的论文（相应杂志的第325页，见参考文献[235]）中所阐述的。

线表示）到达实验站（图中用白色方框表示）。多个实验站同时接受辐射，因此可独立地和平行地运行。一些光束线可在两个实验站之间共享，实验站是否同时运行，或者辐射是否依次指向其中的一个实验站，取决于它们的技术配置和所支持的实验类型。一个同步辐射装置可容纳的光束线和实验站数量在根本上取决于储存环的尺寸和安装存储环建筑物的设计，但是，光束线和实验站也非常昂贵，只有那些科学界有明确需求的光束线和实验站得以建造和维持，这意味着一个储存环的最大物理容量不总是得到利用。与粒子物理实验装置的加速器类似，同步辐射装置加速器的技术操作主要是维持电子束的电流与聚焦，但在这种情况下，操作的目的是提高辐射亮度。虽然用来产生同步辐射的储存环和用于粒子物理实验的储存环在基本功能和部件上是相似的，但在加速器设计、建造与运行的具体技术解决方案层次上，两者是不相同的。

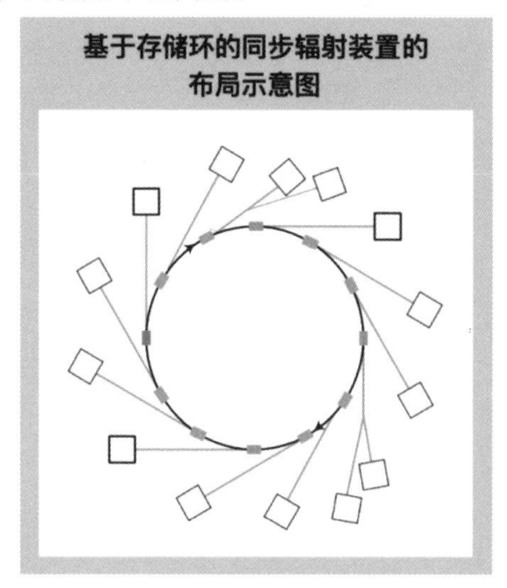

图 A-2 基于存储环的同步辐射装置的布局示意图

环形加速器极少是圆的，而是多边形的，第一次同步辐射实验仅使用了来自被置于多边形各个角落的磁铁的辐射，在这些地方，辐射自然地出现了。这是因为存在一个基本的自然法则：任何高能高速基本粒子当其运动轨道弯曲时就会丢失能量。正如麦克斯韦在19世纪60年代预测的那样，这些粒子丢失的能量将以电磁辐射形式沿弯曲处的切线方向向外发射[755]。

早期同步加速器和储存环的偏转磁铁仅在那里保持粒子在预定轨道上运动，并在一个大平面角内产生同步辐射，这不是很高效的，因为仅有很小一部分角度

755 如布莱维特在 1998 年发表的论文（相应杂志的第 135 页，见参考文献 [22]）中所阐述的。

的辐射能够被利用[756]。因此，当“插入件”技术在20世纪70年代末成熟的时候，它能够使同步辐射装置性能实现显著跨越。插入件是磁铁阵列，被放置在多边形储存环的直线部分。在那里，插入件使电子束偏转很多次，不仅发出更强的辐射，而且在特定波长范围形成强度峰值[757]。存在两种类型插入件：其中一种插入件被称为“扭摆器”，它本质上就像一系列偏转磁铁，因此主要被用来提高辐射强度；另一种插入件被称为“波荡器”，它是固体磁铁阵列，使电子束以特定模式振荡，从而使电子束在事先设计的特定波长范围内集聚并产生具有峰值强度的辐射[758]。插入件使得同步辐射装置的性能取得重大跨越，从某种意义上说，插入件技术的成熟使得同步辐射得以成熟，从而成为自然科学的“主流”实验技术[759]。

在同步辐射装置中，一些技术装置也被放置在储存环与实验站之间，以聚焦和偏振光束并分离出辐射波长。不同的实验需要不同波长的辐射，用于同步辐射产生的典型储存环可发射从红外、可见光到紫外及X射线的全波段辐射，换句话说，辐射的波长范围从数百μm到1Å（1nm的1/10）以下。插入件是为在特定波长范围内实现辐射峰值来设计的，但在辐射被传输到实验站的路径中，“单色器”需要被用来过滤辐射的波长。反射镜、透镜和光栅也被用来聚焦辐射束，并实现辐射的偏振，提高辐射的相干性，这是一些实验所要求的。

图A-3给出了两种类型自由电子激光装置的布局示意图。图中的长黑线表示直线加速器，电子在这里得到加速并通过很长的波荡器线（图中用灰色方框表示）。在波荡器里，电子产生激光，激光通过光束线（图中用灰线表示）传输到一个接着一个排布的实验站（图中用白色方框表示实验站，以使激光通过暂时没有使用的实验站）或者相邻排布的实验站（这意味着激光束需要用反射镜来定向）。在这两种情况下，每个时刻只有一个实验站可使用激光，因此一次只能进行一个实验。自由电子激光是同步辐射的一个改进，它为新型实验提供了机会，主要原因有两个。首先，自由电子激光装置产生的X射线是完全相干的，这是激光与其他辐射的显著区别，导致在几乎所有测量中有着明显更高的细节水平。激光束流的时间结构可控，这意味着可获得极短脉冲的X射线，使得时间分辨研究成为可能[760]。虽然在某些方面自由电子激光装置与同步辐射装置是相似的，例如，两者都使用加速器和波荡器，还包括真空技术、实验站的基本布局等其他一些共同点，但在产生辐射背后的技术略有不同。自由电子激光依赖SASE（自放大自发辐射）

756 如玛格丽通德在 2002 年出版的著作（第 30 页，见参考文献 [234]）中所阐述的。

757 如玛格丽通德在 2002 年出版的著作（第 10 ～ 18 页，见参考文献 [234]）中所阐述的。

758 如克雷斯在 2008 年发表的论文（相应杂志的第 447 页，见参考文献 [55]）中所阐述的。

759 见本书作者和海因茨 2015 年发表的论文（相应杂志的第 844 页，见参考文献 [133]）。

760 如费尔德豪斯（J.Feldhaus）等在 2005 年发表的论文（相应杂志的第 800 页，见参考文献 [88]）中所阐述的。

效应，即辐射是通过电子在很长波荡器线里与相同电子相互作用产生的，从而放大光束，提高光束亮度和相干性[761]。

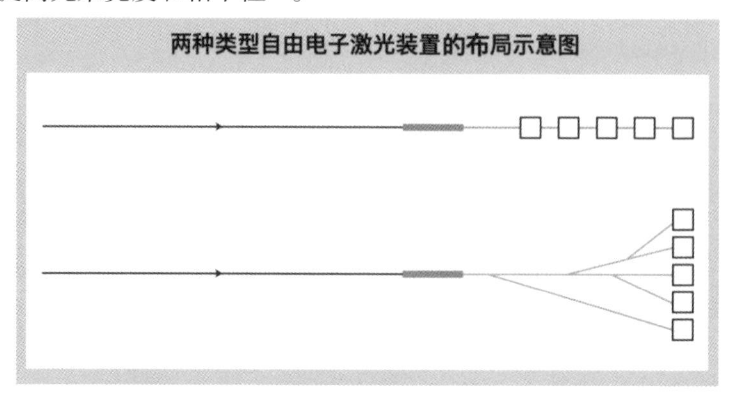

图 A-3 两种类型自由电子激光装置的布局示意图

图A-4给出了基于核反应堆的中子散射装置的布局示意图。位于中心位置的黑色圆圈表示核反应堆，在这里，中子通过核裂变产生，通过束线（或者中子导向装置）扩散到绕核反应堆排布的实验站（图中用白色方框表示）。所有实验站在任何时候都接收中子，因此可平行运行，并不会降低其他实验站的性能水平。共用中子导向装置的实验站使用不同“波长”（速度）的中子，由于核反应堆产生“波长”范围很大的中子，因此共用中子导向装置的实验站在中子使用上是互补的，彼此的性能也不会受到影响。

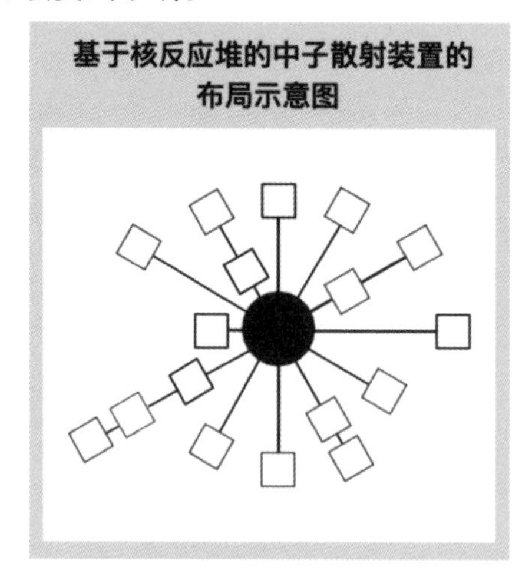

图 A-4 基于核反应堆的中子散射装置的布局示意图

761 如艾玛（P.Emma）等在 2010 年发表的论文（见参考文献 [79]）中所阐述的。

图A-5给出了基于加速器的中子散射装置（散裂中子源）的典型布局示意图。图中的长线表示直线加速器，在这里，质子被加速并撞向目标区域（图中用相对较小的黑色圆圈表示），在这个目标区域里，中子通过散裂得以产生，并通过中子导向装置扩散到实验站（图中用白色方框表示）。就像图A-4所示基于核反应堆的中子散射装置一样，所有实验站在任何时候都接受中子，因此能够平行地运行，并且不会降低每个实验站的性能水平。基于核反应堆的中子散射装置与散裂中子源之间的主要差别是后者产生脉冲中子束。在核反应堆里，中子是通过裂变产生的，这是一个连续过程，但在散裂中子源里，质子以脉冲形式轰击到靶位上，这意味着中子也是以脉冲形式从此处释放出来。因此，在一定程度上，中子脉冲的长度和频率是被操控的。

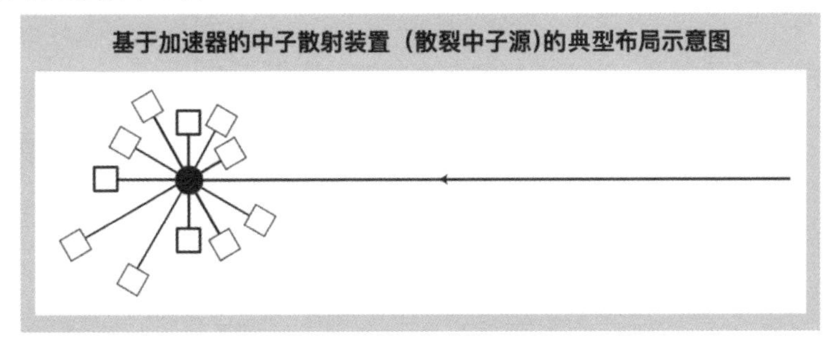

图A-5　基于加速器的中子散射装置（散裂中子源）的典型布局示意图

“散裂”的原意是“碎裂”，这也是散裂中子源的基本功能：质子被加速到很高的能量，去轰击中子密度非常高的靶区材料（如汞、钨或铋-铅合金），把这里的大量中子轰击出来，这些中子通过导向装置被引导到实验站[762]。以同步辐射装置和自由电子激光装置为一方面，以中子散射装置（包括基于核反应堆的中子散射装置和基于加速器的中子散射装置）为另一方面，这两个方面之间的主要技术差异是同步辐射和自由电子激光能够通过使用反射镜、光栅和透镜被聚焦与定向，所产生的辐射束也可通过以不同方式对储存环或直线加速器内电子的行为给予影响来加以放大。这意味着从电子被注入加速器直至实验站的途径中，存在着若干可被略作调整从而以不同方式改进辐射质量的技术参数。就其本身而言，中子很难聚焦与引导，因为中子是中性的，因此它们的运动或定向不能通过磁铁、透镜及其他类似物件加以操控。因此，中子散射装置（包括基于核反应堆的中子散射装置和基于加速器的中子散射装置）必定非常依赖它们能够产生的中子量，换言

762　如伯格伦（K.E.Berggren）和马蒂奇（A.Matic）在2012年发表的论文（相应论文集的第31页，见参考文献[18]）中所阐述的。

之，依赖质子撞击靶区材料的力量或"机器"的效力。对提高"机器"效力的需求曾一度驱动了散裂中子源概念的发展（除了实现中子脉冲的期望之外），至今仍是散裂中子源的核心技术挑战，迫使散裂中子源尝试实现越来越高的质子加速效力、进而实现靶区越来越高的中子产出（中子通量）。

以上图A-2、图A-3、图A-4和图A-5很好地说明了中子散射装置、同步辐射装置和自由电子激光装置的基本物理布局是如何将它们联系在一起的：所有装置都使用一个技术核心部件（一台加速器或一个核反应堆）来产生辐射束或中子束，辐射束或中子束被传输到实验站并在那里得到使用。实验站平行地运行，用于不同类型的实验，重要的是实验站彼此隔离。只要加速器或核反应堆按预期运行，并把中子或辐射传输到实验站，实验站彼此就可独立运行，一个实验站的设备故障不会对其他实验站产生影响，类似地，一个实验站的实验成功通常既不为活跃在其他实验站的用户和核反应堆或加速器的操作者所了解，也没有任何直接意义。

这些装置与粒子物理实验装置的差别是显而易见的，可以说，在粒子物理实验装置里，加速器是按意向中的不同发现区域（甚至按特定粒子的发现）来设计和建造的。粒子物理学的常用同义词是"高能物理学"，这个词本身就是对这一点的说明，表示粒子物理学整个学科依赖于仅用非常大加速器才能实现的高能量的事实。为输出中子、同步辐射和自由电子激光而建造的加速器和核反应堆采用通用和无确定目标的设计。这些装置的用途事先并不为人所知，甚至在装置开始运行也是如此，除了非常粗略的应用轮廓和关于中子与电磁辐射如何被用作实验工具的基本原理之外。

不但所有使用中子的实验工作，而且同步辐射和自由电子激光应用的重要部分，都可被准确地称为"散射"。中子束或电磁辐射（X射线、紫外线或红外光）被轰击到所研究的材料样品上，进而在样品上散射出去。探测器（与数码相机非常相似）被放置在样品的周围，以记录散射的中子或辐射的模式，因此，样品的某些特征，如分子结构就可被绘制出来。对于大得足以用肉眼可观察到的物体，X射线的优势是它具有揭示物体内部结构的能力，就像医疗设备或机场安检设备。这个方法通常被称为"成像"，它已成为医学、环境研究、古生物学、考古学和艺术史研究的一个重要工具，或者换句话说，它适用于所有需要在极高细节层面上研究物体的领域。"成像"方法唯一的真实缺点是X射线在剂量过大的情况下，不仅对活体材料构成伤害，而且对科学家希望研究其内部结构的许多材料与物体构成伤害。在这里，中子派上了用场：中子是中性的，而且是无害的，通常对所有被研究的样品不产生影响。此外，中子能够穿透固态物体和大块坚硬材料，如铁、钢和陶瓷，因此可被用来提供X射线无法揭示其内部结构物体的"X射线图像"。中子的缺点是它们的中性使得它们几乎不可能被转向、聚焦和加速，但它们可被相对简单地减速，这对某些实验是有用的。

中子和X射线的真正优势在于肉眼看不见的层面上，比如原子和分子结构等，因此，中子和X射线散射实验可以发挥重要作用。使用X射线测定生物大分子结构是X射线在生命科学领域中的一项重要应用（见下文），但中子散射和X射线散射还被用来开展化合物分子和原子结构的其他大范围研究。中子不仅是非破坏性的，而且可被用来同时揭示化合物和元素的原子结构，以及如磁性等的其他一些特性[763]。使用脉冲中子源，处于运动状态的大型物体的时间分辨研究得以进行，例如对运动中内燃机内部和类似大型机器结构“拍摄电影”。因此，在某些研究领域，中子对于实验来说是绝对重要的。中子散射的一个缺点是中子在某些材料中产生放射性，这使实验后样品的处理变得复杂。

高强度同步辐射，尤其是所谓“硬”X射线的高强度同步辐射的可用性是最为重要的。在X射线的性质被认识之前，X射线的波长还未被确定，那些具有高穿透力的X射线被命名为“硬”X射线，其他的被称为“软”X射线（同样地，“X射线”这个名字也产生于这个时期，“X”表示“未知”）。今天，“硬”和“软”两类X射线大致对应于这样的波长范围：“软”X射线的波长范围从1nm到1Å；“硬”X射线的波长范围从1Å到1/10Å。高强度的“硬”X射线特别适用于分子的结构测定，它通常是在被称为“衍射”和“结晶学”的测量中进行的，本质上是分析样品中为达到一定纯度而被结晶的分子和化合物的各种X射线散射，进而绘制出组成分子和原子的几何结构。今天，在同步辐射装置上进行的最大规模实验活动之一是使用X射线衍射来确定类似蛋白质的大分子结构，这与生命科学，尤其是制药工业有着巨大的相关性[764]。然而，X射线衍射技术也经常被用于远大于分子的材料和其他物体的研究，还被用于非生物化合物的结构测定。

可以说，同步辐射在科学领域的最重要影响及其用户群体的最重要扩展，是20世纪90年代及此后同步辐射在生命科学领域应用的增长，远超出了散射/衍射技术及仪器的改进带来的影响。图A-6给出了这方面的例子，即20世纪末至今年每年借助同步辐射解析并被存入“蛋白质数据银行”的蛋白质结构数目。这个数据的真正增长始于20世纪90年代中期，2014年，有8888个借助同步辐射解析的蛋白质结构被存入了“蛋白质数据银行”。图A-6所描绘的发展和生命科学研究者在使用同步辐射中所描述的其他几种增长模式，归因于辐射处理和探测器技术的改进，归因于冷却技术、自动化技术、用于数据处理与解释的计算机软件技术的发展，也归因于为生物学家和生物化学家提供适宜的实验环境、加强用户支持的特别努力。

---

763 如伯格伦和马蒂奇在2012年发表的论文（相应论文集的第34页，见参考文献[18]）中所阐述的。

764 如霍姆斯（K.G.Holmes）在1998年发表的论文（相应杂志的第618页，见参考文献[162]）中所阐述的。

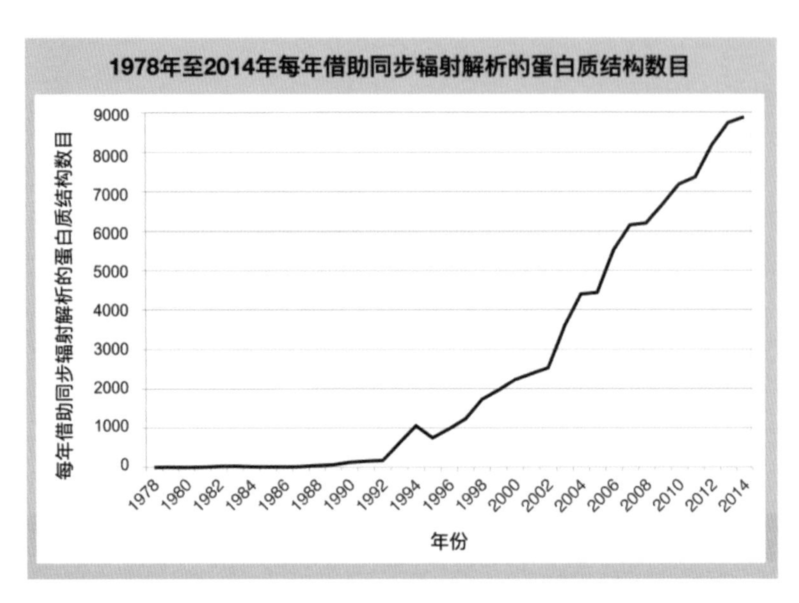

图 A-6 1978 年至 2014 年每年借助同步辐射解析并被存入"蛋白质数据银行"的蛋白质结构数目，来源：蛋白质数据银行，2016 年

那些没有散射的同步辐射装置和自由电子装置实验应用属于光谱学的范畴，此时，辐射通过迫使原子中的电子离开原来位置来干扰原子的电子结构。不同的元素可接受不同波长的辐射，运动中的电子可发射元素特有波长的辐射，这种辐射本身可被检测到，或可触发揭示化合物在电子、原子和分子层次上信息的其他事件。不仅X射线，而且紫外辐射和红外辐射可被用于这样的光谱学研究，所有这些辐射都可以高强度的形式产生，并用同步辐射装置和自由电子激光装置被操控到特定的偏振与相干性。各种光谱技术被用于材料性能的研究，包括结构、强度、硬度、导电性、磁性及其对外部压力与温度等变化影响的承受能力。除了高亮度、偏振辐射并使其相干之外，同步辐射还具有可在一定波长范围内连续调谐的优势，这是特别有用的，因为元素对应于不同的波长[765]。在这方面，一个早期同步辐射应用的重要例子是1974年在"斯坦福同步辐射项目"上开展的"扩展X射线吸收谱精细结构"实验，这个实验表明在光谱学技术方面，同步辐射与其他X射线源相比较能够实现性能的巨大跨越。"扩展X射线吸收谱精细结构"技术发明人之一的法雷尔·莱特尔（Farrell Lytle），在"斯坦福同步辐射项目"（装置）上进行了三天的实验，就获得了与他此前十年里使用自己实验室的设备得到的同样多的数据[766]。

自由电子激光通常被称为"第四代"或"下一代"光源，因此也被视为是基

765 如蒙罗在 1996 年发表的论文（见参考文献 [265]）中所阐述的。

766 见本书作者 2015 年发表的论文（相应杂志的第 239 页，见参考文献 [129]）。

于储存环同步辐射光源的“续篇”。但是，自由电子激光可能应当被视为通过使用直线加速器和超长插入件来产生紫外和X波段激光、对同步辐射某些极端性能参数作出彻底和非常具体的改进，可被用于一些非常专业的实验。自由电子激光特有的极端高亮度辐射、辐射的相干性及其获得仅为飞秒（一千万亿分之一秒）脉冲的能力开启了新的实验机会，这些实验和简单直接的表征与实验分类背道而驰。虽然人们所熟知的学科类别（如“原子、分子和光学”、“生物学”、“化学”等）被宣传为位于加利福尼亚州的美国SLAC国家加速器实验室“直线加速器相干光源”装置产生的自由电子激光的科学受益者，但相关仪器的描述却避开了这些学科类别，指出了与该装置特定技术性能相关的应用领域，如“相干X射线成像”、“极端条件下的物质”、“大分子飞秒晶体学”等（见第三章）。

表A-1给出了在“欧洲同步辐射装置”、劳厄·朗之万研究所和“直线加速器相干光源”装置公布的学术期刊出版物中10个最为常见的主题领域类别（这些主题领域类别由“科学网”数据库定义并分配给各学术期刊），以显示这些装置使用的学科广度。在这三个装置之间，既存在明显的相似之处，又有差别。这份表格应当谨慎地加以阅读，因为数据有一些警告（见第五章），但作为使用中子散射、同步辐射和自由电子激光装置的科学类别和学科广度的一般性说明，该表是非常合适的。

表 A-1　在“欧洲同步辐射装置”、劳厄·朗之万研究所和“直线加速器相干光源”公布的2014年学术期刊出版物中10个最为常见的“科学网”定义的主题领域类别，按降序排列，来源：“科学网站”数据库，“欧洲同步辐射装置”、劳厄·朗之万研究所的联合学术出版物数据库、“直线加速器相干光源”装置在线出版物列表，见本书第五章中相关分析的详细数据

“欧洲同步辐射装置”	劳厄·朗之万研究所	“直线加速器相干光源”
多学科材料科学	物理化学	多学科科学
生物化学和分子生物学	多学科材料科学	物理化学
物理化学	生物化学和分子生物学	多学科材料科学
应用物理学	多学科化学	应用物理学
多学科化学	生物物理学	光学
凝聚态物质物理学	应用物理学	凝聚态物质物理学
细胞生物学	多学科物理学	生物化学研究方法
生物物理学	结晶学	纳米科学和纳米技术
纳米科学和纳米技术	原子、分子和化学物理	原子、分子和化学物理
高分子科学	凝聚态物质物理学	生物化学和分子生物学
冶金学和冶金工程	高分子科学	细胞生物学
多学科物理学	无机化学和核化学	多学科化学
结晶学	多学科科学	结晶学
生物技术和应用微生物学	纳米科学和纳米技术	材料科学，陶瓷

附录2给出了截至2015年末在欧洲和美国正在运行和建设的中子散射装置、同步辐射装置和自由电子激光装置的列表。这份列表并非详尽无遗，但包含了拥有完善用户计划的主要装置。如果不是全部的话，这些装置的大部分是根据某些共同原则组织的，其中也有一些变化[767]。正如本书反复指出的那样，中子散射装置、同步辐射装置和自由电子激光装置大部分是用户装置。这意味着这些装置建有一系列实验站并进行运行和维护，来自大学和其他公共研究组织（如研究所）的科学家、来自企业界的一些用户可临时作为访问者使用这些实验站。实验时间被免费提供给那些在某个截止时间（通常一年一次）提交并通过由装置召集的专家委员会同行评议的实验方案的任何用户。用户通常有义务在学术期刊、专著或会议文献上公开发表其实验工作的结果（请注意，此处的“公开”并不意味着“开放获取”，而只是学术性的、非专利的和出版物发表），并向装置提交相关出版物的书目详细信息和/或印刷品。如果来自企业的用户不想发表实验结果，他们只需通过购买实验时间来缩短整个过程。一些装置提供类似基于网络的实验远程访问接口等服务，这类服务在技术设置上相对简单，一些装置甚至向科学家提供将样品寄至装置，由专业人员进行分析并反馈分析数据的可能性。

有关中子散射装置、同步辐射装置和自由电子激光装置组织的综合性描述和分析见第三章。有关文献计量数据的全面分析和有关用户群体及装置产出率的更广泛讨论见第五章。

767 通过用户政策例子，可注意到各装置之间的个体变化并加以比较，这些例子可在如美国“散裂中子源”装置网站（网址：http://neutrons.ornl.gov/users）、“欧洲同步辐射装置”网站（网址：http://www.esrf.eu/UsersAndScience）、运行中子散射装置SINQ和同步辐射源装置SLS的瑞士保罗·舍勒研究所网站（网址：https://www.psi.ch/science/psi-user-labs）和附录2所列其他大部分装置的网站上找到。

附录 2

2015 年欧洲和美国正在运行与建造的主要同步辐射、自由电子激光和中子散射用户装置名录

一、基于核反应堆的中子源，连续束流型

1. 位于美国田纳西州的“橡树岭国家实验室”（Oak Ridge National Laboratory）（美国联邦研究实验室）的“高通量同位素反应堆”（High-Flux Isotope Reactor，HFIR）装置，1966年开始运行。

2. 位于美国马里兰州盖斯特堡的“国家标准与技术研究所”（National Institute of Standards and Technology，NIST）（美国政府机构）的“NIST中子研究中心”（NIST Center for Neutron Research，NCNR）装置，1969年开始运行。

3. 位于法国格勒诺布尔的“劳厄·朗之万研究所”（Institute Laue Langevin，ILL）（欧洲跨政府合作项目，法国私人公司）装置，1972年开始运行。

4. 位于德国柏林的“赫尔姆霍柏林中心”（Helmholz-Zentrum Berlin）（德国联邦研究实验室）的“柏林研究反应堆2”（Berlin Research Reactor 2，BER-2）装置，1973年开始运行。

5. 位于法国萨克雷的“利昂·布里渊实验室”（Laboratoire Léon Brillouin）（法国国家研究实验室）的“俄耳甫斯”（Orphée）装置，1980年开始运行。

6. 位于德国慕尼黑的“慕尼黑工业大学”（Technische Universität München）的“慕尼黑研究反应堆Ⅱ”（Forschungsreaktor München Ⅱ，FRM-Ⅱ）装置，2002年开始运行。

二、基于加速器的（散裂）中子源，脉冲型

7. 位于英国牛津郡“阿普尔顿·卢瑟福实验室”（Rutherford Appleton Lab）（英国国家研究实验室）的“ISIS”装置，1985年开始运行。

8. 位于美国新墨西哥州洛斯阿拉莫斯的“洛斯阿拉莫斯国家实验室”（Los Alamos National Lab）（美国联邦研究实验室）的“洛斯阿拉莫斯中子科学中心”（Los Alamos Neutron Science Center，LANSCE）装置，1988年开始运行。

9. 位于美国田纳西州橡树岭的“橡树岭国家实验室”（美国联邦研究实验室）的“散裂中子源”（Spallation Neutron Source，SNS）装置，2006年开始运行。

10. 位于瑞典隆德的“欧洲散裂中子源”（European Spallation Source，ESS）装置（欧洲跨政府合作项目），正在建造中，计划2020年开始运行。

三、基于加速器的（散裂）中子源，连续束流型

11. 位于瑞士维利根的“保罗·舍勒研究所”（Paul Scherrer Institute，PSI）（瑞士联邦研究实验室）的“SINQ”装置，1996年开始运行。

四、在储存环上寄生的同步辐射装置（第一代同步辐射光源）

12. 位于美国纽约州伊萨卡的“康奈尔大学”（Cornell University）的“康奈尔高能同步加速器源”（Cornell High Energy Synchrotron Source，CHESS）装置，1980年开始运行。

五、在紫外 / 软 X 射线波长范围得到优化并使用偏转磁铁的基于储存环同步辐射装置（第二代同步辐射光源）

13. 位于美国威斯康星麦迪逊的“威斯康星大学”（University of Wisconsin）的“阿拉丁”（Aladdin）装置，1981年开始运行。

14. 位于美国纽约州厄普顿的“布鲁克海文国家实验室”（Brookhaven National Laboratory）（美国联邦研究实验室）的“国家同步加速器光源”（National Synchrotron Light Source，NSLS）装置（第一个环），1982年开始运行。

15. 位于瑞典隆德的“隆德大学”（Lund University）的“MAX Ⅰ”装置，1987年开始运行。

16. 位于丹麦奥胡斯的“ISA储存环装置中心”（ISA Center for Storage Ring Facilities）（丹麦国家研究实验室）的“丹麦奥胡斯储存环”（Aarhus STorage RIng in Denmark，ASTRID）装置，1990年开始运行。

六、在硬 X 射线波长范围得到优化并使用偏转磁铁的基于储存环同步辐射装置（第二代同步辐射光源）

17. 位于美国纽约州厄普顿的“布鲁克海文国家实验室”（美国联邦研究实验室）的“国家同步加速器光源”（National Synchrotron Light Source，NSLS）装置（第二个环），1984年开始运行。

七、在紫外/软X射线波长范围得到优化并专为使用插入件设计的基于储存环同步辐射装置（第三代同步辐射光源）

18. 位于意大利的里雅斯特的“的里雅斯特电子同步加速器”（Elettra Sincrotrone Trieste）装置（意大利国家研究实验室），1993年开始运行。

19. 位于美国加利福尼亚州伯克利的“劳伦斯-伯克利国家实验室”（Lawrence Berkeley National Lab）（美国联邦研究实验室）的“先进光源”（Advanced Light Source，ALS）装置，1993年开始运行。

20. 位于德国多特蒙德的“多特蒙德技术大学”（Technische Universität Dortmund）的“多特蒙德电子储存环”（Dortmund Electron Storage Ring Facility，DELTA）装置，1995年开始运行。

21. 位于瑞典隆德的“隆德大学”的“MAX Ⅱ”装置，1997年开始运行。

22. 位于德国柏林的“赫尔姆霍柏林中心”（德国联邦研究实验室）的“BESSY Ⅱ”装置，1998年开始运行。

23. 位于瑞典隆德的“隆德大学”的“MAX Ⅲ”装置，2007年开始运行。

24. 位于丹麦奥胡斯的“ISA储存环装置中心”（丹麦国家研究实验室）的“丹麦奥胡斯储存环2”（Aarhus STorage RIng in Denmark 2，ASTRID 2）装置，2012年开始运行。

25. 位于瑞典隆德的“隆德大学”的“MAX Ⅳ”（小环）装置，正在建造中，计划2016年开始运行。

八、在硬X射线波长范围得到优化并专为使用插入件设计的基于储存环同步辐射装置（第三代同步辐射光源）

26. 位于法国格勒诺布尔的“欧洲同步辐射装置”（European Synchrotron Radiation Facility，ESRF）（欧洲跨政府合作项目，法国私人公司），1994年开始运行。

27.位于美国伊利诺伊州阿贡的“阿贡国家实验室”（Argonne National Laboratory）（美国联邦研究实验室）的“先进光子源”（Advanced Photon Source，APS）同步辐射装置，1996年开始运行。

28. 位于瑞士维利根的“保罗·舍勒研究所”（瑞士联邦研究实验室）的“瑞士光源”（Swiss Light Source，SLS）装置，2001年开始运行。

29. 位于德国卡尔斯鲁厄的“卡尔斯鲁厄技术研究所”（Karlsruhe Institute

of Technology）（德国联邦研究实验室）的“安卡”（ANgstromquelle KArslruhe，ANKA）装置，2003年开始运行。

30. 位于美国加利福尼亚州门罗公园的“SLAC国家加速器实验室”（SLAC National Accelerator Laboratory）（美国联邦研究实验室）的“长矛3”（SPEAR3）装置，1974年开始运行，2003年完成主体升级。

31. 位于法国圣奥宾的“太阳”（Soleil）装置（法国国家研究实验室），2006年开始运行。

32. 位于英国牛津郡的“钻石”（Diamond）装置（英国国家研究实验室），2007年开始运行。

33. 位于德国汉堡的“德国电子同步加速器”（Deutsches Elektronen SYnkrotron，DESY）机构（德国联邦实验室）的“质子-电子串列环形加速器Ⅲ”（PETRA Ⅲ）装置，2009年开始运行。

34. 位于西班牙巴塞罗那的“阿尔巴”（ALBA）装置（西班牙国家研究实验室），2010年开始运行。

35. 位于美国纽约州厄普顿的“布鲁克海文国家实验室”（美国联邦研究实验室）的“国家同步加速器光源Ⅱ”（National Synchrotron Light Source，NSLS-Ⅱ）装置，正在建造中，计划2015年开始运行。

36. 位于瑞典隆德的“隆德大学”的“MAX Ⅳ”（大环）装置，正在建造中，计划2016年开始运行。

37. 位于波兰克拉科夫的“索拉利斯”（Solaris）装置（波兰国家研究实验室），正在建造中，计划2016年开始运行。

九、基于直线加速器的自由电子激光装置

38. 位于德国汉堡的“德国电子同步加速器”机构（德国联邦实验室）的“汉堡自由电子激光”（Free Electron Laser Hamburg，FLASH）装置，2005年开始运行。

39. 位于美国加利福尼亚州门罗公园的“SLAC国家加速器实验室”（美国联邦研究实验室）的“直线加速器相干光源”（Linac Coherent Light Source，LCLS）装置，2009年开始运行。

40. 意大利的里雅斯特的“的里雅斯特电子同步加速器机构”（意大利国家研究实验室）的“用于多学科研究的自由电子激光辐射”（Free Electron Laser Radiation for Multidisciplinary Investigations，FERMI）装置，2010年开始运行。

41. 位于德国汉堡的“欧洲X射线自由电子激光”（European XFEL）装置（欧

洲跨政府合作项目，德国私人公司），正在建造中，计划2016年开始运行。

42. 位于瑞士维利根的“保罗·舍勒研究所”（瑞士联邦研究实验室）的“瑞士自由电子激光”（Swiss FEL）装置，正在建造中，计划2017年开始运行。

资料来源：更新数据来自拉什[768]和本书作者与海因茨[769]发表的论文。

768 见拉什2015年发表的论文（相应杂志的第152页，见参考文献[309]）。

769 见本书作者和海因茨2015年发表的论文（相应杂志的第843页，见参考文献[133]）。

参 考 文 献

[1] Acs, Z. J., Audretsch, D. B., & Feldman, M. P. (1994). R & D spillovers and recipient firm size. The Review of Economics and Statistics, 76 (2), 336–340.

[2] Adams, J. D., Black, G. C., Clemmons, J. R., & Stephan, P. E. (2005). Scientific teams and institutional collaborations: Evidence from U.S. universities,1981–1999. Research Policy, 34, 259–285.

[3] Agrell, W. (2012). Framing prospects and risk in the public promotion of ESSScandinavia. Science and Public Policy, 39, 429–438.

[4] Allison, G., & Zelikow, P. (1999/1971). Essence of decision: Explaining the Cuban missile crisis. Pearson.

[5] ALS Publication Database. (2016). http://alsusweb.lbl.gov/4DCGI/WEB_GetForm2/PublicationReportSubmitMenu.shtml. Last accessed 14 Jan 2016.

[6] Andreasen, L. E. (1995). Europe's next step: Organisational innovation, competition and employment. Routledge.

[7] Ansell, J. (2013). Transforming big pharma. Farnham: Gower Publishing.

[8] Appleby, P. H. (1945). Big democracy. New York: Knopf.

[9] Aronova, E., Baker, K. S., & Oreskes, N. (2010). Big science and big data in biology: From the international geophysical year through the international biological program to the Long Term Ecological Research (LTER) network, 1957–present. Historical Studies in the Natural Sciences, 40 (2), 183–224.

[10] Arrow, K. (1974). The limits of organization. New York: WW Norton.

[11] Atkinson, H. (1997). Commentary on the history of ILL and ESRF. In J. Krige & L. Guzzetti (Eds.), History of European scientific and technological cooperation. Luxembourg: Office for Official Publications of the European Communities.

[12] Bacon, G. E. (Ed.). (1986a). Fifty years of neutron diffraction. The advent of neutron scattering. Bristol: Adam Hilger.

[13] Bacon, G. E. (1986b). Introduction: The pattern of 50 years. In G. E. Bacon(Ed.), Fifty years of neutron diffraction. The advent of neutron scattering. Bristol: Adam Hilger.

[14] Barletta, W. A., & Winick, H. (2003). Introduction to special section on future light sources. Nuclear Instruments and Methods in Physics Research A, 500 (1–3), 1–10.

[15] Barnard, C. I. (1938). The functions of the executive. Cambridge: Harvard University Press.

[16] Battilana, J., Leca, B., & Boxenbaum, E. (2009). How actors change institutions: Towards a theory of institutional entrepreneurship. The Academy of Management Annals, 3, 65–107.

[17] Berggren, K.-F., & Hallonsten, O. (2012). Timeline of major events. In O. Hallonsten (Ed.), In pursuit of a promise: Perspectives on the political process to establish the European Spallation

Source (ESS) in Lund, Sweden. Lund: Arkiv Academic Press.

[18] Berggren, K.-F., & Matic, A. (2012). Science at the ESS: A brief outline. In O. Hallonsten (Ed.), In pursuit of a promise: Perspectives on the political process to establish the European Spallation Source (ESS) in Lund, Sweden. Lund: Arkiv Academic Press.

[19] Berman, E. P. (2012). Creating the market university. How academic science became an economic engine. Princeton: Princeton University Press.

[20] Berman, E. P. (2014). Not just neoliberalism: Economization in US science and technology policy. Science, Technology, & Human Values, 39(3), 397–431.

[21] Birgeneau, B., & Shen, Z. X. (1997). Report of the Basic Energy Sciences Advisory Committee Panel on D.O.E. synchrotron radiation sources and science. Washington, DC: US Department of Energy's Office of Science's Office of Basic Energy Sciences.

[22] Blewett, J. P. (1998). Synchrotron radiation—Early history. Journal of Synchrotron Radiation, 5, 135–139.

[23] Bloor, D. (1976). Knowledge and social imagery. Boston: Routledge.

[24] Bodnarczuk, M. (1997). Some sociological consequences of high-energy physicists' development of the standard model. In L. Hoddeson, L. M. Brown, M. Riordan, & M. Dresden (Eds.), The rise of the standard model: Particle physics in the 1960s and 70s. New York: Cambridge University Press.

[25] Bodnarczuk, M., & Hoddeson, L. (2008). Megascience in particle physics: The birth of an experiment string at Fermilab. Historical Studies in the Natural Sciences, 38 (4), 508–534.

[26] Böhme, G., Van den Daele, W., & Krohn, W. (1973). Die Finalisierung der Wissenschaft. Zeitschrift fur Soziologie, 2 (2), 128–144.

[27] Borup, M., Brown, N., Konrad, K., & van Lente, H. (2006). The sociology of expectations in science and technology. Technology Analysis & Strategic Management, 18, 285–298.

[28] Bourdieu, P. (1975). The specificity of the scientific field and the social conditions of the progress of reason. Social Science Information, 14 (6), 19–47.

[29] Bourdieu, P. (1988). Homo academicus. Stanford: Stanford University Press.

[30] Bragg, W. H., & Bragg, W. L. (1913). The reflection of X-rays by crystals. Proceedings of the Royal Society of London A, 88 (605), 428–438.

[31] Braun, D. (1993). Who governs intermediary agencies? Principal-agent relations in research policy-making. Journal of Public Policy, 13 (2), 135–162.

[32] Braun, D., & Guston, D. H. (2003). Principal–agent theory and research policy: An introduction. Science and Public Policy, 30 (5), 302–308.

[33] Briggs, G. A. (1986). Twenty years (or so) of science at the ILL: A view from the Secretariat. In

G. E. Bacon (Ed.), Fifty years of neutron diffraction. The advent of neutron scattering. Bristol: Adam Hilger.

[34] Brown, N., & Michael, M. (2003). A sociology of expectations: Retrospecting prospects and prospecting retrospects. Technology Analysis & Strategic Management, 15, 3–18.

[35] Butler, L. (2003). Explaining Australia's increased share of ISI publications—The effects of a funding formula based on publication counts. Research Policy, 32, 143–155.

[36] Cahn, R. W. (2001). The coming of materials science. Amsterdam: Pergamon. Capoccia, G., & Kelemen, R. D. (2007). The study of critical junctures: Theory, narrative, and counterfactuals in historical institutionalism. World Politics, 59 (3), 341–369.

[37] Capoccia, G., & Kelemen, R. D. (2007). Th e study of critical junctures: Th eory, narrative, and counterfactuals in historical institutionalism. *World Politics*, 59(3), 341–369.

[38] Capshew, J. H., & Rader, K. A. (1992). Big science: Price to the present. Osiris 2nd series, 7, 3–25.

[39] Carrier, M., & Nordmann, A. (Eds.). (2011). Science in the context of application. Dordrecht: Springer.

[40] CERN Annual Reports. (1955–2014). https://cds.cern.ch/collection. Last accessed 17 Dec 2015.

[41] Christianson, J. R. (2000). On Tycho's Island: Tycho Brahe, science, and culture in the sixteenth century. New York: Cambridge University Press.

[42] Cipolla, C. M. (1980). Before the industrial revolution: European society and economy, 1000–1700. London: Routledge.

[43] Coenen, C. (2010). Deliberating visions: The case of human enhancement in the discourse on nanotechnology and convergence. In M. Kaiser, M. Kurath, & S. Maasen (Eds.), Governing future technologies, sociology of the sciences yearbook 27. Dordrecht/Heidelberg/London/New York: Springer.

[44] Coleman, J. (1982). The asymmetric society. Syracuse: Syracuse University Press.

[45] Coleman, J. (1986). Social theory, social research, and a theory of action. American Journal of Sociology, 91 (6), 1309–1335.

[46] Coleman, J. (1990). Foundations of social theory. Cambridge, MA: Harvard University Press.

[47] Coleman, J. (2009). Individual interests and collective action: Studies in rationality and social change. Cambridge: Cambridge University Press.

[48] Collins, H. M. (1981). Stages in the empirical programme of relativism. Social Studies of Science, 11 (1), 3–10.

[49] Cooke, P., Gomez Uranga, M., & Etxebarria, G. (1997). Regional innovation systems: Institutional and organizational dimensions. Research Policy, 26, 475–491.

[50] Crawford, E., Shinn, T., & Sölin, S. (Eds.). (1992). Denationalizing science. Dordrecht/Boston: Kluwer.

[51] Crease, R. P. (1999). Making physics: A biography of Brookhaven National Laboratory, 1946–1972. Chicago: The University of Chicago Press.

[52] Crease, R. P. (2001). Anxious history: The high flux beam reactor and Brookhaven National Laboratory. Historical Studies in the Physical and Biological Sciences, 32 (1), 41–56.

[53] Crease, R. P. (2005a). Quenched! The ISABELLE Saga, I. Physics in Perspective, 7, 330–376.

[54] Crease, R. P. (2005b). Quenched! The ISABELLE Saga, II. Physics in Perspective, 7, 404–452.

[55] Crease, R. P. (2008a). The national synchrotron light source, part I: Bright idea. Physics in Perspective, 10, 438–467.

[56] Crease, R. P. (2008b). Recombinant science: The birth of the Relativistic Heavy Ion Collider (RHIC). Historical Studies in the Natural Sciences, 38 (4), 535–568.

[57] Crease, R. P. (2009). The national synchrotron light source, part II: The bakeout. Physics in Perspective, 11, 15–45.

[58] Crow, M., & Bozeman, B. (1998). Limited by design. R&D Laboratories in the U.S. national innovation system. New York: Columbia University Press.

[59] Cukier, K., & Mayer-Schonberger, V. (2013). Big data: A revolution that will transform how we live, work and think. London: Murray.

[60] Dahlin, K. B., Weingart, L. R., & Hinds, P. J. (2005). Team diversity and information use. The Academy of Management Journal, 48 (6), 1107–1123.

[61] David, P. A., Mowery, D., & Steinmueller, W. E. (1994). Analysing the economic payoffs from basic research. In D. Mowery (Ed.), Science and technology policy in interdependent economies. Boston: Kluwer.

[62] Deem, R., Hillyard, S., & Reed, M. (2007). Knowledge, higher education, and the new managerialism. Oxford: Oxford University Press.

[63] Dicken, P. (2007/1986). Global shift. Mapping the changing contours of the world economy (5th ed.). The Guilford Press.

[64] DiMaggio, P. J. (1988). Interest and agency in institutional theory. In L. Zucker (Ed.), Institutional patterns and organizations. Cambridge: Ballinger.

[65] DiMaggio, P., & Powell, W. W. (1983). The iron cage revisited: Institutional isomorphism and collective rationality in organizational fields. American Sociological Review, 48, 147–160.

[66] DOE. (1993). Neutron sources for America's future. Report of the Basic Energy Sciences Advisory Committee Panel on Neutron Sources. US Department of Energy Office of Energy Research.

[67] DOE. (2007). Four years later: An interim report on facilities for the future of science: A twenty-year outlook. August 2007. Washington, DC: US Department of Energy.

[68] DOE BES. (1996). Department of energy FY 1996 congressional budget request. Energy supply, research and development. Overview. Basic energy sciences. US Department of Energy.

[69] DOE BES. (2013). Department of energy FY 2014 congressional budget request. Energy supply, research and development. Overview. Basic energy sciences. US Department of Energy.

[70] DOE User Statistics. (2014). http://science.energy.gov/user-facilities/userstatistics. Last accessed 4 Dec 2015.

[71] Doing, P. (2015). Epistemic politics at work: National policy, an upstate New York synchrotron, and the rise of protein crystallography. In M. Merz & P. Sormani (Eds.), The local configuration of new research fields on regional and national diversity. Cham: Springer.

[72] Dosi, G., Llerana, P., & Labini, M. S. (2006). The relationships between science, technologies and their industrial exploitation: An illustration through the myths and realities of the so-called "European paradox". Research Policy, 35 (10), 1450–1464.

[73] DRI. (1996). The economic impact of the proposed Canadian light source. Report, DRI Canada, 416-360–8885.

[74] Drucker, P. F. (1947). Big business. London: Heinemann.

[75] Drucker, P. F. (1969). The age of discontinuity: Guidelines to our changing society. New York: Harper & Row.

[76] Elder, F. R., Gurewitsch, A. M., Langmuir, R. V., & Pollock, N. C. (1947). Radiation from electrons in a synchrotron. Physical Review Letters, 71, 829–830.

[77] Elzinga, A. (1997). The science-society contract in historical transformation: With special reference to "epistemic drift". Social Science Information, 36, 411–445.

[78] Elzinga, A. (2012). Features of the current science policy regime: Viewed in historical perspective. Science and Public Policy, 39 (4), 416–428.

[79] Emma, P., et al. (2010). First lasing and operation of an ångstrom-wavelength free-electron laser. Nature Photonics, 4, 641–647.

[80] ESFRI. (2003). Medium to long-term future scenarios for neutron-based science in Europe. European Strategy Forum on Research Infrastructures' Working Group on Neutron Facilities.

[81] ESRF Highlights. (1994–2014). http://www.esrf.eu/UsersAndScience/Publications/Highlights. Last accessed 17 Dec 2015.

[82] ESRF and ILL Joint Publication Database. (2016). http://epn-library.esrf.fr:9090/flora_illesrf/servlet. Last accessed 11 Jan 2016.

[83] ESS. (2015). European Spallation Source Activity Report 2015. European Spallation Source.

[84] Esser, H. (1993). The rationality of everyday behavior. Rationality and Society, 5 (1), 7–31.

[85] Etzkowitz, H., & Leydesdorff, L. (2000). The dynamics of innovation: From national systems and "mode 2" to a triple helix of university- industry-government relations. Research Policy, 29, 109–123.

[86] European Commission. (2015). Commission implementing decision (EU) 2015/1478 of 19 August 2015 on setting up the European Spallation Source as a European Research Infrastructure Consortium (European Spallation Source ERIC). Official Journal of the European Union, L 225/16.

[87] Fay, C. N. (1912). Big business and government. New York: Moffat, Yard & Co.

[88] Feldhaus, J., Arthur, J., & Hastings, J. B. (2005). X-ray free-electron lasers. Journal of Physics B, 38, S799–S819.

[89] Fleming, L., Mingo, S., & Chen, D. (2007). Collaborative brokerage, generative creativity, and creative success. Administrative Science Quarterly, 52 (3), 443–475.

[90] Freeman, C. (1987). Technology policy and economic performance: Lessons from Japan. London/New York: Pinter.

[91] Friedrich, W., Knipping, O., & Laue, M. (1913). Interferenzerscheinungen bei Rötgenstrahlen. Annalen der Physik, 346 (10), 971–988.

[92] Funtowicz, S. O., & Ravetz, J. R. (1993). The emergence of post-normal science. In R. Schomberg (Ed.), Science, politics, and morality. Scientific uncertainty and decision making. Dordrecht/Boston: Kluwer.

[93] Gaddis, J. L. (2005/1982). Strategies of containment: A critical appraisal of American national security policy during the Cold War (2nd ed.). New York: Oxford University Press.

[94] Galison, P. (1997). Image and logic: A material culture of microphysics. Chicago: The University of Chicago Press.

[95] Galison, P., & Hevly, B. (Eds.). (1992). Big science—The growth of large-scale research. Stanford: Stanford University Press.

[96] Galison, P., Hevly, B., & Lowen, R. (1992). Controlling the monster: Stanford and the growth of physics research, 1935–1962. In P. Galison & B. Hevly (Eds.), Big science: The growth of large-scale research. Stanford: Stanford University Press.

[97] Garfield, E. (1955). Citation indexes to science: A new dimension in documentation through association of ideas. Science, 122, 108–111.

[98] Gaubert, A., & Lebeau, A. (2009). Reforming European space governance. Space Policy, 25, 37–44.

[99] Geiger, R., & Sa, C. (2008). Tapping the riches of science. Cambridge, MA: Harvard University Press.

[100] Geuna, A. (1998). The internationalisation of European universities: A return to medieval roots. Minerva, 36, 253–270.

[101] Gibbons, M., Limoges, C., Nowotny, H., Schwartzman, S., Scott, P., & Trow, M. (1994). The new production of knowledge. London: Sage.

[102] Giddens, A. (1991). The consequences of modernity. Stanford: Stanford University Press.

[103] Ginsberg, B. (2011). The fall of the faculty. The rise of the all-administrative university and why it matters. New York: Oxford University Press.

[104] Godin, B. (2009). National innovation system. The system approach in historical perspective. Science, Technology, & Human Values, 34 (4), 476–501.

[105] Goldthorpe, J. H. (1998). Rational action theory for sociology. British Journal of Sociology, 49, 167–192.

[106] Graham, L. R. (1992). Big science in the last years of the Soviet Union. Osiris 2nd series, 7, 49–71.

[107] Granberg, A. (2012). ESS as a creator of conflict and collaboration in the Swedish scientific community. In O. Hallonsten (Ed.), In pursuit of a promise: Perspectives on the process to establish the European Spallation Source (ESS) in Lund. Lund: Arkiv Academic Press.

[108] Grande, E., & Peschke, A. (1999). Transnational cooperation and policy networks in European science policy-making. Research Policy, 28, 43–61.

[109] Greenberg, D. S. (1999/1967). The politics of pure science (2nd ed.). Chicago: The University of Chicago Press.

[110] Greenberg, D. S. (2001). Science, money and politics: Political triumph and ethical erosion. Chicago: The University of Chicago Press.

[111] Greenberg, D. S. (2007). Science for sale: The perils, rewards, and delusions of campus capitalism. Chicago: The University of Chicago Press.

[112] Gusterson, H. (1996). Nuclear rites. A weapons laboratory at the end of the Cold War. Berkeley: University of California Press.

[113] Guston, D. H. (1996). Principal-agent theory and the structure of science policy. Science and Public Policy, 23 (4), 229–240.

[114] Guston, D. H. (2000). Between politics and science: Assuring the integrity and productivity of research. Cambridge/New York: Cambridge University Press.

[115] Guston, D. H. (2014). Understanding “anticipatory governance”. Social Studies of Science, 44 (2), 218–242.

[116] Hacking, I. (1983). Representing and intervening: Introductory topics in the philosophy of natural science. Cambridge: Cambridge University Press.

[117] Hacking, I. (1996). The disunities of the sciences. In P. Galison & D. J. Stump (Eds.), The disunity of science: Boundaries, contexts and power. Stanford: Stanford University Press.

[118] Hall, P. A. (2010). Historical institutionalism in rationalist and sociological perspective. In J. Mahoney & K. Thelen (Eds.), Explaining institutional change: Ambiguity, agency, and power. Cambridge: Cambridge University Press.

[119] Hallonsten, O. (2009). Small science on big machines: Politics and practices of synchrotron radiation laboratories. Doctoral thesis, Lund University, Lund.

[120] Hallonsten, O. (2011). Growing big science in a small country: MAX-lab and the Swedish Research Policy System. Historical Studies in the Natural Sciences, 41 (2), 179–215.

[121] Hallonsten, O. (Ed.). (2012a). In pursuit of a promise: Perspectives on the political process to establish the European Spallation Source (ESS) in Lund, Sweden. Lund: Arkiv Academic Press.

[122] Hallonsten, O. (2012b). Contextualizing the European Spallation Source: What we can learn from the history, politics, and sociology of big science. In O. Hallonsten (Ed.), In pursuit of a promise: Perspectives on the political process to establish the European Spallation Source (ESS) in Lund, Sweden. Lund: Arkiv Academic Press.

[123] Hallonsten, O. (2012c). Continuity and change in the politics of European scientific collaboration. Journal of Contemporary European Research, 8 (3), 300–318.

[124] Hallonsten, O. (2013a). Introducing facilitymetrics: A first review and analysis of commonly used measures of scientific leadership among synchrotron radiation facilities worldwide. Scientometrics, 96 (2), 497–513.

[125] Hallonsten, O. (2013b). Myths and realities of the ESS project: A systematic scrutiny of readily accepted “truths”. In T. Kaiserfeld & T. O’Dell (Eds.), Legitimizing ESS: Big science as a collaboration across boundaries. Lund: Nordic Academic Press.

[126] Hallonsten, O. (2014a). The politics of European collaboration in big science. In M. Mayer, M. Carpes, & R. Knoblich (Eds.), The global politics of science and technology—Vol. 2. Berlin: Springer.

[127] Hallonsten, O. (2014b). How expensive is big science? Consequences of using simple publication counts in performance assessment of large scientific facilities. Scientometrics, 100 (2), 483–496.

[128] Hallonsten, O. (2014c). How scientists may “benefit from the mess”: A resource dependence perspective on individual organizing in contemporary science. Social Science Information, 53 (3), 341–362.

[129] Hallonsten, O. (2015a). The parasites: Synchrotron radiation at SLAC, 1972–1992. Historical Studies in the Natural Sciences, 45 (2), 217–272.

[130] Hallonsten, O. (2015b). Unpreparedness and risk in big science policy: Sweden and the European Spallation Source. Science and Public Policy, 42 (3), 415–426.

[131] Hallonsten, O., & Heinze, T. (2012). Institutional persistence through gradual adaptation: Analysis of national laboratories in the USA and Germany. Science and Public Policy, 39, 450–463.

[132] Hallonsten, O., & Heinze, T. (2013). From particle physics to photon science: Multidimensional and multilevel renewal at DESY and SLAC. Science and Public Policy, 40, 591–603.

[133] Hallonsten, O., & Heinze, T. (2015). Formation and expansion of a new organizational field in experimental science. Science and Public Policy, 42 (6), 841–854.

[134] Hallonsten, O., & Heinze, T. (2016). "Preservation of the laboratory is not a mission". Gradual organizational renewal in national laboratories in Germany and the United States. In T. Heinze & R. Münch (Eds.), Innovation in science and organizational renewal. Historical and sociological perspectives. New York: Palgrave Macmillan.

[135] Hechter, M. (1987). Principles of group solidarity. Berkeley: University of California Press.

[136] Heidler, R., & Hallonsten, O. (2015). Qualifying the performance evaluation of big science beyond productivity, impact and costs. Scientometrics, 104, 295–312.

[137] Heilbron, J. L., Seidel, R. W., & Wheaton, B. R. (1981). Lawrence and his laboratory: Nuclear science at Berkeley 1931–1961 (Office for History of Science and Technology). Berkeley: University of California.

[138] Heinze, T., & Bauer, G. (2007). Characterizing creative scientists in nano-S&T: Productivity, multidisciplinarity, and network brokerage in a longitudinal perspective. Scientometrics, 70 (3), 811–830.

[139] Heinze, T., & Münch, R. (2012). Intellektuelle Erneuerung der Forschung durch institutionellen Wandel. In T. Heinze & G. Krücken (Eds.), Institutionelle Erneuerungsfähigkeit der Forschung. Wiesbaden: VS-Verlag.

[140] Heinze, T., Shapira, P., Rogers, J. D., & Senker, J. M. (2009). Organizational and institutional influences on creativity in scientific research. Research Policy, 38, 610–623.

[141] Heinze, T., Heidler, R., Heiberger, H., & Riebling, J. (2013). New patterns of scientific growth. How research expanded after the invention of scanning tunneling microscopy and the discovery of Buckminsterfullerenes. Journal of the American Society for Information Science and Technology, 64, 829–843.

[142] Heinze, T., Hallonsten, O., & Heinecke, S. (2015). From periphery to center: Synchrotron radiation at DESY, part I: 1962–1977. Historical Studies in the Natural Sciences, 45 (3), 447–492.

[143] Hellström, T. (2011). Homing in on excellence: Dimensions of appraisal in Center of Excellence program evaluations. Evaluation, 17 (2), 117–131.

[144] Henke, C. R., & Gieryn, T. (2007). Sites of scientific practice: The enduring importance of place. In E. J. Hackett, O. Amsterdamska, M. Lynch, & J. Wajcman (Eds.), The Handbook of Science and Technology Studies (3rd ed.). Cambridge, MA: MIT Press.

[145] Herman, R. (1986). The European scientific community. Harlow: Longman.

[146] Hermann, A., Krige, J., Mersits, U., & Pestre, D. (Eds.). (1987). History of CERN. Volume I: Launching the European organization for nuclear research. Amsterdam: North-Holland.

[147] Hermann, A., Krige, J., Mersits, U., & Pestre, D. (Eds.). (1990). History of CERN. Volume II: Building and running the laboratory, 1954–1965. Amsterdam: North-Holland.

[148] Hessels, L. K., & van Lente, H. (2008). Re-thinking new knowledge production: A literature review and a research agenda. Research Policy, 37 (4), 740–760.

[149] Hessels, L. K., van Lente, H., & Smits, R. (2009). In search of relevance: The changing contract between science and society. Science and Public Policy, 36 (5), 387–401.

[150] Hevly, B. (1992). Introduction: The many faces of big science. In P. Galison & B. Hevly (Eds.), Big science—The growth of large-scale research. Stanford: Stanford University Press.

[151] Hewlett, R. G., & Anderson, O. E. (1962). A history of the United States Atomic Energy Commission. Volume 1. The New World, 1939–1946. University Park: The Pennsylvania State University Press.

[152] Hewlett, R. G., & Duncan, F. (1969). A history of the United States Atomic Energy Commission. Volume 2. Atomic Shield, 1947/1952. University Park: The Pennsylvania State University Press.

[153] Hewlett, R. G., & Holl, J. M. (1989). Atoms for peace and war, 1953–1961. Berkeley: University of California Press.

[154] Hiltzik, M. (2015). Big science. Ernest Lawrence and the invention that launched military-industrial complex. New York: Simon & Schuster.

[155] Hirschman, A. (1970). Exit, voice, and loyalty. Responses to decline in firms, organizations, and states. Cambridge, MA: Harvard University Press.

[156] Hobsbawm, E., & Ranger, T. (Eds.). (1983). The invention of tradition. Cambridge: Cambridge University Press.

[157] Hoddeson, L., & Kolb, A. (2000). The Superconducting Super Collider's frontier outpost, 1983–1988. Minerva, 38, 271–310.

[158] Hoddeson, L., Brown, L., Riordan, M., & Dresden, M. (Eds.). (1997). The rise of the standard model: Particle physics in the 1960s and 1970s. Cambridge: Cambridge University Press.

[159] Hoddeson, L., Kolb, A. W., & Westfall, C. (2008). Fermilab: Physics, the frontier & megascience. Chicago: The University of Chicago Press.

[160] Hoerber, T. C. (2009). The European Space Agency and the European Union: The next step on

the road to the stars. Journal of Contemporary European Research, 5 (3), 405–414.

[161] Holl, J. M. (1997). Argonne National Laboratory 1946–96. Urbana: University of Illinois Press.

[162] Holmes, K. C. (1998). From rare to routine. Nature Structural Biology, 5 (7s), 618–619.

[163] Horlings, E., Gurney, T., Somers, A., & van den Besselaar, P. (2011). The societal footprint of big science. Rathenau Instituut Working paper 1206.

[164] Hounshell, D. A. (1992). Du Pont and the management of large-scale research and development. In P. Galison & B. Hevly (Eds.), Big science—The growth of large-scale research. Stanford: Stanford University Press.

[165] Hughes, T. P. (1987). The evolution of large technological systems. In W. E. Bijker, T. P. Hughes, & T. J. Pinch (Eds.), The social construction of technological systems: New directions in the sociology and history of technology. Cambridge, MA: MIT Press.

[166] Hull, D. (1988). Science as a process: An evolutionary account of the social and conceptual development of science. Chicago: The University of Chicago Press.

[167] ILL Annual Report. (2014). http://www.ill.eu/quick-links/publications/annualreport/. Last accessed 14 Jan 2016.

[168] Irvine, J., & Martin, B. R. (1984a). Foresight in science. Picking the winners. London: Pinter.

[169] Irvine, J., & Martin, B. R. (1984b). CERN: Past performance and future prospects. II. The scientific performance of the CERN accelerators. Research Policy, 13 (5), 247–284.

[170] ISIS Annual Review. (2014). http://www.isis.stfc.ac.uk/about/annualreview/2014/isis-annual-review-201415237.html. Last accessed 14 Jan 2016.

[171] Jacobsson, S., & Perez Vico, E. (2010). Towards a systemic framework for capturing and explaining the effects of academic R&D. Technology Analysis & Strategic Management, 22 (7), 765–787.

[172] Jacobsson, S., Perez Vico, E., & Hellsmark, H. (2014). The many ways of academic researchers: How is science made useful? Science and Public Policy, 41, 641–657.

[173] Jaffe, A. B. (1989). Realeffects of academic research. The American Economic Review, 79 (5), 957–970.

[174] Jaffe, A. B., Trajtenberg, M., & Henderson, R. (1993). Geographic localization of knowledge spillovers as evidenced by patent citations. The Quarterly Journal of Economics, 108 (3), 577–598.

[175] Joerges, B., & Shinn, T. (Eds.). (2001). Instrumentation between science, state and industry. Dordrecht/Boston: Kluwer.

[176] Johnson, A. (2004). The end of pure science: Science policy from Bayh–Dole to the NNI. In D. Baird, A. Nordmann, & J. Schummer (Eds.), Discovering the nanoscale. Washington, DC: IOS

Press.

[177] Judt, T. (2005). Postwar: A history of Europe since 1945. New York: Penguin.

[178] Jungk, R. (1968). The big machine. New York: Scribners.

[179] Kaiser, D. (2004). The postwar suburbanization of American physics. American Quarterly, 56 (4), 851–888.

[180] Kaiserfeld, T. (2013). ESS from neutron gap to global strategy: Plans for an international research facility after the Cold War. In T. Kaiserfeld & T. O'Dell (Eds.), Legitimizing ESS: Big science as a collaboration across boundaries. Lund: Nordic Academic Press.

[181] Kaiserfeld, T. (2016). Disarmed and commercialized: Neutron research from nuclear reactors to spallation sources in American and European New Big Science. Forthcoming.

[182] Katz, J. S., & Martin, B. R. (1997). What is research collaboration? Research Policy, 26, 1–18.

[183] Kay, W. D. (1994). Democracy and super technologies: The politics of the space shuttle and space station freedom. Science, Technology, & Human Values, 19, 131–151.

[184] Keller, E. F. (1990). Physics and the emergence of molecular biology: A history of cognitive and political synergy. Journal of the History of Biology, 23 (3), 389–409.

[185] Kevles, D. J. (1995/1977). The physicists: The history of a scientific community in modern America. Cambridge, MA: Harvard University Press.

[186] Kitcher, P. (1993). The advancement of science. Science without legend, objectivity without illusions. Oxford: Oxford University Press.

[187] Kleinman, D. L., & Vallas, S. P. (2001). Science, capitalism, and the rise of the "knowledge worker": The changing structure of knowledge production in the United States. Theory and Society, 30, 451–492.

[188] Knight, D. M. (1977). The nature of science: The history of science in Western culture since 1600. London: Deutsch.

[189] Knorr Cetina, K. D. (1981). The manufacture of knowledge: An essay on the constructivist and contextual nature of science. Oxford/New York: Pergamon Press.

[190] Knorr Cetina, K. D. (1999). Epistemic cultures: How the sciences make knowledge. Cambridge, MA: Harvard University Press.

[191] Kohlrausch, M., & Trischler, H. (2014). Building Europe on expertise. Innovators, organizers, networkers. New York: Palgrave Macmillan.

[192] Kojevnikov, A. (2002). The Great War, the Russian Civil War, and the invention of big science. Science in Context, 15 (2), 239–275.

[193] Krige, J. (Ed.). (1996). History of CERN. Volume III. Amsterdam: North-Holland.

[194] Krige, J. (2001). The 1984 Nobel Physics Prize for heterogeneous engineering. Minerva, 39,

425–443.

[195] Krige, J. (2003). The politics of European scientific collaboration. In J. Krige & D. Pestre (Eds.), Companion to science in the twentieth century. London: Routledge.

[196] Krige, J. (2006). American hegemony and the postwar reconstruction of science in Europe. Cambridge: MIT Press.

[197] Krige, J., & Pestre, D. (1987). The how and the why of the birth of CERN. In A. Hermann, J. Krige, U. Mersits, & D. Pestre (Eds.), History of CERN. Volume I: Launching the European organization for nuclear research. Amsterdam: North-Holland.

[198] Krige, J., & Pestre, D. (1990). Chronology of events. In A. Hermann, J. Krige, U. Mersits, & D. Pestre (Eds.), History of CERN. Volume II: Building and running the laboratory, 1954–1965. Amsterdam: North-Holland.

[199] Kuhn, T. (1962). The structure of scientific revolutions. Chicago: The University of Chicago Press.

[200] Kuhn T (1959). " The Essential Tension: Tradition and Innovation in Scientifiic Research ." In Taylor, C. W. (Ed.) University of Utah Research Conference of Scientific Talent. University of Utah Press.

[201] Kurth, J. R. (1973). Aerospace production lines and American defense spending. In S. Rosen (Ed.), Testing the theory of the military-industrial complex. Lexington: Lexington Books.

[202] Kyvik, S. (2003). Changing trends in publishing behaviour among university faculty, 1980–2000. Scientometrics, 58 (1), 35–48.

[203] Lander, G. H. (1986). The future with accelerator-based sources. In G. E. Bacon (Ed.), Fifty years of neutron diffraction. The advent of neutron scattering. Bristol: Adam Hilger.

[204] Lane, R. E. (1966). The decline of politics and ideology in a knowledgeable society. American Sociological Review, 31, 649–662.

[205] Latour, B. (1983). Give me a laboratory and I will raise the world. In K. D. Knorr Cetina & M. Mulkay (Eds.), Science observed: Perspectives on the social study of science. London: Sage.

[206] Latour, B. (1987). Science in action. London: Harvard University Press.

[207] Latour, B. (1993). We have never been modern. London: Harvard University Press.

[208] Latour, B., & Woolgar, S. (1986/1979). Laboratory life: The construction of scientific facts. Princeton: Princeton University Press.

[209] Laudel, G. (2006). The art of getting funded: How scientists adapt to their funding conditions. Science and Public Policy, 33 (7), 489–504.

[210] Law, J. (2006). Big pharma: How the world's biggest drug companies control illness. New York: Carroll & Graf.

[211] LCLS Online Publications List. (2016). https://portal.slac.stanford.edu/sites/lcls_public/Pages/Publications.aspx. Last accessed 24 Jan 2016.

[212] LCLS Website. (2016). https://www6.slac.stanford.edu/news/2014-10-07-five-years-scientific-discoveries-slacs-lcls.aspx. Last accessed 24 Jan 2016.

[213] Leone, S. R. (1999). Report of the basic energy sciences advisory committee panel on novel coherent light sources. Washington, DC: United States Department of Energy.

[214] Leslie, S. W. (1993). The Cold War and American science. The military-industrialacademic complex at MIT and Stanford. New York: Columbia University Press.

[215] Lindenberg, S. (1990). Homo socio-economicus: The emergence of a general model of man in the social sciences. Journal of Institutional and Theoretical Economics, 146, 727–748.

[216] Lindqvist, S. (Ed.). (1993). Center on the periphery: Historical aspects of 20thcentury Swedish physics. Canton: Watson Publishing International.

[217] Livingstone, D. N. (2003). Putting science in its place: Geographies of scientific knowledge. Chicago: The University of Chicago Press.

[218] Lohrmann, E., & Söding, P. (2013). Von schnellen Teilchen und hellem Licht: 50 Jahre Deutsches Elektronen-Synchrotron DESY (2nd ed.). Wiley.

[219] Lowen, R. (1997). Creating the Cold War university: The transformation of Stanford. Berkeley: California University Press.

[220] Luhmann, N. (1968). Vertrauen. Stuttgart: Lucius & Lucius.

[221] Luhmann, N. (1992). Die Wissenschaft der Gesellschaft. Frankfurt am Main: Suhrkamp.

[222] Luhmann, N. (1995). Social systems. Stanford: Stanford University Press.

[223] Luhmann, N. (2000). Organisation und Entscheidung. Wiesbaden: VS Verlag.

[224] Lundvall, B. Å. (Ed.). (1992). National systems of innovation. London: Anthem Press.

[225] Maassen, P., & Olsen, J. (2007). University dynamics and European integration. Dordrecht: Springer.

[226] Mahoney, J. (2000). Path dependence in historical sociology. Theory and Society, 29, 507–548.

[227] Mahoney, J., & Thelen, K. (Eds.). (2010). Explaining institutional change: Ambiguity, agency, and power. Cambridge: Cambridge University Press.

[228] Maier-Leibnitz, H. (1986). The birth of the Institut Max von Laue-Paul Langevin in Grenoble. In G. E. Bacon (Ed.), Fifty years of neutron diffraction. The advent of neutron scattering. Lund: Adam Hilger.

[229] Malmberg, A., & Maskell, P. (2002). The elusive concept of localization economies: Towards a knowledge-based theory of spatial clustering. Environment and Planning A, 34, 429–449.

[230] Marburger, J. H. (2014). The superconducting supercollider and US science policy. Physics in

Perspective, 16, 218–249.

[231] March, J. (1988). Decisions and organizations. New York: Blackwell.

[232] March, J. (2008). Explorations in organizations. Stanford: Stanford University Press.

[233] March, J., & Simon, H. (1958). Organizations. New York: Blackwell.

[234] Margaritondo, G. (2002). Elements of synchrotron light for biology, chemistry, & medical research. Oxford: Oxford University Press.

[235] Marks, N. (1995). Synchrotron radiation sources. Radiation Physics and Chemistry, 45 (3), 315–331.

[236] Marshall, A. (1890). Principles of economics. London/New York: Macmillan.

[237] Martin, J. D. (2015). Fundamental disputations: The philosophical debates that governed American physics, 1939–1993. Historical Studies in the Natural Sciences, 45 (5), 703–757.

[238] Martin, B. R., & Irvine, J. (1984). CERN: Past performance and future prospects. I. CERN's position in world high-energy physics. Research Policy, 13 (4), 183–211.

[239] Mayer, M., Carpes, M., & Knoblich, R. (Eds.). (2014). The global politics of science and technology. Berlin: Springer.

[240] McCray, W. P. (2006). Giant telescopes. Astronomical ambition and the promise of technology. Cambridge, MA: Harvard University Press.

[241] McCray, W. P. (2010). 'Globalization with hardware': ITER's fusion of technology, policy, and politics. History and Technology, 26 (4), 283–312.

[242] McGee, M. C. (1980). The 'ideograph': A link between rhetoric and ideology. The Quarterly Journal of Speech, 66, 1–16.

[243] Melin, G., & Persson, O. (1996). Studying research collaboration using coauthorships. Scientometrics, 36 (3), 363–377.

[244] Mersits, U. (1987). From cosmic-ray and nuclear physics to high-energy physics. In A. Hermann, J. Krige, U. Mersits, & D. Pestre (Eds.), History of CERN. Volume I: Launching the European organization for nuclear research. Amsterdam: North-Holland.

[245] Merton, R. K. (1938). Science and the social order. Philosophy of Science, 5, 321–337.

[246] Merton, R. K. (1942). Science and technology in a democratic order. Journal of Legal and Political Sociology, 1, 115–126.

[247] Merton, R. K. (1948). The self-fulfilling prophecy. The Antioch Review, 8, 193–210.

[248] Merton, R. K. (1957). Priorities in scientific discovery: A chapter in the sociology of science. American Sociological Review, 22 (6), 635–659.

[249] Merton, R. K. (1968). The Matthew effect in science. Science, 159 (3810), 56–63.

[250] Meusel, E. J. (1990). Einrichtungen der Groβforschung und Wissenstransfer. In H. J. Schuster

(Ed.), Handbuch des Wissenschaftstransfer. Berlin: Springer.

[251] Meyer, J. W., & Rowan, B. (1977). Institutionalized organizations: Formal structure as myth and ceremony. The American Journal of Sociology, 83 (2), 340–363.

[252] Meyer, J. W., & Scott, W. R. (1983). Organizational environments: Ritual and rationality. Beverly Hills: Sage.

[253] Middlemas, K. (1995). Orchestrating Europe: The informal politics of the European Union 1973–95. London: Fontana Press.

[254] Miller, G. (1993). Managerial dilemmas: The political economy of hierarchy. New York: Cambridge University Press.

[255] Mirowski, P., & Sent, E.-M. (Eds.). (2002). Science bought and sold: Essays in the economics of science. Chicago: The University of Chicago Press.

[256] Mirowski, P., & Sent, E.-M. (2008). The commercialization of science and the response of STS. In E. J. Hackett, O. Amsterdamska, M. Lynch, & J. Wajcman (Eds.), The handbook of science and technology studies (3rd ed.). Thousand Oaks: MIT Press.

[257] Mody, C. (2011). Instrumental community. Probe microscopy and the path to nanotechnology. Cambridge, MA: MIT Press.

[258] Mokyr, J. (1990). The lever of riches. Technological creativity and economic progress. Oxford: Oxford University Press.

[259] Morgan, K. (1997). The learning region: Institutions, innovation and regional renewal. Regional Studies, 31 (5), 491–503.

[260] Mueller, M. H., & Ringo, G. R. (1986). Early work at the Argonne. In G. E. Bacon (Ed.), Fifty years of neutron diffraction. The advent of neutron scattering. Bristol: Adam Hilger.

[261] Mulkay, M. (1981). Action and belief or scientific discourse? Philosophy of the Social Sciences, 11 (2), 163–171.

[262] Münch, R. (1988). Understanding modernity. London: Routledge.

[263] Münch, R. (2002). Soziologische Theorie. Band 1: Grundlegung durch die Klassiker. Frankfurt am Main: Campus.

[264] Münch, R. (2007). Die akademische Elite. Frankfurt am Main: Suhrkamp.

[265] Munro, I. (1996). Synchrotron radiation. In A. Michette & S. Pfauntsch (Eds.), X-rays: The first hundred years. Chichester: Wiley.

[266] National Science Board. (2014). Science and Engineering Indicators 2014. National Science Foundation (NSB 14–01).

[267] Needell, A. A. (1983). Nuclear reactors and the founding of Brookhaven National Laboratory. Historical Studies in the Physical Sciences, 14 (1), 93–122.

[268] Needell, A. A. (1992). From military research to big science: Lloyd Berkner and science-statemanship in the postwar era. In P. Galison & B. Hevly (Eds.), Big science: The growth of large-scale research. Stanford: Stanford University Press.

[269] Neustadt, R. E. (1991). Presidential power and the modern presidents. New York: Free Press.

[270] Nielsen, W. (1972). The big foundations. New York: Columbia University Press.

[271] Nooteboom, B., Van Haverbeke, W., Duysters, G., Gilsing, V., & van den Oord, A. (2007). Optimal cognitive distance and absorptive capacity. Research Policy, 36, 1016–1034.

[272] NUFO. (2009). Participation by industrial users in research at national user facilities: Status, issues, and recommendations. Report, National User Facility Organization (NUFO).

[273] Nye, M. J. (1996). Before big science: The pursuit of modern chemistry and physics, 1800–1940. Cambridge, MA: Harvard University Press.

[274] Olson, M. (1971/1965). The logic of collective action. Public goods and the theory of groups. Cambridge: Harvard University Press.

[275] Opp, K.-D. (1999). Contending conceptions of the theory of rational action. Journal of Theoretical Politics, 11 (2), 171–202.

[276] Opp, K.-D. (2013). What is analytical sociology? Strengths and weaknesses of a new sociological research program. Social Science Information, 52 (3), 329–360.

[277] Ostrom, E. (1990). Governing the commons. The evolution of institutions for collective action. Cambridge: Cambridge University Press.

[278] Pais, A. (1986). Inward bound: Of matter and forces in the physical world. Oxford: Oxford University Press.

[279] Panofsky, W. (1992). SLAC and big science: Stanford University. In P. Galison& B. Hevly (Eds.), Big science: The growth of large-scale research. Stanford: Stanford University Press.

[280] Panofsky, W. (2007). Panofsky on physics, politics, and peace: Pief remembers. New York: Springer.

[281] Papon, P. (2004). European scientific cooperation and research infrastructures: Past tendencies and future prospects. Minerva, 42 (1), 61–76.

[282] Passell, L. (1986). High flux at Brookhaven. In G. E. Bacon (Ed.), Fifty years of neutron diffraction. The advent of neutron scattering. Bristol: Adam Hilger.

[283] Pellegrini, C. (1980). The free-electron laser and its possible developments. In H. Winick & S. Doniach (Eds.), Synchrotron radiation research. London: Plenum Press.

[284] Pestre, D. (1987). The period of informed optimism, December 1950–August 1951. In A. Hermann, J. Krige, U. Mersits, & D. Pestre (Eds.), History of CERN. Volume I: Launching the European organization for nuclear research. Amsterdam: North-Holland.

[285] Pestre, D. (1996). The difficult decision, taken in the 1960s, to construct a 3–400 GeV proton synchrotron in Europe. In J. Krige (Ed.), History of CERN. Volume III. Amsterdam: North Holland.

[286] Pestre, D. (1997). Prehistory of the Franco-German Laue-Langevin Institute. In J. Krige & L. Guzzetti (Eds.), History of European scientific and technological cooperation. Luxembourg: Office for Official Publications of the European Communities.

[287] Pestre, D. (2003). Science, political power and the state. In J. Krige & D. Pestre (Eds.), Companion to science in the twentieth century. London: Routledge.

[288] Pestre, D. (2005). The technosciences between markets, social worries and the political: How to imagine a better future? In H. Nowotny, D. Pestre, E. Schmidt-Aβmann, E. Schultze-Fielitz, & H. H. Trute (Eds.), The public nature of science under assault: Politics, markets, science and the law. Berlin: Springer.

[289] Pestre, D., & Krige, J. (1992). Some thoughts on the early history of CERN. In P. Galison & B. Hevly (Eds.), Big science—The growth of large-scale research. Stanford: Stanford University Press.

[290] Pfeffer, J. (1982). Organizations and organization theory. Marshfield: Pitman.

[291] Pfeffer, J., & Salancik, G. (2003/1978). The external control of organizations. 2nd ed. Stanford: Stanford University Press.

[292] Phelps, C., Heidl, R., & Wadhwa, A. (2012). Knowledge, networks, and knowledge networks: A review and research agenda. Journal of Management, 38 (4), 1115–1166.

[293] Phillips, J. C., Wlodawer, A., Yevitz, M. M., & Hodgson, K. O. (1976). Applications of synchrotron radiation to protein crystallography: Preliminary results. Proceedings of the National Academy of Sciences of the United States of America, 73 (1), 128–132.

[294] Pierson, P. (2004). Politics in time. Princeton: Princeton University Press.

[295] Porter, M. E. (1990). The competitive advantage of nations. New York: Free Press.

[296] Power, M. (1997). The audit society. Rituals of verification. Oxford: Oxford University Press.

[297] Pratt, J. W., & Zeckhauser, R. J. (Eds.). (1985). Principals and agents: The structure of business. Cambridge, MA: Harvard University Press.

[298] Price, D. J. dS. (1986/1963). Little science, big science … and beyond. New York: Columbia University Press

[299] Pusey, M. J. (1945). Big government: Can we control it? New York/London: Harper & Bros.

[300] Quelch, J., & Jocz, K. (2012). All business is local: Why place matters more than ever in a global, virtual world. New York: Penguin.

[301] Radder, H. (Ed.). (2010). The commodification of academic research. Science and the modern

universities. Cambridge: Harvard University Press.

[302] Readings, B. (1996). The university in ruins. Cambridge: Harvard University Press.

[303] Rekers, J. (2013). The ESS and the geography of innovation. In T. Kaiserfeld & T. O'Dell (Eds.), Legitimizing ESS. Big science as a collaboration across boundaries. Lund: Nordic Academic Press.

[304] Ridley, M. (2015). The evolution of everything. New York: Harper Collins.

[305] Riordan, M., Hoddeson, L., & Kolb, A. (2015). Tunnel visions. The rise and fall of the superconducting super collider. Chicago: The University of Chicago Press.

[306] Ritter, G. (1992). Groβforschung und Staat in Deutschland. Ein historischer überblick. München: CH Beck.

[307] Rogers, D. (1971). The management of big cities; interest groups, and social change strategies. Beverly Hills: Sage.

[308] Rosenberg, N. (1992). Scientific instrumentation and university research. Research Policy, 21 (4), 381–390.

[309] Rush, J. J. (2015). US neutron facility development in the last half-century: A cautionary tale. Physics in Perspective, 17, 135–155.

[310] Salter, A. J., & Martin, B. R. (2001). The economic benefits of publicly funded basic research: A critical review. Research Policy, 30, 509–532.

[311] Schumpeter, J. A. (1939). Business cycles (Vol. I). New York: McGraw-Hill.

[312] Scott, W. R. (2004). Reflections on a half-century of organizational sociology. Annual Review of Sociology, 30, 1–21.

[313] Seidel, R. W. (1983). Accelerating science: The postwar transformation of the Lawrence Radiation Laboratory. Historical Studies in the Physical Sciences, 13 (2), 375–400.

[314] Seidel, R. W. (1986). A home for big science: The Atomic Energy Commission's laboratory system. Historical Studies in the Physical and Biological Sciences, 16 (1), 135–175.

[315] Seidel, R. W. (1992). The origins of the Lawrence Berkeley Laboratory. In P. Galison & B. Hevly (Eds.), Big science—The growth of large-scale research. Stanford: Stanford University Press.

[316] Seidel, R. W. (2001). The national laboratories of the Atomic Energy Commission in the early Cold War. Historical Studies in the Physical and Biological Sciences, 32 (1), 145–162.

[317] Sessler, A., & Wilson, E. (2007). Engines of discovery—A century of particle accelerators. Singapore: World Scientific.

[318] Shapin, S. (1994). A social history of truth: Civility and science in seventeenthcentury England. Chicago: The University of Chicago Press.

[319] Shapin, S. (2008). The scientific life. A moral history of a late modern vocation. Chicago: The University of Chicago Press.

[320] Sharp, M., & Shearman, C. (1987). European technological collaboration. London: Routledge.

[321] Shenoy, G., & Stöhr, J. (2000). CLS. The first experiments. Report, Stanford Linear Accelerator Center.

[322] Shepsle, K. A., & Bonchek, M. S. (1997). Analyzing politics: Rationality behavior and instititutions. New York: Norton.

[323] Shinn, T., & Joerges, B. (2002). The transverse science and technology culture: Dynamics and roles of research technology. Social Science Information, 41 (2), 207–251.

[324] Shrum, W., Genuth, J., & Chompalov, I. (2007). Structures of scientific collaboration. Cambridge: MIT Press.

[325] Shull, C. G. (1986). Early neutron diffraction technology. In G. E. Bacon (Ed.), Fifty years of neutron diffraction. The advent of neutron scattering. Bristol :Adam Hilger.

[326] Shull, C. G. (1995). Early development of neutron scattering. Reviews of Modern Physics, 67 (4), 753–757.

[327] Shull, C. G., & Smart, J. S. (1949). Detection of antiferromagnetism by neutron diffraction. Physical Review, 76, 1256.

[328] Shull, C. G., Strauser, W. A., & Wollall, E. O. (1951a). Neutron diffraction by paramagnetic and antiferromagnetic substances. Physical Review, 83 (2), 333.

[329] Shull, C. G., Wollan, E. O., & Koehler, W. C. (1951b). Neutron scattering and polarization by ferromagnetic materials. Physical Review, 84 (5), 912.

[330] Simon, H. (1957). Models of man. New York: Wiley.

[331] Sims, D., Fineman, S., & Gabriel, Y. (1993). Organizing and organization. An introduction. Sage.

[332] Smith, R. W. (1989). The space telescope: A study of NASA, science, technology, and politics. Cambridge: Cambridge University Press.

[333] Smith, B. (1990). American science policy since World War II. Washington, DC: Brookings.

[334] Smith, R. W., & Tatarewicz, J. N. (1994). Counting on invention: Devices and black boxes in very big science. Osiris, 9, 101–123.

[335] Sörlin, S., & Vessuri, H. (2007). Knowledge society vs. knowledge economy: Knowledge, power, and politics. Basingstoke: Palgrave Macmillan.

[336] SQW Consulting. (2008). Review of the economic impacts relating to the location of large-scale science facilities in the UK. Report.

[337] Star, S. L. (Ed.). (1995). Ecologies of knowledge. Albany: State University of New York Press.

[338] Stehr, N. (1994). Knowledge societies. London: Sage.

[339] Stevens, H. (2003). Fundamental physics and its justifications, 1945–1993. Historical Studies in the Physical and Biological Sciences, 34 (1), 151–197.

[340] Stirling, G. C. (1986). ISIS-The UK pulsed spallation neutron source. In G. E. Bacon (Ed.), Fifty years of neutron diffraction. The advent of neutron scattering. Bristol: Adam Hilger.

[341] Stokes, D. (1997). Pasteur's quadrant: Basic science and technological innovation. Washington, DC: Brookings.

[342] Streeck, W. (2009). Re-forming capitalism. Institutional change in the German political economy. Oxford: Oxford University Press.

[343] Streeck, W., & Thelen, K. (Eds.). (2005). Beyond continuity. Institutional change in advanced political economies. Oxford: Oxford University Press.

[344] Technopolis. (2011). The role and added value of large-scale research facilities. Report.

[345] Teich, A. H., & Lambright, W. H. (1976). The redirection of a large national laboratory. Minerva, 14 (4), 447–474.

[346] Thelen, K. (2004). How institutions evolve. Cambridge: Cambridge University Press.

[347] Thornton, P. H. (2004). Markets from culture-Institutional logic and organizational decisions in higher education publishing. Stanford: Stanford University Press.

[348] Thornton, P. H., & Ocasio, W. (1999). Institutional logics and the historical contingency of power in organizations: Executive succession in the higher education publishing industry, 1958–1990. American Journal of Sociology, 105, 801–843.

[349] Thornton, P. H., Ocasio, W., & Lounsbury, M. (2012). The institutional logics perspective: A new approach to culture, structure and process. Oxford: Oxford University Press.

[350] Tindemans, P. (2009). Postwar research education and innovation policymaking in Europe. In H. Delanghe, U. Muldur, & L. Soete (Eds.), European scienc and technology policy: Towards integration or fragmentation? Cheltenham: Edward Elgar.

[351] Trivelpiece, A. (2005). Some observations on DOE's role in megascience. History of Physics Newsletter, 9, 14–15.

[352] UNESCO. (2005). Towards knowledge societies. Report, United Nations Educational, Scientific and Cultural Organization.

[353] Valentin, F., Larsen, M. T., & Heineke, N. (2005). Neutrons and innovations: What benefits will Denmark obtain for its science, technology and competitiveness by co-hosting an advanced large-scale research facility near Lund? Working paper 2005–2 from Research Centre on Biotech Business, Copenhagen Business School.

[354] Välimaa, J., & Hoffman, D. (2008). Knowledge society discourse and higher education. Higher

Education, 56, 265–285.

[355] van der Meulen, B. (1998). Science policies as principal–agent games: Institutionalization and path dependency in the relation between government and science. Research Policy, 27, 397–414.

[356] Van Helden, A., & Hankins, T. L. (1994). Introduction: Instruments in the history of science. Osiris, 9, 1–6.

[357] van Lente, H. (1993). Promising technology. The dynamics of expectations in technological developments. Dissertation, University of Twente.

[358] van Lente, H. (2000). Forceful futures: From promise to requirement. In N. Brown, B. Rappert, & A. Webster (Eds.), Contested futures. Aldershot: Ashgate.

[359] Vavakova, B. (1998). The new social contract between governments, universities and society: Has the old one failed? Minerva, 36, 209–228.

[360] Vincent Lancrin, S. (2006). What is changing in academic research? Trends and futures scenarios. European Journal of Education, 41 (2), 169–202.

[361] Waldegrave, W. (1993). Economic impacts of hosting international scientific facilities. London: Crown.

[362] Weick, K. E. (1995). Sensemaking in organizations. Foundations for organizational science. Thousand Oaks: Sage.

[363] Weinberg, A. (1961). Impact of large-scale science on the United States. Science, 134 (3473), 161–164.

[364] Weinberg, A. (1963). Criteria for scientific choice. Minerva, 1 (2), 159–171.

[365] Weinberg, A. (1964). Criteria for scientific choice II: The two cultures. Minerva,3 (1), 3–14.

[366] Weinberg, A. (1967). Reflections on big science. Oxford: Pergamon Press.

[367] Weingart, P. (2005). Impact of bibliometrics upon the science system: Inadvertent consequences? Scientometrics, 62 (1), 117–131.

[368] Weisskopf, V. (1967). Nuclear structure and modern research. Physics Today, 20 (5), 23–26.

[369] Westfall, C. (2003). Rethinking big science: Modest, mezzo, grand science and the development of the Bevalac, 1971–1993. Isis, 94, 30–56.

[370] Westfall, C. (2008a). Surviving the squeeze: National laboratories in the 1970s and 1980s. Historical Studies in the Natural Sciences, 38 (4), 475–478.

[371] Westfall, C. (2008b). Retooling for the future: Launching the advanced light source at Lawrence's Laboratory, 1980–1986. Historical Studies in the Natural Sciences, 38 (4), 569–609.

[372] Westfall, C. (2010). Surviving to tell the tale: Argonne's intense pulsed neutron source from an ecosystem perspective. Historical Studies in the Natural Sciences, 40 (3), 350–398.

[373] Westfall, C. (2012). Institutional persistence and the material transformation of the US national

labs: The curious story of the advent of the advanced photon source. Science and Public Policy, 39 (4), 439–449.

[374] Westwick, P. J. (2003). The National Labs: Science in an American system 1947–1974. Cambridge: Harvard University Press.

[375] Whitley, R. (2000/1984). The intellectual and social organization of the sciences (2nd ed.). Oxford: Oxford University Press.

[376] Whitley, R. (2014). How do institutional changes affect scientific innovations? The effects of shifts in authority relationships, protected space, and flexibility. In Whitley, R. and J. Gläser (Eds.), Organizational transformation and scientific change: The impact of institutional restructuring on universities and intellectual innovation. Emerald.

[377] Whitley, R., & Gläser, J. (Eds.). (2007). The changing governance of the sciences. The advent of research evaluation systems. Dordrecht: Springer.

[378] Widmalm, S. (1993). Big science in a small country: Sweden and CERN II. InS. Lindqvist (Ed.), Center on the periphery: Historical aspects of 20th- century Swedish physics. Canton: Watson Publishing International.

[379] Wildavsky, B. (2010). The great brain race: How global universities are reshaping the world. Princeton: Princeton University Press.

[380] Winick, H., & Bienenstock, A. (1978). Synchrotron radiation research. Annual Review of Nuclear and Particle Science, 28, 33–113.

[381] Zachary, G. P. (1997). Endless frontier: Vannevar Bush, engineer of the American century. Cambridge: MIT Press.

[382] Ziman, J. (1987). Knowing everything about nothing. Cambridge: Cambridge University Press.

[383] Ziman, J. (1994). Prometheus bound. Science in a dynamic steady state. Cambridge: Cambridge University Press.

[384] Zinn, W. H. (1947). Diffraction of neutrons by a single crystal. Physical Review, 71 (11), 752–757.

[385] Zucker, L. (1977). The role of institutionalization in cultural persistence. American Sociological Review, 42 (5), 726–743.

致　谢

衷心感谢作者与托马斯·海因茨（Thomas Heinze）多年来成果丰硕的合作，这些成果集中在第四章下半部分的分析之中；衷心感谢凯瑟琳·韦斯特福尔（Catherine Westfall）在本书写作过程中给予的鼓励和灵感，以及她有深刻见解的工作，这为本书写作铺平了道路（在第二章和第四章中她的观点和论述被广泛引用）；衷心感谢作者与理查德·海德勒（Richard Heidler）的合作，相关结果被写入第五章；衷心感谢约瑟芬·雷克斯（Josephine Rekers）对第六章写作给予的灵感；衷心感谢弗雷德里克·奥斯特罗姆（Fredrik Åström）在第五章写作中给予的文献计量学帮助；衷心感谢托马斯·凯瑟菲尔德（Thomas Kaiserfeld）和马茨·本纳（Mats Benner）阅读了全部书稿并几乎在书稿的每个部分给出了大量有价值的改进意见；衷心感谢英戈尔·林道（Ingolf Lindau）、杰斯帕·安德森（Jesper Andersen）、迈克尔·埃里克森（Mikael Eriksson）和艾克桑达·马提克（Aleksandar Matic）在本书写作过程中与作者的非常有益的讨论；衷心感谢劳厄·朗之万研究所的杰罗姆·博库尔（Jerome Beaucour）和乔瓦娜·契科纳尼（Giovanna Cicognani）在关于基于核反应堆的中子散射技术一些基础信息方面提供的帮助。

本书的工作因获得位于瑞典斯德哥尔摩皇家理工学院的“物理学家拉格纳尔·霍尔姆（Ragnar Holm）博士基金会”（the PhD Physicist Ragnar Holm Foundation at the KTH Royal Institute of Technology）奖学金慷慨资助才成为可能。

索　　引

注：括号【 】内的数字表示名词或人名在译稿正文中首次出现的页码；其余数字表示相应的名词或人名在原版英文书中出现的页码。

A

C

D

E

F

J

K

M

N

O

P

R

S

T

X

Y

Z

全书插图和表格一览表

注：括号【 】内数字表示插图和表格在译稿正文中的页码。

第一章

第二章

37. 图 2-30 美国阿贡国家实验室的“先进光子源”（Advanced Photon Source，APS）同步辐射装置建筑物鸟瞰图。译者引用，【90】
38. 图 2-31 美国劳伦斯－伯克利国家实验室的“先进光源”（Advanced Light Source，ALS）同步辐射装置实验大厅照片。译者引用，【90】
39. 图 2-32 意大利的“的里雅斯特电子同步加速器”（Elettra Sincrotrone Trieste）装置建筑物鸟瞰图。译者引用，【90】
40. 图 2-33 瑞典隆德的“MAXIV-Lab”同步辐射装置建筑物鸟瞰图。译者引用，【91】
41. 图 2-34 在英国达斯伯里实验室中取代“同步辐射源”装置的“钻石”（Diamond）装置建筑物鸟瞰图。译者引用，【92】
42. 图 2-35 “德国电子同步加速器”机构的“质子－电子串列环形加速器”（Positron-Electron Tandem Ring Accelerator，PETRA）装置隧道内部照片。译者引用，【93】
43. 图 2-36 “德国电子同步加速器”机构的“汉堡自由电子激光”（Free Electron Laser Hamburg，FLASH）装置波荡器隧道内部照片，2011 年。译者引用，【94】
44. 图 2-37 美国 SLAC 国家加速器实验室“直线加速器相干光源”（Linac Coherent Light Source，LCLS）装置隧道内部照片，2011 年。译者引用，【94】
45. 图 2-38 意大利的里雅斯特的“用于多学科研究的自由电子激光辐射”（Free Electron Laser Radiation for Multidisciplinary Investigations，FERMI）装置波荡器隧道内部照片，2011 年。译者引用，【94】
46. 图 2-39 德国汉堡的“欧洲 X 射线自由电子激光”（The European X-ray Free Electron Laser，XFEL）装置直线加速器隧道内部照片，2011 年。译者引用，【95】
47. 图 2-40 美国布鲁克海文国家实验室的“相对论重离子对撞机”（Relativistic Heavy Ion Collider，RHIC）装置对撞部件照片。译者引用，【96】
48. 图 2-41 1984 年至 2014 年美国能源部拨款法案中基础能源科学部门的资金投入（实际拨款）时间顺序，图中重大项目被标注。原书插图，【97】
49. 图 2-42 1959 年投入运行的西欧核子研究合作组织“质子同步加速器”（Proton Synchrotron，PS）装置隧道内部照片。译者引用，【100】
50. 图 2-43 欧洲南方天文台（The European Southern Observatory，ESO）是成立于 1962 年的天体物理研究组织，其活动由欧洲 14 国组成的财团提供财务支持和进行管理。它的总部位于德国慕尼黑附近的加尔兴，它的科学研究活动在智利的三个地方开展，包括海拔 2400m 的拉西拉天文台（La Silla Observatory）、海拔 2600m 的帕拉纳尔天文台（Paranal Observatory）和海拔 5000m 的阿塔卡马大型毫米 / 亚毫米阵列（Atacama Large Millimeter/Submillimeter Array，ALMA）。图为拉西拉天文台观测装置照片。译者引用，【102】
51. 图 2-44 1992 年投入运行的“德国电子同步加速器”机构“强子－电子环加速器”（Hadron-Electron Ring Accelerator，HERA）装置加速器隧道内部照片。译者引用，【104】

第三章

52. 图 3-1 2014 年 3 月 7 日，美国威斯康星大学麦迪逊分校的“同步辐射中心”（Synchrotron

第四章

计的插板，当看到出现在荧光板上的第一束光的时候，现场的每一个人都欢呼起来，这证明了能够从该装置中得到 X 射线，并能够在同步辐射部件中将其准直成一直线。”译者引用，【149】

65. 图 4-5 美国斯坦福直线加速器中心的技术人员在“斯坦福直线对撞机”（Stanford Linear Collider，SLC）装置隧道中进行最终的准直核查。译者引用，【151】
66. 图 4-6 1979 年完工的美国斯坦福直线加速器中心“正负电子项目”（Positron Electron Project，PEP）装置隧道内部照片。译者引用，【151】
67. 图 4-7 美国国家航空航天局花费 100 亿美元建造的“詹姆斯·韦伯太空望远镜”（James Webb Space Telescope）在最近的一次测试中完全展开了主镜，这与它在太空中的姿态相同，2020 年 4 月 1 日。译者引用，【152】
68. 图 4-8 加利森表示物理学演进的“插入”模型，原书注：根据加利森在 1997 年出版的著作（第 799 页，见参考文献【199】）中的论述绘制。原书插图，【154】
69. 图 4-9 表示“大科学”实验室更新的改进“插入”模型。原书插图，【154】
70. 图 4-10 渐进制度变化过程的分类方法，原书注：根据海因茨和曼奇在 2012 年发表的论文（相应论文集的第 20 页，见参考文献【139】）中的论述改编。原书插图，【155】
71. 图 4-11 美国 SLAC 国家加速器实验室整体和长期更新的架构图示。原书插图，【157】
72. 图 4-12 1961 年至 2012 年美国 SLAC 国家加速器实验室的更新图示和时间线。原书插图，【160】
73. 图 4-13 美国 SLAC 国家加速器实验室“斯坦福同步辐射光源”（Stanford Synchrotron Radiation Lightsource，SSRL）装置建筑物夜景照片，2016 年。译者引用，【161】
74. 图 4-14 美国 SLAC 国家加速器实验室的粒子对撞机即“正负电子项目”II（PEP-II）装置照片，模拟的电子束（蓝色）和正电子束（粉色）在装置的环形管道中运动。译者引用，【162】
75. 图 4-15 原斯坦福直线加速器中心的“斯坦福直线加速器”装置有一个长度为 2mi（3.22km）的加速器隧道，目前成为 X 射线隧道，连接着“直线加速器相干光源”装置的两个实验室，2017 年。译者引用，【163】
76. 图 4-16 在 SLAC 国家加速器实验室的一台大型超级计算机上进行的计算模拟研究显示了宇宙在新恒星电离星际氢气爆炸输出时的形成阶段。译者引用，【164】
77. 图 4-17 在名为“用于先进加速器实验检测的装置”（Facility for Advanced Accelerator Experimental Tests，FACET）项目中，美国 SLAC 国家加速器实验室正在进行使用等离子体来加速电子的试验，等离子体是由原子及从其逃逸的电子组成的高能气体，可被用来加速电子，使电子的能量达到被常规加速器加速可达到能量的 1000 倍，图中的金属盒子本身就是一个强大的加速器。2017 年，该实验室开始将这个装置升级至“FACET-II”。译者引用，【166】
78. 图 4-18 “FACET-II”装置项目的配有数据通信电缆的复杂设备系统。译者引用，【167】
79. 图 4-19 1999 年至 2012 年，美国 SLAC 国家加速器实验室按主要预算项目划分的联邦支出预算。原书插图，【168】

第五章

装置的同步辐射实验站照片。译者引用，【189】

91. 图 5-8 2014 年 4 月，罗尔斯 – 罗伊斯公司（Rolls-Royce）研究人员在美国 SLAC 国家加速器实验室"直线加速器相干光源"（Linac Coherent Light Source，LCLS）装置实验站上用高强度相干 X 射线测试了可用来制造各种飞机零部件的钛金属和钛合金的材料性能，这是该装置自 2009 年投入运行后的第一个工业界用户。译者引用，【191】
92. 图 5-9 美国 SLAC 国家加速器实验室"直线加速器相干光源"（Linac Coherent Light Source，LCLS）装置的相干 X 射线成像（Coherent X-ray Imaging，CXI）实验站照片，2013 年。2014 年 7 月，该装置实验室启动了一项新的筛选机会，以使研究人员能够快速确认珍贵的生物样品在该装置强 X 射线脉冲照射下能否产生有价值的信息。译者引用，【192】
93. 图 5-10 发出特征蓝色辉光的德国亥姆霍兹柏林中心"柏林研究核反应堆 2"（Berlin Research Reactor 2，BER-2）装置堆芯，该装置已于 2019 年 12 月被永久关闭。译者引用，【193】

第六章

94. 图 6-1 美国橡树岭国家实验室"散裂中子源"（Spallation Neutron Source，SNS）装置中，靶站环流着质量为 20t 的液态汞，一个汞原子中含有多个（128 个）中子，当汞原子遭到质子轰击时，中子从液态汞中产生并运动到周围配置各种仪器的实验区域，2006 年。译者引用，【198】
95. 图 6-2 美国布鲁克海文国家实验室"国家同步辐射光源 II"（National Synchrotron Light Source II，NSLS-II）装置的材料测试束线（Beamline of Material Measurement，BMB）照片，2018 年。译者引用，【198】
96. 图 6-3 2016 年 1 月，美国 SLAC 国家加速器实验室"直线加速器相干光源"（Linac Coherent Light Source，LCLS）装置被添加了第七套实验仪器，斯坦福大学和该实验室的研究人员聚集在实验大厅里，见证 X 射线第一次通入这个被称为"大分子飞秒结晶学"（Macromolecular Femtosecond Crystallography，MFX）实验站的历史时刻。该实验站向生物学研究者提供了原子分辨率的 X 射线衍射成像技术和拍摄生物大分子运动超快电影的技术，帮助他们揭开一些关键生物过程的奥秘。译者引用，【204】
97. 图 6-4 美国 SLAC 国家加速器实验室"直线加速器相干光源"（Linac Coherent Light Source，LCLS）装置 X 射线相关谱学（X-ray Correlation Spectroscopy，XCS）实验站照片。在这套仪器中，样品静止不动，在轨道上移动的探测器从不同角度测定样品由此产生的 X 射线衍射细微变化，研究人员可根据检测结果获得更多的样品分子结构信息。译者引用，【207】
98. 图 6-5 美国 SLAC 国家加速器实验室"直线加速器相干光源"（Linac Coherent Light Source，LCLS）装置连续 X 射线成像（Coherent X-ray Imaging，CXI）实验站照片。该套仪器主要用于蛋白质结晶体研究，被探测的样品被放置在这个真空腔室里，有人把其中的两个观察孔视为两只眼睛，下面还有一张咧着笑的嘴巴。译者引用，【207】
99. 图 6-6 2012 年 6 月，德国汉堡的欧洲"X 射线自由电子激光"（European X-ray Free-

第七章

附录1

本书作者简介

奥洛夫·哈伦斯腾（Olof Hallonsten），现为瑞典隆德大学经济与管理学院组织学研究高级讲师和副教授。

奥洛夫·哈伦斯腾于2010年获得隆德大学科学政策学博士学位；2013年获得瑞典斯德哥尔摩皇家理工学院物理学家拉格纳·霍姆博士后研究人员奖学金；2014年获得德国亚历山大·冯·洪堡（Alexander von Humboldt）博士后研究人员奖学金；2015年取得德国奥托·弗里德里希·班伯格大学（Otto-Friedrich Universität Bamberg）开展科学社会学和组织社会学研究的资格。

奥洛夫·哈伦斯腾于2013年和2018年获得“瑞典研究理事会”（Swedish Research Council）的研究资助；2012年和2013年获得瑞典“知识基金会”（Knowledge Foundation）的研究资助；并在瑞典和德国参与外部和大学内部资助的其他一些研究项目。

奥洛夫·哈伦斯腾在2005年至2012年和自2015年起至今在瑞典隆德大学任职；2016年至2017年在瑞典RISE研究所任职；2012年至2015年在德国哥德堡大学任职；2010年至2011年和2014年在德国奥托·弗里德里希·班伯格大学任职；2011年至2014年在德国博吉·伍珀塔尔大学任职；2013年至2016年在瑞典斯德哥尔摩皇家理工学院任职。

奥洛夫·哈伦斯腾从事组织社会学的教学和研究，重点是科学社会学研究，在经典社会学特别是组织社会学理论的广泛基础上，聚焦于科学和社会之间多重联系以及两者在社会现代化过程中变化的研究。

来源：http://www.olofhallonsten.com/cv.html，https://portal.research.lu.se/en/persons/olof-hallonsten。

译 后 记

2021年5月12日，上海科技大学刘志教授在上海软X射线自由电子激光装置建设场地送了我这部主标题为“转型‘大科学’”、副标题为“欧洲和美国的科学、政治和组织”的著作。作为近年来深度参与上海张江光子科学大装置集群建设组织管理工作的我，从开始阅读这部著作起就被它涵盖的内容、阐述的观点、谨慎的论证及给出的结论所吸引，尽管作者使用了比标准学术论文更加复杂的文字结构和“晦涩难懂”的言辞句式，给我有限的英语阅读和理解能力带来了很大挑战。随着阅读的深入，我的内心越来越充满了把它译成中文并奉献给在国内“大科学”领域里耕耘实践的科研和管理人员的冲动和激情，并在书的扉页上认真写下了“上海光源，刘志送我的礼物”这几个字，以志纪念。

这部著作的作者是瑞典学者奥洛夫·哈伦斯腾，他现为瑞典隆德大学经济与管理学院组织学研究高级讲师和副教授。根据公开资料，哈伦斯腾是一位科学政策学博士，没有证据说明他曾受过高能物理或加速器物理专业的系统教育，也没有曾被某个“大科学”实验室聘用的经历。然而，正是这样一位学者，却能够紧紧抓住“大科学”这个在第二次世界大战结束后才崭露头角，而后又迅速移步至科学舞台中央的领域主题，跳出从科学技术内在发展逻辑来观察科技领域的现象、本质及其相互关系的习惯思维，展示了不是从物理学[770]而是主要从科学史学、社会学和政治学角度出发刻画“大科学”演进史的精彩画卷，给读者创造了新的思辨空间。这是这部著作最重要的特色。当代科学技术不仅以空前的规模与速度向社会奉献基础知识、公共物品及专属财富，而且为非自然科学领域（包括科学史学、社会学、政治学、经济学及哲学）提供了极其丰富的题材矿藏。这部著作所体现的自然科学与非自然科学相互渗透、深度融合的鲜明特征，也许是科学史和科学哲学的未来发展趋势。作者对这种趋势作了这样的表述：当今“跨学科交流与合作的机会和动力可能比以往任何时候都大，这种交流和合作尝试新的跨越学科边界的研究问题方法，放弃过于简单的学科分类和定义，有利于深化和扩展对当前现象的认识，这尤其得益于信息技术的发展和（国际）流动性的日益增强”。

在这部著作中，作者在基本原理的阐述、历史事件和背景的列举、定义、概念及资料的引证方面更加强调可靠性和完整性，在理论和分析工具的使用方面更加强调多样性。作者以附录形式给出了中子散射、同步辐射和自由电子激光技术的基本原理和常规配置，也给出了截至2015年欧美国家正在运行与建造的上述三类装置清单，以及总数为385篇被引用参考文献的详细目录和542条索引。这部分

770 美国物理学家劳里·布朗（Laurie M Brown）、亚伯拉罕·佩斯（Abraham Pais）和英国物理学家布莱恩·皮帕德（Brain Pippard）编，刘寄星主译，科学出版社 2014 年出版的《20 世纪物理学》第 1 卷第 5 章“核力、介子和同位旋对称性”介绍了 20 世纪核物理学的发展轨迹；第 2 卷第 9 章“20 世纪后半叶的基本粒子物理学”介绍了 20 世纪粒子物理学及加速器和探测器领域的发展轨迹。

内容大致占了全书的四分之一篇幅，在体量上显得比较庞大。就译者从有限的阅读范围及经历来看，在一般的科学史和科学哲学类别著作中，这样的结构并不多见。这是这部著作的另一个重要特点，表明这部著作建立在厚实的研究积累和可靠的文献基础之上，并给读者的延伸与拓展性阅读提供了许多线索。作者认为，大量非常有用和启发性研究对科学政策与组织研究、科学在社会中作用研究及相关现象研究作出了真正有贡献的补充；这些概念有着潜在的用途，它们必须在互相之间和与其他可对手头问题增添解释价值的概念对比中加以使用，从而成为深思熟虑分析的一部分，这既适用于理论和方法，也适用于经验性素材的选择。

作者在贯穿整部著作的研究指导思想方面，坚持了多样性和折中主义的观点。他指出："为了尽可能多地解释复杂主题的各个方面，对它们的分析应当非常谨慎地进行，并采用开放和折中的方法。"很少有或根本不存在对历史的"一刀切"式的概念化或者解释。科学没有单一的组织模式、单一的体制和单一的与社会连接的方式；科学也没有单一的政策体制、单一的实验室组织模式和单一的大型实验室变化路径。进一步说，没有两个科学案例会是相同的，没有两个国家的科学政策体系会是相同的，也没有两个科学学科会是相同的。因此，这部著作"理论框架大纲的多样性反映在本书实证分析和理论讨论的多样性"。译者本人及其他许多在追究因果关系的实证主义传统体制中成长起来的人，通常习惯于"丁是丁、卯是卯"式的概念化和最终得出明确结论的分析，面对像这部著作这样的折中主义理论书籍，自然会感到有些晦涩难懂和不得要领了。

作者对"大科学"的含义作了概括，指出"大科学"是当代科学活动的一个分支，是科学的一种自然状态，也是科学发展的必然产物。"大科学"这个术语表示在特别"大"的组织安排下使用特别"大"的装置及仪器的一类科学活动，这类科学活动是在与公众对社会进步标志的需求相关联的体制模式中展开，并与政治有着特别纠葛的关系。作者把以探索亚原子世界奥秘为主体的"大科学"定义为旧"大科学"，把以向广泛学科领域的大量小型用户群体提供科学服务为主体的"大科学"定义为转型"大科学"，并且从"大机器"、"大组织"和"大政治"三个维度上观察和分析旧"大科学"向转型"大科学"转变的过程、特征及动力学机制。对于"大科学"这个主题，作者在正文最终结束之处写下了这样一句话："在很大程度上，'大科学'的转型在科学史上扮演了这样的角色，尽管（迄今为止）本书记述和（部分）分析的'大科学'转型的事件及过程仿佛发生在世界科学舞台之外。"译者从中隐约感悟到作者对"大科学"这个主题没有在科学史和科学哲学研究中得到应有重视表示的不平和无奈。

在整部著作中，作者始终避免将"大科学"概念过度简单化，甚至把它简化成"容易传播的要点"，并认为如果这样做，"关于'大科学'在科学和社会中的内涵、作用及意义的讨论将成为悖论并走进死胡同”。作者明确指出，具有科学成分但主体为实际应用的大型科学事业不属于“大科学”的范畴，由于“大科学”中的“大机器”都与特定的地理位置绑定在一起，“大科学”不涵盖诸如网络设施、超级计算、基因测序、气候变化建模等依赖于网格化基础设施的科学活动。译者还想指出，“大科学”中的“大机器”不是大量的小型市售或定制仪器设备的简单堆积，“大科学”的转型使其不再是少数人独占的活动领域，而是面向广泛科学领域用户的基础设施，因此，转型“大科学”装置已与诸如地基或天基天文观测装置、无人或有人航天飞行器等不属于同一个范畴。此外，作者指出，无论旧“大科学”还是转型“大科学”都是异常昂贵的，需要巨额公共财政资金的支撑，但“大资金”不能被作为描绘“大科学”的第四个维度，因为这样做势必会带来对转型“大科学”装置的成本与产出进行不公平的“绩效考核”。

作者为读者搭建了一个由若干个共轭概念组（理论分析工具）构成的思辨空间。第一个共轭概念组是连续性（continuity）和变化（change）。作者指出，科学已经或正在变化，只是部分超出了人们的认识，而科学的一些基本特性依然存在，并且保持着联系性。“大科学”的连续性体现在它最初存在的依据早已消失，但其本身却始终存在，并表现出非凡的自我更新和适应能力。“大机器”和“大组织”的耐用性，“大政治”对以庞大科技项目作为社会公众的期望与祈愿中心的需要，共同构筑了“大科学”的连续性。“大科学”变化的媒介是其基本的实验技术，体现在新的技术、新的应用和植根社会的新形式能够在其整体框架内出现和发展，并很好地与社会优先事项的不断转移和公共科学政治及组织的随之调整相适应。不存在脱离连续性的变化，连续性则在变化中延续和发展。过度强调连续性而忽略变化，或者过度强调变化而忽略连续性，都会使对事物的现象与本质的观察和分析走入方向错误的死胡同。

“大科学”的连续性和变化在上述三个维度上都有独特的表现。“大机器”以其超大规模、超高技术集约度和复杂度而成为一种耐用品，孕育了自身的连续性。同时，“大机器”的科学技术体系从未停下过不断改进、更新和变革的步伐。同步辐射装置在过去的四十多年间从寄生于粒子物理实验装置的第一代“机器”发展到使用储存环技术的第二代“机器”，再发展到采用插入件的第三代“机器”，现又发展到X射线自由电子激光装置，正是“大机器”在保持连续性的基础上不断变化的例证。“大组织”的连续性体现在“大机器”必须由“大组织”来建造、运行、维护和升级。它的变化主要体现在：对于旧“大科学”，运行机器的“大组织”和将机器应用于粒子物理研究的实验组织是重叠的；对于转型“大科学”，运行机器的“大组织”和将机器应用于大跨度学科领域的实验组织（外部用户群体）是分离的。这是转型“大科学”与旧“大科学”的关键区别。在“大政治”维度，连续性体现在虽然“大科学”和“大政治”有着截然不同的制度逻辑，但在更广泛的社会背景下则是共生的，或者说，“大科学”本质上有着强烈的政治属性。“大政治”的变化则体现在每一次政治领域的重大变化都会给“大科学”带来重大影响，虽然这些影响在深度、广度或强度上是不相同的。例如，二战结束时，政治层面对核力量的信仰让“大科学”迅速登上了两个超级大国竞争的舞台；在后冷战时期，对“大科学”投入则把“有助于获得或提升科学技术竞争力的预期”作为政治决策的基础；在经济全球化时期，政治环境的变化又导致“大科学”被植入了更多的市场逻辑。

第二个共轭概念组是密集型科学（intensive sciences）和广泛型科学（extensive sciences）。密集型科学体现了认知上“强化”和组织上“浓缩”的强烈特征，而且拥有朝这两个方向继续发展的内生动力。广泛型科学通过专业分工和学科重构，形成更直接瞄准社会目标或更接近商业应用的新领域，朝着认知上“扩散”和组织上“分散”的方向发展。二战结束后的一段时间里，无论政府的决策者还是科学领域的领导者都信奉，只要获得大量政府资金资助，在（部分）采用分级指挥结构的庞大复杂活动体系中组织起来的科学能够带来惊人的结果。这为密集型科学在这个时期快速发展提供了政治环境和社会基础。20世纪60至70年代，欧美国家的公众对巨额研发投入产生具体成果的状况日趋不满，各种形式的社会运动对包括公共科学体系在内的现有政治建制发起了猛烈抨击。进入80年代后，在“新自由主义”及“绩效考核”、“审计社会”等浪潮中，欧美国家的科学政策学说朝着科学的“商品化”、“经济化”和“战略转型”方向转变。与密集型科学相对立的广泛型科学的崛起无疑是政治环境和社会条件动荡变化的必然结果。

旧“大科学”是密集型科学的集中代表。旧“大科学”依赖于中央计划、高度集中及官僚主义的制度体系，它的进步与机器、组织及资金的巨大规模密不可分。只要它不主张要获得太多的可用于其他领域的研发资金，旧“大科学”当然可以继续朝密集型方向发展，尽管这会使它与其他科学领域和社会越行越远。然而，旧“大科学”没有获得实现“光荣的孤独”的环境，始终面临着科学界和社会的拷问：它的发展是否会把看似取之不竭，实质上终有极限的公共研发资金消耗殆尽？它的扩张究竟有没有不可逾越的规模界限和资源界限？旧“大科学”向转型“大科学”的转变本质上是密集型科学向广泛型科学的转变。在这部著作中，作者以同步辐射技术及装置为例，说明了密集型科学的坚固堡垒已经崩塌，广泛型科学成为当今科学发展主流的现实。他指出，同步辐射从一个小规模的实验室珍品发展成为在科学领域得到广泛应用的实验工具，是科学体系内部的组织与制度变化相结合的结果，也是学科群体内部复杂相互作用的结果；粒子加速器从二战期间及战后为核武器生产核材料和为核医学研究生产放射性同位素的相当有限的应用，发展到20世纪50年代及以后成为物理学家群体探索亚原子世界的工具，再到20世纪末完全转变为极其广泛的自然科学研究活动的"仆人"，走完了从密集型科学向广泛型科学转变的完整历程。

第三个共轭概念组是同质组织（homogeneous organization）和异质组织（heterogeneous organization）。社会学的一个基本原理是：社会生活压倒性地控制着人的行为，人依赖制度和组织来影响他们的决定和行为。作者在组织学角度上定义了学科领域。学科领域是科学家发展独特能力和研究技能的社会环境，使得科学家能够从集体的身份、目标和实践方面来理解自己的行为，这些行为又是由聘用组织的领导人和其他重要社会影响调节的。大学和常规科学研究机构的研究活动通常都是以学科领域作为基础的。在这类组织中，无论体量多大、层级多高、目标多么宏伟的研发（工作）计划最终都将被分解到个体行动者的手中，这些人对次级计划的执行和特定工作程序的使用保持着相当大的控制权。因此，在这类组织中，任何追求集中计划、统一领导、分级指挥的管理模式除了滋生官僚主义之外，不会带来任何更有效率的活动和更有成效的结果。对于这类组织，把管理的权利与责任放在科学家的肩上也许是最好的选择。

在曼哈顿计划等战时研发计划的工作场地及物质遗产基础上发展而成的美国国家实验室体系，创造了旧"大科学"时代广受赞誉与青睐的科学组织模式。许多美国国家实验室都有"军事-产业-科学综合体"成员的经历，与军事体制有着千丝万缕的关系。它们雇佣着规模上大学及常规科学研究机构无法想象的人员，簇拥着大学及常规科学研究机构无力建造与运行的"大机器"，执行着政府确定的任务，尽管也有自主部署研发项目的适度自由。它们严格执行优先级排序、同行评审、岗位聘用、绩效考核等为核心的巨复杂层级制度体系，并受到了以"特里弗尔皮斯规划"为代表的政治保护。概括起来，美国国家实验室体系是冷战时期超级大国的科技"脸面"和综合竞争力象征，是社会公众以宏大科技项目作为共同期望及祈愿的中心。与异质组织观念相对称，这类组织可被称为同质组织。如作者所指出的那样，旧"大科学"的同质组织是"在深奥的科学和超大型机器上浪费开支的重大冒险"，它们"聘用数千个人，肯定会创造大量的知识和能力"，同时"也把有权势的人抬高到可以让他们狂妄横行的位置"。

旧"大科学"向转型"大科学"的历史性转变，标志着同质组织的衰老或没落。所谓异质组织，指由有着不同隶属关系、不同（有时可能发生冲突）利益和不同文化传统的行动者群体构成的组织，能够产生单个行动者群体及其中每个个体都认为独自无法产生的重要结果。转型"大科学"实验室本质上是由负责装置建造和运行的行动者群体、负责实验站仪器开发和应用的行动者群体和大量外部"小科学"用户群体组成的异质组织。不同行动者群体之间的相互依赖（mutual dependence）关系是异质组织存在的基础，而相互依赖又分为战略依赖（strategic dependence）和功能依赖（functional dependence）。例如，在上述三类群体中，第一类和第二类群体在战略上依赖于第三类群体，因为第三类群体的重要科学产出才能给前两类群体带来信誉，增强实验室存在与发展的理由；第三类群体在战略上也依赖于前两类群体，因为只有在这两类群体创造的独特实验手段及工具帮助下，他们才有可能实现自己的科学抱负。同时，这三类群体之间还存在着功能依赖，即任何一类群体的缺失都将导致其余两类群体无法实现自己的功能。在异质组织中，日益增强的相互依赖降低了学科领域之间和人员隶属组织之间的边界强度，跨学科领域的技术体系和工作程序才会诞生，以功能分工为基础、以解决特定问题为目标的次级行动者群体才会形成。这是异质组织与同质组织的最主要区别。

作者还指出，在异质组织中，存在的是合作的博弈（cooperative games），而不是非合作的博弈（non-cooperative games）。这意味着“异质组织需要有可共享的利益，需要规定利益分享的基本手段，还需要组织合作的一些方法”，并依赖某种游戏规则和制度实践。集体的协议、说服的逻辑和对权利进行平衡对异质组织来说是至关重要的。总之，作为一个新生事物，异质组织有可能成为适应后工业时代及知识经济时代要求的科学活动的组织模式。

第四个共轭概念组是委托（principal）和代理（agent）。当代公共科学领域的各类研发活动是由委托人和代理人在行政权力分解过程中形成的关系支撑起来的。在宏观层面上，代表社会公众的政府机构将自动成为委托人，它们需要把产生科学知识、提高竞争实力、促进经济增长、应对重大挑战等研发任务委托给那些具有完成特定任务能力与基础的行动者群体和机构，还需要监督代理人是否有效率、有成效地完成任务，从而建立起相应的委托-代理关系。当委托人选择了不合适代理人的时候，逆向选择（adverse selection）风险就出现了；当代理人不具有完成任务能力、但为从委托-代理安排中获得好处而采取欺骗或逃避手段的时候，道德风险（moral hazard）就形成了。在微观层面上，类似“大科学”实验室的巨复杂层级化组织内部及其周围也存在着大量委托人和代理人，存在着由此形成的纵横交错的委托-代理关系，进而形成了保证组织运转的委托链条和指挥链条。此外，美国联邦政府机构为平衡“大科学”实验室的委托任务与科学自主权之间的关系，实行了所谓的“GOCO”委托-代理管理体制，把部分“大科学”实验室的管理权委托给由若干所大学的负责人组成的“代理人”。

委托的基础是委托人对代理人长期积累而成的信誉的认可，这种认可在一定程度上又转化为信任。二战结束时建立起来的科学政策学说是以科学的“社会契约”和“技术创新模型”为核心的，它们是决策者及社会公众对科学必定创造不可估量财富、不会造成社会资源浪费、不会滋生腐败的信任“几乎不那么自然的强烈表示”。但是，随着时间的推移，公共科学领域所证明正在“交付”的东西和被希望“交付”的东西之间出现了差距，科学家专业活动的实际内容和这些活动如何转变为可“交付”东西的之间也出现差距，两者消耗了决策者及社会公众对公共科学领域的信誉和认可，最终演变成为受科学的“商品化”和“经济化”驱动的绩效评估和问责的浪潮。不同层级的委托人对代理人的绩效评估和问责现已被概念化和制度化，并被抬举到当今科学政策的至高无上教义的地位。因此，当今公共科学领域中的委托-代理关系整体处于非稳定的状态，往往是利益相关者围绕“国家目标”与“社会需求”这两个表意文字相互博弈与妥协的结果。旧“大科学”向转型“大科学”的历史性转变也许为公共科学领域中的委托-代理关系从亚稳态转为平衡态提供了一个模板。

在书中，作者用较大篇幅讨论了20世纪90年代初美国“超导超级对撞机”装置项目被取消的过程及其带来的深远影响。这是公共科学领域委托-代理关系猛然垮塌的典型案例。时至今日，在公共科学领域中充当代理人的行动者群体，似乎都应把这个事件视为将达摩克利斯（Damocles）利剑悬挂于公共科学“殿堂”屋顶的那根马鬃突然断裂的实例，20世纪90年代美国克林顿政府科学政策学说对这个事件作了很好的阐释：“（美国）在一个与健康、就业或工业竞争力几乎没有直接影响的昂贵、深奥的学科里成为世界第一，并不在他们（指美国政府科学政策的制定者和决策者）的优先事项清单中占据很高的位置”。

第五个共轭概念组是承诺（promise）和期望（expectation）。在“大科学”装置项目及类似的大型科技项目中，充塞着许许多多承诺和期望。具体地说，委托人为了证明某项投资的正当性，需要构筑关于该项目未来影响力的期望；候选的代理人为了获取决策者及社会公众的信任和支持，需要从最普遍已知的或可被公众感知的事实出发来编制自己的承诺。现实是，如果特定研发投入具有貌似明确的实用性期望和貌似匹配的承诺，即使实现这些承诺和期望需要很长时间并充满了不确定性，该项目仍可能被视为具有战略价值而得到优先考虑。甚至是，承诺越宏大，期望越长远，项目越容易受到决策者及社会公众的肯定，越容易得到批准。从这个意义上说，承诺和期望不应被视为可能实现的前景，而是组织动员与获取支持的力量。

期望被定义为各种各样的信任，期望的不确定性使得它更需要一定程度的信任。信任不是建立在由观察和推理证明其正当性的基础之上，而是建立在所谓的安全感基础之上。更有安全感的信任可能在第一次让人失望的时候就会崩塌；更没有安全感的信任则可通过期望的反面威胁和给政治行动留出更大空间的不确定性而得到加强。然而，承诺和期望之间存在着强烈的相互作用。一个承诺一旦被提出，期望就扎下了根。期望不应变成梦想，承诺不应变成谎话。始终以谎言作为承诺的人，终将被自己创造的承诺所淹埋。对于想成为或已经成为代理人的行动者群体和机构，唯一负责任的行动方针是努力履行自己的承诺，以满足委托人全部或部分的期望。在本书中,作者给出了对美国SLAC国家加速器实验室通过"科学项目"、"装置"、"组织"三个层面的"分层"、"转化"、"取代"、"废除"四个变化过程实现自我更新的详细分析，从另一个视角说明了努力履行旧的承诺、适时作出新的承诺对于"大科学"实验室的生存和发展有多么重要。换言之,旧"大科学"向转型"大科学"的历史性转变正是承诺与期望相互作用的结果。

译者试图以以上五个共轭概念组为线条，为读者全面理解本书内容提供一些线索。需要指出的是，这五个共轭概念组并不能概括这部著作的全部内容。此外，作者在全书中给出了7幅表格和13幅插图。受此启发，译者从公开发表的资料中，遴选了共计91幅插图，并将它们尽可能合理地安排在有关章节之中，向读者给出正文中几乎所有提到的"大科学"装置的直观形象，以加深对"大机器"的感性认识。此外，译者采用脚注形式给出了这部著作在正文中提及的76位科学家、历史学家、哲学家、公共科学机构主要管理者、企业家及政治家的简要生平，试图为读者更全面理解全书内容搭建一个"人物"维度，并增添译稿的资料性。

让我们对未来20年乃至半个世纪内"大科学"的发展图景作些设想，这显然超出了本书确定的科学史学研究的范畴。不确定性和不可预期性依然是"大科学"发展的基本特征，这将极大地削弱任何对未来设想的价值，甚至过若干年后，没有人会想到当年有什么人曾经作出了什么设想，以及这些设想与现实之间有怎样的差距。这正是科学的魅力所在。20世纪初，美国费米国家加速器实验室物理学家克里斯·奎格（Chris Quigg）对未来加速器技术发展走向作了设想[771]。他认为：对电子、质子和它们的反粒子进行加速和碰撞的已知技术在未来将得到进一步改进，与粒子能量、检测灵敏度和精确控制相关的新技术将被推到新的前沿；与此相关的非寻常（非已知）技术也可能取得重要突破，这将给粒子物理学、凝聚态物理学、应用科学、医学诊断与治疗、加工制造及安全应用带来全新的可能性；同时，用于加速器和对撞机的非标准束流（如μ子储存环、μ子对撞机、光子-光子对撞机等）有可能出现，给粒子物理实验和范围广泛的学科领域应用带来新的机会。

我们也许可以作这样的设想：未来若干年里，源自革除经济全球化的经济危机长时间肆虐全球，高通货膨胀率及货币大幅度贬值实际上掏空了转型"大科学"

771 Chris Quigg，粒子及其标准模型 . [英]Gordon Fraser 编，秦克诚 主译，《21 世纪新物理学》，第 4 章，北京：科学出版社，2013：121-124。

所依赖的公共研发基本支出，转型“大科学”作为公共科技基础设施的地位受到了极大削弱，整体发展进入了漫长的寒冬期。我们也许可以作这样的设想：意识形态铁幕在世界范围内重新落下，地缘政治再次成为主导经济和科技发展格局的主要力量；在此政治背景下，“大科学”又回到了显示某些国家相对于另一些国家竞争优势的中心位置，本书定义的转型“大科学”开始向旧“大科学”转变，进而建立起全新的“大科学”。我们也许还可以作这样的设想：在地缘政治冲突此起彼伏、自然灾害及重大传染性疾病频繁爆发、人与自然之间的矛盾在整体趋缓中时有反复的背景下，人类社会依然沿着理性选择的道路前行，并将保证效应最大化和对结果进行综合平衡的管理原理及政策工具更加娴熟地应用于应对各种重大社会挑战之中；在此政治背景下，转型“大科学”活动与常规科学活动继续拥有良好的发展空间，两者在发展中在新的层面上实现融合和会聚，共同创造出全新的科学活动形态。

这部著作的翻译得到来自中国科学院上海高等研究院、上海科技大学同志们的关心、帮助和支持。赵振堂院士、刘志教授、刘波研究员、冯超研究员和阎山川高级工程师仔细校阅了译稿，提出了许多修改意见。他们都是长期在光子科学领域里耕耘的研究人员；除刘志教授外，其余四人都是2018年从中国科学院上海应用物理研究所转隶到中国科学院上海高等研究院的研究团队的成员。译者对他们的辛勤付出表示衷心感谢。译者诚挚地希望本译稿能够以某种形式在更大范围内接受更多读者朋友的批判指正。如能这样，译者才真正实现了为中国的“大科学”发展提供具有启迪价值的思想工具的祈愿，并会对此感到十分的欣慰。

施尔畏

2022年5月12日